理性决策

如何在不确定的世界做出正确选择

Well-Grounded

The Neurobiology of Rational Decisions

[美] 凯利 · 兰伯特（Kelly Lambert） 著
刘思慧 译

中信出版集团 | 北京

图书在版编目（CIP）数据

理性决策：如何在不确定的世界做出正确选择 /（美）凯利·兰伯特著；刘思慧译 . -- 北京：中信出版社，2021.3

书名原文：Well-Grounded: The Neurobiology of Rational Decisions

ISBN 978-7-5217-2734-0

Ⅰ.①理… Ⅱ.①凯… ②刘… Ⅲ.①心理学—通俗读物 Ⅳ.① B84-49

中国版本图书馆 CIP 数据核字（2021）第 032163 号

理性决策——如何在不确定的世界做出正确选择

著　　者：[美] 凯利·兰伯特
译　　者：刘思慧
出版发行：中信出版集团股份有限公司
（北京市朝阳区惠新东街甲 4 号富盛大厦 2 座　邮编　100029）
承 印 者：中国电影出版社印刷厂

开　　本：880mm × 1230mm　1/32　　印　　张：12　　字　　数：220 千字
版　　次：2021 年 3 月第 1 版　　印　　次：2021 年 3 月第 1 次印刷
京权图字：01–2019–7185
书　　号：ISBN 978–7–5217–2734–0
定　　价：59.00 元

服务热线：400–600–8099
投稿邮箱：author@citicpub.com

目录

前言

直面生活的不确定性

在 18 世纪的英国，很多商人对于“赚钱”的机会充满热忱。南海公司由英国国会于 1711 年创立，旨在促进南美洲地区与美国部分地区之间的贸易。由此诞生的金融市场意味着大脑找到了一种新的方式来体验从投资得到的回报。在此前，个体获得的资源是与其付出的劳动紧密联系起来的，这种劳动往往涉及各种形式的体力劳作，而由南海公司带来的全新的财务投资和市场体系似乎绕过了这样的工作。少干活，多赚钱，完美！几年后，南海公司获得了令人瞩目的企业地位，其市值超过 2 亿英镑。

在南海公司的成功中，阿奇博尔德·赫奇森，一位细心的律师兼经济学家发现了一个潜在的问题，他称之为“价值膨胀”。他警告投资者，南海公司股票的估值是不切实际的——其内在价值被严重夸大。事实证明，阿奇博尔德所言非虚，南海公司成功背后的非理性狂热导致了其后被描述为“资产泡沫”的现象。公司董事会缺乏相关经验，只是导致 1720 年这场泡沫最终破裂的诸多原因之一，而正是这次破裂导致了第一次国际股市崩盘。[1]

时光快进 3 个世纪，今天，资产泡沫和股市崩盘仍然是金融市场这个勇敢者的新世界里挥之不去的威胁。1966 年，当时的美联储主席艾伦·格林斯潘警告世人，非理性繁荣将再次出现。正如在南海泡沫事件中所观察到的一样，人们正在人为地提升资产价值，而这将导致对此类资产的真实内在价值的错误估计。[2] 然而，这样的警告并没有阻止美国房地产内在价值不断膨胀的脚步，它于 2006 年达到顶峰，两年之后，楼市泡沫破裂。如此看来，为了避免资产泡沫导致金融市场的崩盘，人们必须在资产的真实价值和感知价值之间建立一种真实且紧密的联系。

作为一名行为神经科学家，我一直在探索哺乳动物如何在这个充满无尽不确定性的世界做出复杂行为，以达到生存并壮大的目的。我试图找到其中的典型趋势。在诸多的选择当中，动物如何决定将它们的时间、精力和资源投资在哪里？在许多方面，我们个人生存市场的关键点与金融市场的相似。正如我们渴望通过最少的经济投入来获得最大的经济回报，我们也在试图让自己可以通过最少的情感投资获得最大的情感回报。谁会反对一个如此有利可图的算式呢？当然，这样的情感成功故事听上去好得不像是真的……

我的科学探索之旅主要以聪明的大鼠为主。这些探索凸显了让我们的神经处理能力与外界保持紧密且有意义的联系有多么重要。

只要大脑或环境偏离自然情境太远，这个优雅的、复杂的系统就会出现一点儿不稳定，而这一点儿不稳定就需要重新校准，以重新建立最佳的大脑-行为基线。如果听任它不稳定，不加修复，我们的大脑就会给我们的行为和生活的方方面面赋予不准确的价值——这有时会带来致命的结果。这类情绪崩溃最为典型的例子，可见于通过吸毒以达到情绪高峰的群体。情绪高峰本是在人类的天性里为激励生命中最有意义的投资（如饮食男女、社会关系、个人自我成就）而预留的；当这些有意义的行为都被绕过，而嗑药成为一种达到欣快的捷径时，我们便失去了评估自然因素的内在价值的能力，进而人为地夸大药物的价值。药物引发的兴奋，是非理性繁荣的化身。当然，在药物成瘾的问题上，后果是更加致命的，远比经济市场崩溃更为致命。最严重的情况下，成瘾者对药物的扭曲估价使其身体机能完全停摆，导致悲惨死亡。这种对现实的扭曲以神经误导的形式体现，即我们时刻赖以生存的真实外界环境在神经信息传递之时被扭曲，不复原样。这种扭曲就是本书的重点所在，无论其最终结果被视为积极的，还是消极的。

无论是在金融市场，还是在情感市场，当投资回报率看上去高得不真实的时候，它很有可能就是不真实的。理想情况下，凭借自身的装置，我们可以自我校正这种扭曲，自我调节这种微型的资产泡沫，重新校准努力和情感回报之间的不匹配。如果新食谱并不能够让我们减肥，那就换一个食谱，或者至少停止使用无效的食谱。

我们过往的经验能否准确地干预未来的经验是很重要的。如果我们脑中的价值膨胀或者说大脑泡沫导致现实扭曲，并影响我们将要做出的决策，那么我们的福祉（广义上的福祉）就会受到影响。

除了吸毒，另外一种生活方式也会导致这种扭曲，那就是名人生活。极高的日薪、过分奢侈的生活方式、社会交往当中无原则的赞美，三者远远偏离现实，以至于神经网络开始对一度曾受重视的生活资产的真实内在价值感到困惑。这些生活资产包括每天努力工作、发展有意义的社会关系、享受妈妈做的异常美味的意大利面。而在名望的聚光灯下，一些人失去了精细调节自身神经反应以应对新生活的能力，需要治疗干预。

奥斯卡获奖演员摩根·弗里曼在他一生中的大多数时间里，过着一种被大多数人视为“正常”的生活。他在其间磨炼自己的演技，最终，他在50岁时获得了一个突破性的角色，从此打开了事业之门，最终获得了对一个演员而言不可估量的成功。这是一个好的转折，但名人生活令摩根很不自在。他意识到，他需要重新调整自己的情绪。他在家乡密西西比州的克拉克斯代尔建了一所房子——在那里他可以看到美丽的南方景色，可以与圈外的朋友们交谈，可以吃他最喜欢的南方菜，可以坐在他的酒吧里和亲密的朋友一起听蓝调演奏。他周围的世界和内心的世界之间的联系因此变得更为紧密，这帮助他避开了产生情感资产泡沫的可能性，这些泡沫很可能最终会破裂，让他受到一系列精神疾病的侵袭。对摩根来说，定期来到密西西比州与在拉斯维加斯或纽约这样的大城市过名人生活形成了鲜明的对比。而这种差异是有益健康的。[3]之后，我们会将这种对名人身份的看似健康的处理方式与迈克尔·杰克逊的策略进行比较。迈克尔建立了一个最为虚幻的家，并一意孤行地隐居其中，让自己在名声之下产生的大脑泡沫越来越多。他把这个家叫作梦幻岛，它配有一个充满异国宠物的小动物园，园内还有一只黑猩猩。这只黑猩猩的名字稍微有点儿预言性质，叫作泡沫。[4]摩根和迈克尔的生活方式和最终结果截然不同。

无论我们的社会地位、职业或所处地理位置如何，最能确定的一点就是生活充满了不确定性。即使我们有意识地用一种立足现实、自我校正的方式来生活，我们仍会与许多选择擦肩而过，仍会经过无尽的岔路。人生处处，我们做出各种各样的选择，有着最高回报率的那个选择并非总是显而易见。我们与周遭世界之间有意义的联系、我们生活的背景共同建立了我们的反应清单，提升了我们的反应胜算。我们因此有可能体验梦寐以求的情感回报，而非走向情绪崩溃。事实上，神奇的大脑是我们与不断变化的世界进行有效互动的终极收益，是来自大自然的馈赠。新的挑战和新的经验会建立新的神经元连接，而我们最宝贵的资产——大脑从真实生活中汲取经验并做出最佳决策的能力，是否会因为我们无时无刻不在搜寻通往生命奖励的捷径的贪婪之心而受损？

当代社会对繁荣的定义，是以最小的精力投资获取丰盛的回报。我们在本书中的探索之旅会将这种观念与科学研究做比较。后者强调可以最大限度地丰富大脑反应的生活方式。与有价证券市场的指数不同，大脑当中最有价值的资产是千变万化的神经网络。神经网络可谓神经市场指数，它不断地更新着我们周围世界的信息。如果神经领域与社会领域对于繁荣的定义有不可相通之处，那么，我们如何更加准确地看待繁荣，以便从情感和物质的投资中获得最大最优的回报呢？正如为了保护地球我们所做的可持续化发展探索，我们应当以同样的热忱寻找可持续化的生活方式，以保护我们的理智——乃至幸福。这种生活方式可以令我们懂得哪些反应可以带来最令我们满意的短期与长期的结果。（剧透警告：据我所知，在生命的旅程中，没有一种方式可以令我们避开大脑泡沫或情感资产泡沫，但是，只要保持警觉并适当调整生活方式，我们就可以对冲我们的赌注，规避大脑泡沫爆裂和情绪崩溃的风险。）

在接下来的章节里，我们会同时从可预期及不可预期两个角度，考量施加于我们行为输出之上的影响。由于目前的神经科学研究已经证实大脑是我们认知、行为、情绪反应的物质基础，因而对于我们的科学之旅来说，对大脑进行深入了解是必要的。尽管著名哲学家笛卡儿在诸多领域做出了杰出贡献，但他的二元论思想，即认为心灵和身体作为独立的、分离的实体而存在，并未被当代精神学家和有见地的心理从业者所接受。[5]本书中对于大脑反应的讨论非二元论，而是着眼于反应，与在公路上打开汽车引擎盖检查发动机的性能并无不同。[6]有意义的实践经验可以让我们的大脑保持精准的过滤，确定什么是生命的最佳结果，从而确保我们的幸福是基于理性的生活而非基于非理性的繁荣。童话故事般的生活可能的确很诱人，但你会了解到，大脑需要以更脚踏实地的生活经验为食，就像我们的胃部需要真正的食物，肺部需要真正的空气一样。虽然短暂逃离现实很惬意，但最好的人生建议还是简单地立足现实！

第 1 章

大脑的应变计算器——我们成功的秘密

应变事件（Contingency）：名词。未来可能发生但无法进行准确预测的事件或情况。[1]

在复杂性与能力方面，人类大脑无与伦比。那么，为何它会经常“脱轨”呢？我们做出的应变计算并不准确，我们渴望的结果并未出现，我们对成果做出的预测往往只会带来失望。有这样一个惊人的大脑作为装备，为何像迈克尔·杰克逊那样（如引言中所描述的）有诸多资源触手可及的人却做出会招致没落的最终决策呢？当疾病已明显入侵我们身体的时候，我们会及时采取措施，以保证自身的安危。但当扭曲的现实这种某种程度上的神经疾病入侵我们的神经网络，损害我们大脑的非凡生存优势时，我们往往无知无觉。它常常伪装成其他的形式——名声、特权、财富、宗教、政治、精神药物，而任何扭曲我们对现实认知的方式都能变成最可怕的隐秘杀手。事实上，精神疾病最危险的后果之一就是对现实的扭曲。

西方社会眼中的繁荣包含诸多物质享受，例如绿化的环境和各式各样的上门服务，这种繁荣可能会扼杀我们的神经功能。是时候从脑功能健康的角度对繁荣进行重新定义了。虽然本章讨论的是神经系统的关键遗传基础，但我们最终必须放眼未来，审视我们每天交互的外界。若要在一个时刻变化的世界中为自己的行为导航并生存下去，我们需要具备与动态世界同步变化的神经系统。只有保持与外界的同频，我们才可能保有一个真正良好的大脑——从神经层面定义的良好，而非从金融资产层面定义的良好。

与外在环境保持积极的互动会让我们拥有一个健康的经验库，从而拥有健康茁壮的神经，获得胜任感与成就感。正如佛罗里达州 18 岁高中生本杰明 · 斯特恩在得到职业篮球队达拉斯小牛队老板马克 · 库班的投资之后，在热门电视节目《创智赢家》上所宣告的："这就和中了彩票一样！但是比那更好，它是我赚来的。"根据我对神经科学文献的理解，这位勤勉的创业青少年的亲身经历代表了我们大脑最为成功的时刻之一——应变计算得到了回报。斯特恩 14 岁时就开始工作，因此攒下了足够本金以创业。他开发了水溶性洗发水包装，为改善生活垃圾处理现状做出了贡献。[2] 正如我们将从本书当中学到的一样，这些立足现实的人积累了宝贵的经验，从而在面对应变事件时，能够做出最准确的计算，获得理想的收益。

超越基因组

很少有科学成就能够与人类基因组定序相媲美。2000 年的夏天，时任美国总统比尔 · 克林顿在一个广受期待的新闻发布会上宣布人类基因组已被定序时，在场所有人和整个科学界都为之振奋。“这是人类有史以来制作的最为重要、最为精妙的地图……人类即将获得极大的治愈能力。”克林顿如是宣告。[3]

对 30 亿个构建人类基础 DNA 的碱基对进行最终测序，可以说是历史上最为野心勃勃的科学成就——按一些人的说法，它甚至超过了人类登月。科学界现有约 23 000 个基因的测序数据，这些数据为“什么是人类”提供了蓝图。通过这一成就，生命的公式（或者说人性的公式）正在被揭开。

然而自基因测序宣布以来，15 年已经过去，生物医学领域的科学家们很快承认，把从这一科学突破当中获得的成果投入实际应用的进程，比最初设想的要慢得多。虽然生物科学显然从中获益，但临床医学并未受到明显影响。尽管对多种疾病构成风险的特定基因已经被确认，但克林顿总统多年前曾经提出的对疾病的治愈仍在探索阶段。兴奋退却之后，事情显而易见——何谓人类要比仅仅由基因的核苷酸碱基序列所传递的信息要复杂得多。DNA 脚本是很重要，基因组定序的科学贡献无可否认。但是，DNA 脚本只是人类这个复杂公式的一个组成部分，而非全部。

很显然，对于这些特定的核苷酸碱基是如何带来健康和幸福的生活的，我们还需要了解更多的信息，了解大自然对人类的配方里另外的必需成分。为了寻找这些特定的成分，本书将聚焦于进化的最高成就——人类大脑的运作方式，以及人类大脑如何做出决策、采取行动，以获得渴望的结果——健康与生存。通过在多种不同的环境当中探索大脑的反应，我们将更加深入地了解人类大脑成功运作的标志性特质。伴随着理解的增强，如何对待我们的大脑这一责任也会随之加重。而我们对最佳运转能力了解得越多，在生命之旅中，我们就会准备得越充分，从而能越好地规避精神疾病，以及生活方式、环境方面的风险。同样，通过建立我们的经验库，或者说应变资本，我们也会对自己的行为和后果之间的联系获得更深的理解，而这份理解会使我们拥有更充实的生活。举个例子，和狗狗相处的丰富经验会影响你与公园里接近你和你家狗狗的其他陌生狗狗的互动。

并非所有的应变策略都积极有效。20 世纪的漫画家鲁布·戈德堡描绘了一系列复杂得惊人的发明，这些发明旨在使人被动完成一些最简单的事情，例如拍苍蝇。在戈德堡的自动餐巾发明当中，边进食边擦脸这一简单结果是由数个独立偶然事件组成的有时间序列的复杂产物（图 1.1）。以卡通呈现这样的努力着实令人发笑，然而，现实生活中，当我们绕过指向目标结果的更传统的反应时，我们也在逐渐放弃对应变事件的控制。如果这项虚构的自动餐巾发明真实存在，它是否会损害一个人自己擦脸的能力？对于前面提到的狗狗，如果我们习惯于作为遛狗者，那么，我们是否已经丧失了对有威胁的犬类做出有效反应的能力？在生活中，如果我们不断选择捷径、选择成为被动的回应者以获得我们想要的结果，我们的应变计算能力就会渐渐生锈。考虑到我们在一生中都需要进行准确的预测，我们要不计一切代价来避免这种应变计算神经生锈的情况。

鲁布·戈德堡的自动餐巾

巴茨教授在梦游，他赤脚穿过仙人掌田，并尖叫出了自动餐巾的点子：

“你将一勺汤（A）送到你的口中，勺子牵动了提线（B），长柄勺（C）因此投掷饼干（D），饼干越过鹦鹉（E）。鹦鹉在饼干之后跳起来，秤杆（F）倾斜，倾覆的种子（G）落入提桶（H）。提桶增重、拉动绳索（I），绳索点燃了自动雪茄打火机（J），打火机擦出火苗（K），导致镰刀（L）割断细索（M），并使带着餐巾的钟摆摆荡过来，从而擦干净你的下巴。

“饭后，口风琴替代了餐巾的位置，你还能以音乐款待宾客。”

图 1.1　应变计算外包

20 世纪的漫画家鲁布·戈德堡向读者描绘了通过被动反应以完成各式各样日常行为的脚本。这些行为包括：用餐巾擦自己的脸、拍苍蝇、将牙膏挤在牙刷上。如漫画所示，构建这样一个复杂的发明以代劳用餐巾擦脸的简单动作十分古怪，但人们确实为了自己的方便发明了很多方法，代替传统的反应，以得到渴望的、必需的资源。如果我们适应了被动反应，我们在未来做出聪明决策和有效反应的能力是否会受损？——这是一个值得我们深思的问题。

在本书当中，我们将讨论在预测生活的不确定结果或面对生活的应变事件时，过往经验的重要性。你会越来越清晰地看到，在我们的生活当中，后果往往取决于由经验指导的行为。和单纯的概率计算不一样，我们需要有所投入。我们的经验库会成为一个重要的指南针，指导我们在诸多不确定因素中前进。想要预测各个群体的平均寿命并生成准确的表格，你只需要数据。然而，想要确定你和一个人能否发展出友谊，或者你正在接受的培训是否最有助于你获得职业上的成功，你需要根据过往经验来判断。换句话说，当我们更关注过往经验的结果时，我们的行为选择会变得更为明智。生活经验是面对应变事件时的资源，可以帮助我们形成合理的计划，进而在我们面对非理性繁荣时，为我们提供保护。非理性繁荣常常会制造出大脑泡沫，而后者往往导致情绪崩溃（见图 1.2）。

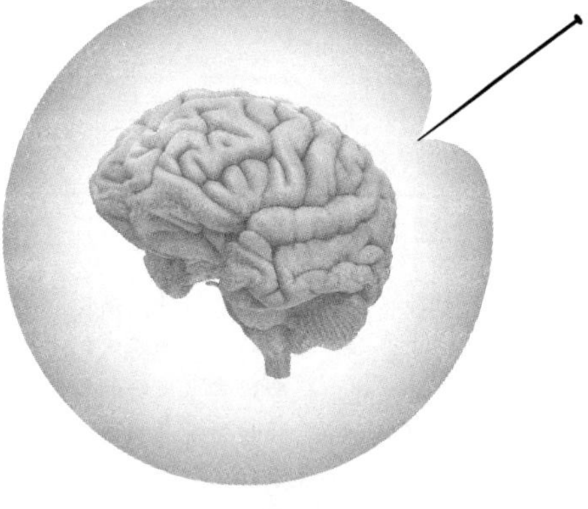

图 1.2　爆裂的大脑泡沫

在面对精神疾病的风险时，大脑泡沫会让我们变得更为脆弱，使我们感受到的现实变得更加扭曲。因此，在此之前，通过真实的应变事件测试来刺破大脑泡沫至关重要。

解码大脑

从古至今，大脑一直是一个难解的谜。以形而上学的形式而言，讽刺的是，只有大脑才可以破译大脑。早在三千年之前，人类就认识到，我们头骨内部的器官对于行为来说至关重要。当一个人举止异常时，人们会在他的头骨上钻洞，当时的人们认为颅骨开孔术可以释放“恶灵”。虽然大脑研究的历史如此悠久，但破译大脑的进程却非常缓慢。对大脑及其功能感兴趣的学科有很多，包括哲学、生物学、精神病学、心理学、神经科学等。因而，这个领域的进展情况有可能是受害于“厨房里有太多的大厨”，每个人都有其独特的方法和观点。

在这一点上，有些人可能会想：“但是，人类的确知道许多关于大脑的事——而且是很早前就意识到了。”毕竟，在公元前 4 世纪，希波克拉底便非常简洁生动地阐述了大脑的功能。他写道：

> 人应该知道，除了通过大脑，我们没有别的途径可以获得满意、获得欣喜、获得欢笑与娱乐，也没有别的途径可以获得缺憾、获得悲伤、获得失望与哀悼。通过大脑，我们以一种特殊的方式获得智慧与知识，去看见、去听见、去了解何为邪恶而何为光明，何为坏而何为好，何为甜蜜而何为苦涩……而且，通过同一个器官，我们也会变得狂乱，充满畏惧和惊

> 慌……当大脑不复健康之时，我们需要忍受所有这一切……由此，我主张，大脑在一个人身上行使着最大的权力。[4]

我承认，在当时，这种洞见深刻得令人难以置信（我把这段话放在了我每年临床神经科学教学大纲的第一页）。然而，即使这番陈述颇有远见，它距离真相仍很遥远，也远远不足以提供有用的信息，帮助我们保持大脑的健康、把握好每一个机遇。是什么扭曲了希波克拉底所说的“智慧与知识”？是什么将一个健康的大脑转变成为一个狂乱的大脑？神经科学家仍在继续探索这些问题。

对于人体其他器官的探索相对轻松，例如心脏。尽管在17世纪之前，人们对于心脏的功能有许多推测。有一种流行的观点认为它是意识的所在，但当威廉·哈维鉴定出它的功能就像一个水泵，向全身供血时，这个问题便有了答案。[5]这一基本知识为心血管内科的诸多发现与临床治疗铺平了道路。不幸的是，关于大脑，我们始终缺乏这样一个决定性的“我找到了”的时刻。20世纪的大部分时间，弗洛伊德和他的主观思想让人们的注意力都分散到了他的空想式理论上，包括无意识动机、超我、性心理发展阶段。这些中的任何一个都不适合进行实证科学研究。尽管如此，从19世纪开始，关于大脑还是有一些重要发现的。精细美丽的脑细胞和神经网络及其复杂的运作机制渐渐被科学界所认知。在确认这些关键结构和描述性元素上就产生了好几位诺贝尔奖得主。但关于这一宝贵器官的输出方式和它的全面图景，我们仍然不得而知。

无论如何，这是一个可靠的开端，让我们能够一瞥大脑的主要用途与功能。到了 20 世纪，行为主义出现。它作为心理学的新流派，除了研究基本生理系统调节，还为埋头研究大脑如何调节基本生理系统的人提供了一个新的视角。[6] 巴甫洛夫、约翰·华生、桑代克、斯金纳等行为主义先驱者的重要研究一一发表。然而这些行为研究并未涉及大脑，大脑与行为之间的联系在某种程度上被这些先驱者忽略了，特别是斯金纳。直到今日，行为主义研究越来越复杂精细，神经科学技术也让研究者能够窥视大脑的每一个角落与缝隙，但大脑的真实特性是如何建立的，始终是一个谜。如本书稍后所述，回顾行为主义先驱的洞察性发现，并在神经科学的环境下重新审视他们的发现，能够为探索大脑最重要的功能提供多样的线索。

我们对大脑的输出和功能是何等缺乏了解，这在精神疾病领域是最为清晰可见的。虽然伴随着技术的进步，几乎所有其他医学领域的治疗都有所进展，但对于精神疾病领域来说却并非如此。事实上，每当我以精神疾病治疗的发展轨迹为题做演讲时，我总是感到羞愧不安。因为这一领域太过缺乏进展，这对于诸多忍受着痛苦的精神疾病患者来说是非常悲哀的。事实上，美国国立精神卫生研究所的前任所长托马斯·因塞尔曾经指出，尽管多种疾病的死亡率急剧下降，医学界可以为此欢呼，例如，在过去的半个世纪里，白血病儿童的死亡率降低了 85%，而影响了更多人口的心血管疾病的死亡率降低了 63%，然而这种改善并没有发生在精神疾病领域。[7] 例如重度抑郁症，这种疾病会导致强烈的精神痛苦，以及明显的个人代价和社会代价，但多年来，它的发病率并没有降低。根据世界卫生组织的报告，抑郁症已成为世界上最易致残的疾病之一。[8] 我经常对我的学生们说，患者正在苦苦忍受精神疾病，而这种状况毫无改善，这实在令人无法接受。因此，在我们解码大脑、了解它的关键功能时，我们必须更具战略性地工作，竭尽所能降低精神疾病的患病率。

大脑独特的行为程序

心脏泵血，肺泵空气，胃泵食物，而大脑显然不是一个泵。我们可以说“大脑泵送离子和神经化学物质”，但这种描述无法呈现大脑最重要的功能。事实上，大脑执行多级别的功能，其中一个重要功能就是指导心脏、肺、胃这些“泵器”，以保证我们的身体存活并运行良好。如果一个人的脑干停止工作，那么他就需要一个自动的、人工的、机械的体外生命支持系统来保证存活。但是除了维持生理基础，哺乳动物的大脑还会玩其他小花样。就人类来说，其大脑具有大概 860 亿个神经细胞，这些神经细胞设计战略性活动和复杂行为，以在多种层面上提高我们的生存概率。

复杂行为或许是大脑最为重要的输出，它们将哺乳动物与爬行动物区分开来。因为，即使我们的广告宠儿——政府雇员保险公司 Geico 的壁虎吉祥物看上去非常聪明，能针对买什么保险最好提出建议，但真实世界里的爬行动物只会做出非常简单的行为反应，它们在环境中的举动都是反射性的。比如，把一只蜥蜴放在镜子前面，它会反复地攻击自己，面对自己逼近的映像不断做出反射性反应。它没有读懂外界环境的能力，也无法觉察到它的反应是无意义的。当进化到了哺乳动物的阶段，大脑具有了更多资本，建立了更多工具，以获得新的行为、做出即时的决定并增大自己的生存概率。考虑到人体基因组有 2 万多个基因，其中 84% 的基因表达于大脑，而大脑结构只占了我们体重的 2%，却消耗了我们身体能源的 20%，毫无疑问，大脑是人类公式或蓝图的重要组成部分。[9]

作为一个从事教学、投身研究近 30 年的行为神经科学家，我经常思考，为何解开围绕着大脑的诸多谜团需要这么长的时间。正如上文所提及的，自古希腊以来，人们就开始探索大脑的功能。然而，真正的进展始终并未出现。尽管神经科学领域获得了许多进展，但这些进展必须在多样化的背景下、从多个不同角度进行评估，才能揭示关于大脑功能的关键信息，进而让我们找到有效治疗精神疾病的方法。大脑并非在一个真空当中工作，因此，理解大脑是如何在多种情境当中影响行为的，是理解其功能的关键。正如心脏病专家经常建议人们多做有氧运动以治疗心脏病一样，我们也需要通过进行相关行为来维持心理健康。但是，大脑所需的健康行为究竟是什么？

我和我的学生一起开发了多个啮齿类动物模型。在这些模型中，受试动物需要确定应对压力的行为策略，而压力可谓多种精神疾病的先兆。随着研究的展开，行为对于心理健康的重要性变得越发清晰。其中一个行为模型被我们称为“基于努力的奖励模型”。在这个行为模型当中，受试的大鼠需要付出体力劳动来获取食物。这群大鼠被我们称为“特遣队大鼠”，它们每天花 6 分钟的时间进行战略行动。在这 6 分钟里面，它们会来到实验室的“田野”中，挖出它们喜爱的甜麦圈，由此，在行为（挖）和结果（吃美味的甜麦圈）之间建立反应连接。结果表明，与它们的对照组——不需要努力工作的非特遣队大鼠相比，这些工作的大鼠有着更强的情绪弹性。情绪弹性是在遇到苦难时的心理恢复力。当遇到诸如抑郁症等精神疾病的攻击时，这种能力可以起到缓冲的作用。啮齿类动物模型提醒了我们，在我们的行为和随之而来的结果之间建立强有力的联系是何等重要。[10]

从生存的角度来看，在人类进化的过程中，行为和结果之间的联系已经产生了翻天覆地的变化。我们的祖先需要保持警惕，以保护重要资源，避免外界伤害。而这在我们当代社会的绝大部分领域里都显得不那么重要了，因为是否尝试一种可能有毒的新食物、是否追踪一个特定的危险野生动物以期果腹、是否将营地迁到一个未知区域，都被在哪里订外卖、下载哪些歌曲、是否要在朋友圈谴责朋友最近的不当行为所取代。当然，这世界上仍有一些地域的人需要高度警惕才能生存。但对于大多数更富裕的地区来说，这种脚本已然被取代。考虑到我们一般与祖先有着相同的大脑，我们不得不担忧这些剧烈变化所带来的后果，以及这些后果是否对精神疾病发生率的增长产生了影响。

如果我们停下来思考一下，就没有人会对基因组定序迟迟未惠及精神疾病患者的事实感到惊讶。除了如阿尔茨海默病、帕金森病等与修饰蛋白和神经化学物质相关的神经系统疾病，精神疾病（精神分裂症、抑郁症、焦虑症等）被视为与多种因素相关，并且不太可能仅与指导合成某种特定蛋白质的单个基因相关。目前，被定序的基因组可以类比为这样的一幅地图：它包括了街道和高速公路，但并没有像城市或者州这样的地点，也没有像山、大洋、河流、沙漠或森林这样的地貌。需要煞费苦心地将这幅地图与这些地点相匹配，才能使其价值最大化。事实上，人类的基因组，作为人类世界的地图，必须与神经和行为功能相匹配，必须与感情和思想相结合。只有这样，我们才能针对诸如强迫症、抑郁症等精神疾病，展开基于基因的治疗。

哈佛大学遗传学家乔治·丘奇在 2007 年发布了一项野心勃勃的项目——个人基因组计划，这是朝着将关键性信息映射到基因组地图这一方向迈出的积极一步。鉴于首次人类基因组测序花费了美国国立卫生研究所30亿美元，个人基因组计划的成本已是大幅下降——在这个项目里，每人仅花费1 000美元左右。个人基因组项目的目的，是对数千名个体的基因组进行测序，并从每一个志愿者身上收集血液、唾液和皮肤细胞样本，以及关于行为和生活方式的个人信息，后者是与我们的讨论相关的。对于基因究竟如何影响行为，以及在特定的生活方式变量下，特定的基因是如何对个体造成极大风险的，个人基因组计划所收集的数据应该能够帮助我们划定一个更准确的地图。随着对这些问题的深入了解，对行为功能的系统分析会增强这种个人信息库的价值。[11]

今天，人们越来越清晰地认识到，若要跟上医学进程，为预防和治疗精神疾病提供希望，行为需要得到系统的研究，以发现对精神卫生领域而言最有价值的信息。巴甫洛夫有他分泌唾液的狗，斯金纳有他啄食食物的鸽子（这些将在下一章讨论）。对于人类而言，大脑处理我们个体行为、反应及其结果之间关系的能力，是个体生存和成功的关键行为策略。在科学文献当中，我们用“行为-结果式应变事件”和“反应-结果式应变事件”这两个术语来描述行为和结果之间的关系。本书也将使用这两个术语。无论用什么术语，计算理想结果的发生概率在心理健康和神经科学的许多领域里都很重要。神经经济学是另一个与此相关的迷人而广泛的领域。你应该再赌一把，还是带着赢到的钱离开？你应该现在卖房，还是等待市场回暖？你应该给儿子报名儿童棒球班，还是等他稍大一点儿再说？维持自身应变事件计算器良好运转，以采取最具战略性的方式回应生活当中的不确定性，是心理健康和生活幸福的关键因素——或许也是人类大脑最关键的功能之一。心脏泵血，肺部泵氧，而大脑泵送应变事件，以产生最具适应性的行为反应。

隐蔽的应变事件

在自然界的一些情况下，伪装是必需的。当捕食者经过时，飞蛾在树上与树皮混为一体，昆虫看上去像树枝分出的细枝，这都是为了生存所进行的适应。然而，如果一些因素令我们无法观察到应变事件的结果，那么，导致定向结果的关键性原因就会被掩盖，我们就会失去从中学习的机会。例如：如果吃某种浆果会让人生病，那么我们就需要了解它；如果做某个表情会让朋友疏远我们，那么我们就需要了解它；如果某项学习策略会导致考试失败，那么我们就需要了解它。准确、实时、可靠的信息反馈对于大脑保持准确的应变计算器并产生有效的反应，是十分重要的。

为了生存，我们努力增强个人特质，增强我们的速度、力量和知识水平；但是，我们似乎并不介意自己的应变事件处理器是否准确，以及我们评估反应准确性的能力是否受损。当我们的决定导致失败时，我们往往很快排除自身的因素，转而把责任归于其他，例如，同事的不称职、健康问题或者只是运气不好，以排除个人的责任。作为父母，我们经常为保护孩子而掩藏成败的原因。我们告诉孩子，每个人都是赢家，或者他不该将注意力集中在那个总是在比赛中打败他的同学身上。而富有的人则雇用他人（例如，金融投资者、室内设计师、负责指导日常活动的生活教练）来替他们处理应变事件，由此让自身的应变事件处理器逐步衰退。更糟糕的是：在帮助个体重建心理能力、恢复心理健康的借口之下，许多比较脆弱易感的个体接受了处方药物治疗；而为了让患者的情绪更易管理，药物治疗通常掩盖了真实世界中的应变事件对他们的冲击。最具悲剧性的是20世纪中叶出现的额叶切除术，它直接切除了大脑重要的应变事件处理器，试图消除被视为异常的行为和情绪反应。那么，是否现有的某些精神疾病疗法由于掩盖了应变事件，所以事实上创造了精神疾病？这一设想，是否可以解释那些致力于让患者掌控“行为-结果式”应变事件的认知疗法及行为疗法具有接近100%的成功率，并且没有副作用这一事实？答案是一个响亮的“是”。

然而，即使是准确的应变计算器，也会被行为与结果之间的不正确联系欺骗。通常，当一个人特别看重行为的结果时，出于对控制结果的极度渴望，他会编造出不正确的因果联系。我一直惊讶于一个认知健全的大脑可以得出这样的结论：穿一双特定的袜子，或按顺序触碰特定的身体部位，就能增加在棒球比赛当中打出或投出一个好球的概率。尽管如此，几乎所有职业棒球赛都公开展示过这种错误的应变处理——迷信行为。这并非针对棒球运动员——我们都会被这种应变事件偏见所影响。我们会使用自己最喜欢的那支笔来参加考试，或在面试中穿幸运衫——只要这些行为是针对特定情况的，并且不会取代我们获得理想结果所需付出的真实努力（为即将到来的赛季而练球，为期末考而学习，为面试而提前研究目标公司），那么这些行为对我们的心理健康就没有威胁。

如果说人类大脑最好的功能是能以较少的付出评估潜在的选项，并最终做出最具适应性的选择，那么，最为健康的大脑就是那些在一生的时间里能够持续对应变事件保持警惕的大脑，是那些能够“立足现实”的大脑。因为这样的大脑能够关注到事件的本质，并结合过往经验当中与此有关的应变事件，做出最明智的决定，以保持最佳的应变事件计算功能。我们不应该回避、否认失败。我们应该去分析那些不可避免的小失误，就像橄榄球队复盘比赛，以期领会到能让他们赢得后续比赛的最佳反应方式。从失败当中学习，有时候甚至比从成功当中学习更为重要——因为失败为重新校准应变计算器提供了重要信息。

艾米·巴斯蒂安是约翰·霍普金斯医学院动作分析实验室的主任。她的研究显示，大脑对动作错误的认知（她称之为“由错误驱动的学习”）是中风患者康复的关键因素。身体一侧中风麻痹的病人经常左右不协调地行走，这种行走模式效率很低。巴斯蒂安的团队使用分带式跑步机，这种跑步机可以分别设定左右履带的速度，以单独调整使用者左右腿的步态，帮助麻痹的腿康复。研究人员尝试通过微调跑步机，指导患者增大或缩短步伐，以学会更加协调地行走，然而没有得到有意义的结果。也许阻止患者去体验失败的努力适得其反。当研究人员反向调整跑步机，放大患者步态的不对称，使其出现明显的失误时，患者的神经系统不得不立即做出必要的矫正，以产生更为对称的步态。最近，在神经科学学会会议上的一次演讲中，巴斯蒂安强调了这些患者“自具纠错能力”，这种能力对于改善他们的自然步态非常重要。在这个案例中，大脑需要意识到在行为输出当中的错误，以使神经发挥调节功能，重建对称的步态。虽然该案例涉及的是一种非常具体的行为输出，但巴斯蒂安团队的研究结果也引发了人们对某一现象的担忧，那就是家长在孩子学习特定技能的过程当中，往往会掩饰孩子所犯的错误。[12]

数学并非必需

虽然“应变事件”和“计算”这两个词很容易让人想起概率论和方程式，但数学能力并非计算应变事件所必需。毕竟，每一次我们接球、跨栏或挥动高尔夫球杆时，我们的大脑就在解物理方程。当我们执行这些操作的时候，我们通常不会意识到在大脑中进行的复杂计算。我们对于神经的物理计算完全无知无觉，而这并没有对我们产生丝毫的妨碍。只要我们练习过一项技能，精确的计算就会使我们毫不费力地执行这项技能。同理，不断试探、不断探究各种各样结果的人就是在建立可观的应变事件数据库，或者说应变事件资本，以在充满不确定性的未来供其参考。

当然，如果一个人掌握了数学技能，那么他就可以运用这种技能来计算涉及他人行为的应变事件。诺贝尔奖得主数学家约翰·纳什就是利用其数学技能提出了均衡理论，该理论阐述了最成功的社会决策是如何将他人可能采取的行动纳于其中的。正如纳什的传记片《美丽心灵》当中的一个著名场景，如果一个酒吧里的所有男人都请酒吧里“最漂亮的”女顾客和他们约会，他们就会成为彼此行动的阻碍。在这种情况下，最聪明的做法是邀请酒吧里第二吸引人的女性，以免被拒。这是一个简单化的例子（并且政治不正确），但它清楚地说明了纳什的理论，即出于对应变事件的过度警觉，人们会做出战略性反应。而后，纳什对他的应变事件试验进行了终极测试——在他被确诊为患有精神分裂症之后，他最终放弃了传统的安定类药物治疗，选择留在普林斯顿大学的办公室里。在这个他曾解开他心爱的数学定理的地方，他继续工作，并保持对于当下的专注。在幻觉和妄想的威胁之中，当纳什能够越来越好地区分想象与真实的反应-结果式应变事件时，一个理性的约翰·纳什渐渐出现。[13] 由此可见，对于增强应变事件计算能力而言，数学技能并非必需。尽管如本书稍后所述，数学和统计学知识，可以作为某种应变载体，帮助我们完成更为复杂的应变计算。预测未来结果的关键因素并非对数学的运用，而是通过与我们的环境及周围人持续互动，来维持相关经验资本。你应该把时间用于生活——充实地生活，而不是用来记住概率公式。积极参与生活，探索世界的各种极限，探索一切未知，这些都是建立并完善应变计算器的首要的基础训练。这种计算功能将人类与其他哺乳动物（甚至是其中最为聪明的哺乳动物）区分开来。

无聊会削弱应变计算能力

许多动物具有超越人类的惊人能力。你的狗可以闻到另一只狗的气味，远比你能觉察到这些气味要早；蜜蜂可以看到超出你感官能力的光线；蛇可以探测到人们只能通过特殊军事装备才能发觉的红外线热辐射。当涉及感官能力时，人类在许多方面都处于弱势。然而，人类复杂的认知能力却是其他生物很难匹敌的。例如，人类和黑猩猩在基因上的相似度大约 96%（这低于最初的设想），但就算如此，在剩下的 4% 中，基因密码也导致了两者认知能力上的巨大差异。虽然黑猩猩的认知能力也令人惊艳，但仍无法与人类相提并论。我们的祖先需要驾驭生活当中的多种困难决定，在不断变化的环境当中寻找食物、资源和同伴，同时避开多重的威胁，这可能是人类大脑具有如此惊人能力的原因。我们的祖先经常受到应变事件的威胁，这使得他们的大脑进一步发展，继而使得他们能够去拓展、去改变他们的栖息地。黑猩猩觅食、筑巢，但它们不会改变周围的环境。[14] 我们只需将急剧上升的人口总数和总量逐渐减少、需要特殊保护的黑猩猩相比，便可以洞察到哪一个物种做出的反应更为明智，更能确保自身的生存和成功——至少目前为止如此……

如前所述，对这世界上的大多数人来说，我们所处的环境与我们祖先的环境——那个培养了我们认知才能的栖息地——相当不同。与此相关的一个让我夜不能寐的问题是，人类祖先惊人的应变事件计算能力所带来的光辉产物——我们便利的当代生活，是否反而损害了我们独一无二的认知能力？我们的大脑为我们创造了一个新世界，这个世界允许更被动、更闲散的反应方式，而伴随着这种反应方式，生存中需要应变计算能力之处逐渐变少。如此一来，我们的大脑是否实际上损害了后人的认知能力？我们是否在令自己的大脑变得平庸？倘若如此，我们的大脑是否会越变越小，变得像其他动物那样？我们的健康是否会遭到其他方面的损害？一些心理学家（如滑铁卢大学的詹姆斯·丹克特）对无聊这个课题做了研究。无聊，即欠缺可用的在结果与反应之间建立联系的机会。研究证明，感觉无聊的人更容易患抑郁症、注意力缺陷 / 多动症，甚至心血管疾病。[15] 无须大脑计算打造战略性反应的生活方式，乍看可取，但这样会导致无聊，而这种无聊就像毒素，会削弱我们的应变计算能力。这些都是当下我们自己的大脑正在探索的实验问题。进化是一个动态的过程，生物体通过这一过程不断地适应变化的环境。进化没有终点。尽管人类的大脑在此时充满了脑细胞和错综复杂的网络，但在缺乏环境压力的条件之下，进化的钟摆也可能摆向另外一个方向。或许我们现在应该全体去做智力测验，以免追悔莫及。

在真实生活中立足现实

此章阐述的主题，将在后面的章节当中进行详述。我会以详细的案例说明，我们需要参与到应变事件能力练习当中，以维持对环境的控制感，由此才能为我们的福祉做出最好的决定。这种实时计算是精神上的俯卧撑，可以帮助我们锻炼认知肌肉，应对前方的挑战，避免生活中潜在的大脑泡沫。这些大脑泡沫可能导致现实扭曲、情绪崩溃以及一些精神疾病。我们的世界正在变得越来越复杂，但是这种技术化的环境对于我们的大脑来说可能不是一个健康的背景。我们当中的许多人长时间工作，承受着职业竞争和晋升的压力，但它们所带来的潜在结果与人类祖先得到的非常不同。“避开捕食者”最后一次出现在你的每日待办事项清单上是什么时候？而且，高科技社会帮助我们避开了多种“行为–结果式”反应场景，这些场景是我们祖辈经常遭遇的。真实的、基础的应变经验，例如建造房屋、种植谷物、烹饪，变得越来越少见。我们不能任由我们的当代“先进”社会关闭让我们繁荣发展至今的应变计算器。

在之后的章节，我将详细介绍行为科学的一些研究，以便读者能够充分地了解大脑如何产生健康的反应。在详细阐释许多生活情境（例如特权、贫困、精神药物）都能扭曲我们的行为-结果式应变事件之前，我会先深入探讨大脑的应变事件网络。当我们进一步意识到准确计算应变事件的能力有多么重要时，我们就能以一个有趣的角度去解释盖洛普民调机构确定的获得职业成功的核心因素，例如，雇员在工作环境中对领导的期望的了解。对于应变事件预测在治疗多种精神疾病当中发挥的作用，我也会在后面探讨。当然，“行为-结果式”应变事件的公式并非不可更改，只要看看每年过度发放的奖励就能明白——不是所有奖励都正确地将行为和结果联系起来。我还会在一系列个案研究中讨论“应变计算器可以微调”这一概念。这些个案展示了不同的应变计算能力与职业成功。在应变事件列表里面，还有我们人生中最为戏剧化的时刻，例如孩子的出生。在这样的时刻里，我们的大脑是如何装备自己的，这也会在之后讨论。保护和照顾另一个人显然会让大脑的应变计算器变得更加复杂。在探讨为什么虚假的治疗可以起到治疗作用（该现象称为安慰剂效应）的问题时，我们将考虑我们大脑的一个倾向——寻找更具适应性的反应-结果式关联。我也会谈论更为轻松的话题——虚构式应变事件，它以迷信、创造力、想象力等形式出现。最后一章中，我将介绍如何避免应变难题——如何用我们计算到的应变事件来避免可导致神经能力受损的环境陷阱。

我希望本书能够让大家意识到，大脑对过往经历和当前体验的持续处理，为我们回应生活中不可避免的不确定性提供了宝贵的经验储备和明显优势。当你意识到这深藏的秘密时，你将更有能力识别出能够带来有意义的、最理想的结果的反应方式。讽刺的是，让我们的大脑在真实生活中的应变事件里始终立足现实，是让梦想变成现实的最有效的策略。

第 2 章

大脑输出——各种行为模式

对于我在电影院时经常做出的反应行为，我一点儿也不会感到自豪。虽然我平时是个倾向于过度分析的人，但那一刻，我的认知系统关闭，我像僵尸一样直挺挺地走向柜台买爆米花。我完全清楚这并非一个理智选择——电影院的爆米花价格过高、盐分过多，容易使人发胖，倘若经过检测，还能发现它的成分更接近于纸板，而非真正的食物。然而，当时这一切都不重要了，因为我期待坐在黑暗的电影院里，一边沉浸在剧情当中，一边享受充满感官刺激的美食乐趣。

我在影院里的零食选择从方方面面来说都可能是我整个认知行为清单上最不成熟的决策——它是一种反射性的反应，就像对着镜子里的自己作战的爬行动物那样。在影院，我的神经回路也以反射性而非反思性的形式工作。在这里，我要为蜥蜴辩护一句，它的大脑并不像人类大脑这么复杂。爬行动物的脑对食物位置、配偶和优势领地具有强烈的反射性反应，而这对蜥蜴的生存来说很有效。至于我，虽然我可以说是我的爬行动物式反射性反应驱使我走向昂贵的爆米花，但其实，我并没有什么可为之辩护的——我是有意识地选择了这种罪恶的愉悦，它是我童年的延续——并且，我享受咬下的每一个嘎吱声，然而这只限于电影院。出了这个环境，当我面对可能带来更多后果的更复杂的决策时，我需要运用更多的脑力去做出最合适的决策。

自我从亚拉巴马州伯明翰市的小型文科学院桑福德大学毕业以来，我就成了一名行为神经科学家，并对行为相关的一切深深着迷。当我开始学习古希腊人、哲学家、心理学家以及之后的行为心理学家和神经科学家在这一领域的诸多贡献时，我的热忱与日俱增。前面列举的任何学科都不足以让我学到正规、系统的行为研究。三十年后，我对于了解大脑如何生成瞬间应答的热情一如往昔，即使我们这个领域的进步如此缓慢。在本章中，我们将回顾古今行为主义先驱走过的路，以试图理解我们的大脑是如何在多种情境下快速生成复杂行为反应的。

行为科学的逐渐形成

一千多年前，罗马医生盖伦预测行为反应是（假设存在的）神经和身体肌肉之间进行某种交互作用的产物。但由于几世纪以来，人们更多将行为归因于恶魔和灵魂等精神现象，这种理念一直处于蛰伏状态，无法形成系统、客观的研究。17 世纪，勒内·笛卡儿通过提出“行为有可能是由物质原因而非神秘学原因引起”，将行为研究带至前沿。但笛卡儿在提出“复杂行为可以成为科学研究的对象”时也十分谨慎，他认为更为复杂的行为存在于科学研究的边界之外。[1]

直到两个世纪后，20 世纪初，俄国生理学家伊凡·巴甫洛夫的意外发现才再次推动了心理学这一新生学科对行为的研究。[2] 虽然大脑的主观运作被归于哲学和宗教的研究范畴，但巴甫洛夫作为一名备受尊敬的生理学家似乎将行为研究推向了一个更客观的、更科学的领域。在让他赢得诺贝尔奖的消化系统生理机能研究当中，巴甫洛夫向预测其实验用狗的行为的方向迈出了关键的一步。当狗意识到照管者正带着食物走近时，它们的行为表现就会变得像食物已经到来一样。植入它们口中以记录唾液分泌情况的小管显示出，这些前兆信号造成了唾液分泌。也就是说，狗因为预期食物即将进入口中而开始分泌唾液。虽然巴甫洛夫当时不关注行为输出，但他发现这种反射性的行为反应可以解释围绕着行为输出的一些谜团。在这种情况下，听到照管者的脚步声与看到食物碗出现这两个前兆事件都与动物的心理活动发生了联系，其中任何一个都会导致反应发生。当预示食物出现的声音被检测到时，狗开始分泌唾液，就像食物已经出现了一样。用人类的例子来说，如果雷声令你恐惧，而你知道闪电总是先于雷声，你也会因为对雷声出现的预期而对闪电产生恐惧。这被定义为经典条件反射。尽管这个公式很简单，但它将行为研究带入了更科学的环境当中。

在 20 世纪初的美国，心理学这门研究行为与思维过程的学科处于停滞状态。尽管人称“美国心理学之父”的威廉·詹姆斯已撰写著名的《心理学原理》，但该学科当时仍缺乏像化学、生理学这些传统学科所具的严谨性。[3]（从更全球化的视野来看）被称为“心理学之父”的德国生理学家威廉·冯特强调内省法，这种方法要求人类被试口头报告他们的内在感受。[4] 毫无疑问，这种研究方法同样缺乏科学严谨性。另外，冯特的目标是确定构成意识的元素，这在当时也被看作是一种主观的努力。公平地说，这些先驱者缺乏功能性磁共振成像（fMRI）等能够客观记录大脑活动和多种思维状态的未来工具，因此，心理学继续围绕着哲学、生理学、教育学和宗教体系等范畴，试图建立自己的科学地位。

在颇具魅力的美国南部心理学家约翰·华生眼中，巴甫洛夫是改变了游戏规则的人。华生在他著名的演讲《行为主义者眼中的心理学》中宣传了巴甫洛夫针对行为进行系统研究的方法的优点。[5] 它取代了以冯特内省法为代表的主观个人叙事，以可写入实验期刊的真实数字构成的客观数据为材料（例如刺激与反应的时差、产生的唾液的体积、建立条件作用所必需的关联数目），这些都建立于客观观察，看起来更像科学而非哲学。最终看来，我们可以在生物学、化学、物理学等自然科学的帮助下研究行为。即使巴甫洛夫的条件作用研究集中于简单的、反射性的反应，华生也认为这项工作将心理学从神秘学领域带到了实证领域。作为约翰·霍普金斯大学的学术权威，华生开始推广巴甫洛夫开创的这种心理学方法。华生在一段时间内很有影响力，直到他与他的一名研究生之间的丑闻被全美报纸杂志报道，以致他被学术界驱逐。

在 20 世纪初，就如何针对行为展开更科学的研究，心理学领域的其他人士同样发表了他们的观点。哥伦比亚心理学家桑代克发明了经典的迷箱实验。在该实验中，猫被放在一个小箱里，被迫面对如何打开箱门以获得渴望的食物奖励这一问题。[6] 导向预期结果的反应是怎样产生的？通过看似随机的试错，直到最终偶然做出能够打开箱门的行为反应，并获取食物奖励。例如，猫可能无意中踩到了连接开门装置的杠杆。当这种情况发生时，接下来的尝试是更可预测、更有效的。猫似乎会学习能导向它所需的食物奖励的正确反应（踩在杠杆上）。桑代克将这种现象称为“结果律”或“效应律”，指的是结果驱动特定行为产生。将其称为“律”增加了这一新兴行为科学的科学意味。正如你在本书中将要学到的，在行为研究方面，简洁有力的法则很少。虽然对于想要建立严肃的行为科学的行为主义者来说，这是一个令人沮丧的问题，但来自多种不同学科的当代学者开始意识到，行为灵活性在提高我们物种的生存率方面可谓自然界最惊人的行为工程成就之一。我们有一些跑题了……

在 20 世纪中叶，毕业于哈佛大学的心理学家斯金纳通过在他称为“激进行为主义”的领域内（这个称呼是为了将其自身同对意识的内省式内部运作感兴趣的心理学家相区分）开展研究，成了行为主义的中坚力量。[7] 斯金纳对环境事件如何影响动物的反应很感兴趣。他的研究侧重于刺激-反应关联，而非巴甫洛夫的行为研究中所强调的刺激-刺激关联。蟑螂穿过厨房地板（刺激）会促使你用脚踩它（反应），而如果蟑螂被踩死（预期结果），那么你可能会在未来遇见蟑螂时重复踩它这一反应。因此，斯金纳提出，当动物们对于对的刺激做出对的反应并达到预期结果时，它们便成功地处理了应变事件。[8] 在实验室中，大鼠在被称为“斯金纳箱”的小空间里按压杠杆。斯金纳强调强化物甚至强化程序表对于理解行为结果的重要性。随后，这种类型的学习被称为“操作性条件作用”，因为动物对其环境进行了“操作”。[9] 心理学家围绕这些新的科学理念展开了讨论，并引入“强化程序表”“反应结果”“联想学习”“反应工程”等听起来很科学的新术语，似乎令心理学离具备科学的严谨性更近一步了……真的如此吗？

斯金纳是一位天才的科学家与作家，但即使他拥有公认的洞察力，他的行为科学研究还是欠缺一个关键性因素——大脑。他对大脑这个“黑箱”中的工作以及任何个人的、内省的心理特性毫无兴趣，并做出了忽略大脑这一器官的决策（正是大脑驱动了他迫切渴望探明的那些执行功能）。他带来了进步的同时，也带来了退步。

如果说在20世纪中叶，无人去探索在例如学习这样的心理学概念中大脑发挥的角色，倒也并不准确。先驱者包括生理心理学家卡尔·拉什利——哈佛大学遴选委员会评价其为“世界上最出色的心理学家”之一并邀其加入了哈佛大学。拉什利提醒心理学界，大脑必须被纳入对行为的解释中。然而，他也是第一个承认这说起来容易，做起来难的人——尤其在仅仅依靠他手上那些相当粗糙的研究工具时。他试图定位负责记忆形成的特定脑区，在经过许多勇敢的尝试之后，他不得不宣布，看来他起初设想的这一脑区并不存在。相反，记忆形成是大脑皮层“集体行动”的产物，而大脑的组织能力在完成这一复杂功能时也起了重要的作用。[10] 拉什利超前于他的时代——随着神经科学领域研究技术的不断进步，大脑在学习、记忆和问题解决当中所做的复杂运作逐渐变得无法否认。

行为主义研究的“小秘密”

除了有些简单过激，早期行为主义理论和法则还面临其他挑战。当新的行为主义原理在实验室受控环境之外接受多项测试时，这些原理很难预测发生的行为。加州大学伯克利分校的实验心理学家约翰·加西亚发现，与实验室预测相反，当两种刺激或者说“现象”同时出现，其中一种刺激令动物感到不舒服的时候，实质上并不需要什么训练，动物就会将两者关联起来。[11] 他是在一次实验后大鼠躲避与辐射配对出现的水时发现这一点的。这与巴甫洛夫版本的条件作用不同，巴甫洛夫的观察结果显示多次试验是必需的。如果你曾经遭遇过食物中毒，那么，你也是这种被称为“条件性味觉厌恶”的条件作用实验的一个被试——即使你知道某天你吃的寿司之所以令你反胃只是因为它被放坏了，你也不会再吃那种寿司了。显然，某些学习类型不容许侥幸，也不需要长期的训练。

此外，在动物们熟悉了环境并开始自行调整自己的反应后，在桑代克的迷箱中“印入”的行为也往往会变得不那么坚固。动物们会偏离任务，乱动笼子的其他地方，而并不像行为主义理论预期的那样，如机器人一般行动。它们的行为出现改善（它们进行了学习），但它们似乎也在寻找新的方法来产生自己想要的结果。这会让我们在实验室里崩溃。我的学生会花费数周来训练动物，直到它们完美地通过迷宫或障碍物，获得它们想要的甜麦圈奖励。而到了我的学生开始记录实验数据的关键时刻（当数据有价值并会对成果能否发表起到决定作用时），动物们却常常展现出分心的状态。我的学生将这种反应描述为“闲晃悠”，或者说它们对用同样的方式完成任务产生了厌倦感。就好像它们在告诉自己：“我都做到了，所以急什么……甜麦圈会好好地待在诱饵井里……为什么我要急着被放回实验室笼子里？这个实验有 3 分钟，而我想一直待在笼子外面。”原谅我对大鼠的拟人化，但你明白我的观点。这些新的行为趋势很有意思，它们让我们确认了大鼠确实是研究人类行为的一个非常好的被试，特别是研究儿童在课堂里的行为。但这对于获得研究资金所必需的论文或无穷无尽的基金申请来说，可并不是一件好事。

我不是第一个对训练动物感到灰心丧气的行为学家。斯金纳的两名学生（凯勒·布里兰和马里恩·布里兰，一对夫妻）在一篇著名的论文里公开探讨过不符合斯金纳行为理论的情况。[12] 当他们使用斯金纳的操作性条件作用原理来为商业广告或其他娱乐活动训练动物时，条件作用并不总是能起到作用。两人曾在以为自己已经为银行电视广告成功地教会浣熊将硬币放入银行后，看到浣熊把硬币放进水碗里清洗，然后再放入银行。当然，如果由猪将硬币放进存钱罐[①]里，这个把戏甚至会更可爱，于是他们转而训练猪完成这项任务。在成功展示了人类想要的行为之后，和浣熊一样，猪也加入了自己的变化。这次不是将硬币浸入水中，而是在周围的地面里翻找它们。这些在训练当中出现的小问题受到了比较心理学家和动物行为学家的关注，他们将其称为“本能漂移”。很快，他们发现是自然进化形成的反应干扰了后天学习的反应模式——浣熊在水中觅食，而猪则在泥土中翻找食物。这是一场行为模式的战役！

而且，动物会在没有明显的、引起反应的外界刺激的情况下做出反应。为什么一只小狗会在完全安静的房间里突然玩耍起来？为什么在父母车后座一动不动坐着的孩子会忽然唱起一首自创的歌？

---

① 存钱罐在英文中为“piggy bank”，直译为猪猪银行。——编者注

这小狗、这孩子是对什么做出反应？什么刺激触发了两者？一个孩子怎么能表现出一种他从未见过的行为（唱一首即兴歌曲）？根据行为主义者的说法，我们所有的反应都是训练和排演的产物。创新能够被教导或训练出来吗？或许能。当我最近带比较动物行为学的学生到佛罗里达绿茵礁岛的海豚研究中心时，我从动物教练口中了解到，每次他们给海豚一个做行为创新的手势，海豚就会表演一种新的把戏。创新可否被塑造、被训练？无论答案如何，很明显，这些观察都令极端行为主义观点的池水更加浑浊了。

无论创新反应是否是条件性的，我们面对刺激经常做出新颖的反应这一现象似乎也难以用经典或操作性条件作用来解释。在一项著名的实验当中（该实验试图证明一个动物的行为节目①里会突然出现顿悟的表现），德国心理学家沃尔夫冈·柯勒设计了一个问题场景，以确定黑猩猩是否可以在没有经过培训的情况下解决问题。[13]他将黑猩猩放入笼子里，笼顶挂着一根香蕉（黑猩猩够不着），笼子里还有几个货箱和一根长棍子。实验中，这些黑猩猩把箱子堆在一起，爬到上面，用棍子够到了香蕉，并因此登上了行为心理学的新闻头条。这种操作完全没有办法和20世纪80年代的电视英雄麦吉弗所做的相比，他每一周都要逃脱各式各样的困境以拯救自己和他人的生命。需要用绳子和橡皮泥来引爆一颗炸弹？没问

---

① 行为节目指一个人或一只动物有能力做出的行为的总集。——编者注

题！显然，虽然实验室行为主义者热衷于训练表，但是行为并不总是遵循训练法则。

虽然我们还不清楚创新反应是不是以及在多大程度上是训练的产物，但它们绝对是大脑的产物。我同意卡尔·拉什利的观点，大脑从一开始就应该纳入行为主义研究当中，即使当时可以用于研究大脑的工具十分落后。巴甫洛夫是当时的一个例外，因为他宣告大脑半球应对复杂行为负责。[14] 此外，早期行为主义者的追求集中在理解最可预期的动物行为，这让他们有些误入歧途。如果所有行为都像早期行为主义者认为的那样可预测且不灵活的话，我们在生活选择上会极端受限，永远无法应对新的挑战并进入更美好的生活情境。生活由悬而未决的多重应变事件构成，而非仅仅是按压杠杆。

另一项威胁行为主义者建立的规则的研究是哈里·哈洛所做的发展心理学研究。如果行为是由外界强化物所驱动的，为什么在他的实验中，恒河猴花费了更多的时间爬在柔软的、可拥抱的绒布母猴身上，而非提供乳汁的、冰冷的铁丝母猴上面呢？牛奶作为奖励，不是应该驱动它们花更长时间待在铁丝母猴身上吗？不，失母的幼猴花费了更多时间在不提供任何可见的、外在的强化物的假母猴身上。哈洛由此宣称，他的关注点由学习转移到了爱。[15] 正如第 7 章将要讨论的，养育子女和社会联系包含了极端行为主义者忽视的重要内部奖励。

此外，我们并非克隆体——我们每个人对相同的环境事件都会有不同的反应。这一因素如何与激进行为主义的观念相吻合呢？尽管经典行为主义理论不强调个体差异，但不可否认，它的确存在。[16] 19 世纪的荷兰心理学家 F. C. 唐德斯报告了在反应时间方面个体存在差异的第一份证据，为多种行为的不可预测性提供了线索。该案例中，多名天文学家观察了天空中经过特定位置的同一颗恒星，而每一位汇报的时间都有所不同。唐德斯意识到这种不一致是天文学家的反应时间不同的结果。在随后的精彩实验中，他发现，例如，当受试者被给予两个带有信号灯的不同按钮并需要按下正确的一个时，所需的反应时间比只需要面对一个按钮时更长。通过这项工作，唐德斯成为最早客观衡量选择与决策的科学家之一。另一位 19 世纪行为主义先驱，德国生理学家古斯塔夫·费希纳通过引入“最小可觉差”这一术语，将这一思维过程正式引入学界。最小可觉差，指的是刺激（例如光的亮度）的变化被注意到所需的最小变化量。正如你所料，这种感知过程也存在个体差异，这种个体差异可能源于研究参与者感觉系统的敏感性差异。表面上，这些方法论革新似乎更集中于心理而非行为过程，但最终感官知觉、决策速度和行为执行都有一个共同的分母——大脑，它在这一新兴学科成了深受重视的角色。

虽然对于主流的行为主义者来说，这样的研究相当于打开潘多拉魔盒，但除非我们了解大脑在行为与心理过程当中的作用，否则我们便无法真正地理解行为。回想起来，斯金纳可能是机智地规避了将大脑纳入他对行为输出的解释所可能产生的混乱，因为大脑的作用并不简单。但有一点越来越清晰，那就是，想要准确了解行为在维持动物生存当中起到的关键作用，我们需要进一步地了解神经系统是如何设计实时的、相关的行为的（无论其形式如何）。

理解行为：在黑箱里思考

虽然行为主义先驱因弥合了行为研究的哲学方法和生理学方法之间的鸿沟而受到赞誉，但早期的研究方法只看重简单的、更反射性的行为输出，而非反思性的行为输出。用诺贝尔奖得主丹尼尔·卡尼曼的话来说，这些反应是“快思考”而非“慢思考”的结果。[17] 这种趋势在巴甫洛夫之前就存在，笛卡儿就描述过一种简单的“感觉输入-动作输出”算法。从某种程度上来说，这种观点是完全正确的。如果你用手触摸一个热炉，你的感觉神经元会向你的中枢神经系统传递一个包含着热、疼痛与不适的信息，中枢神经系统会将这个信息迅速地传递到相关神经细胞，以让你在皮肤烧焦之前迅速移开手指。感觉信息输入，动作信息输出，这必须是一个快速反应，以避免组织损伤扩大。事实上，这种超快的反应甚至不需要你的大脑参与——脊髓就可以处理。

神经科学先驱查尔斯·谢灵顿对大脑的信息处理机制的描述，

就体现了对神经功能的这种简单观念。“Synapse”（突触）一词，就是由谢灵顿引入的，字面意思是“扣住”，指的是两个神经细胞之间充满神经化学物质的微小间隙，这些神经化学物质会选择性地激活相邻脑细胞的特定反应。这一项工作为谢灵顿赢得了1932年的诺贝尔奖，并作为一个模板进一步强化了“简单的输入信息以一种反射性的、可预测的方式和简单的动作反应相联系”这一概念。[18]早期的行为主义工作确实也强调行为输出的简化性质。巴甫洛夫的生理反射、桑代克的问题–解决律和斯金纳的各种强化程序表都描绘了黑箱内部工作的简化蓝图。

但愿生活中的选择真有那么简单。当你超越笼中之鼠的局限时，面对同时出现在真实世界里的诸多选择，你很难仅仅依靠反射性反应去应对。甚至从药店货架上的几十个选项中选择牙膏这样的平凡任务，也涉及与行为主义与神经科学先驱者的描述所不同的另一种形式的学习和神经连接。而购买牙膏，是我们生活决策中比较简单的一个。选谁做终身伴侣？生不生孩子？什么是正确的职业道路？又或者，比其他任何选择都重要的——活着是否值得？无论早期心理学课本如何定义行为，一旦从简单、可预测的反应过渡到复杂、不可预测的反应，问题决策 / 行为输出的脚本就变得万分复杂。

到了20世纪90年代，神经经济学领域的研究人员着手了解大脑是如何做出生活中的艰难决定的。尽管早期行为主义者试图与思维过程中的内省式内在工作划清界限，但新一代勇敢的科学家接受了这一挑战。他们有充分的理由相信，为了让行为主义在实验室或马戏团之外建立意义，这一领域需要和其他领域（如认知科学和经济学）相结合，以就大脑如何以及为何产生某种行为反应而非其他行为反应形成更有意义的答案。在这一新的尝试中，纽约大学的保罗·格莱姆齐和同事以令人耳目一新的方法聚焦于在斯金纳所极力回避的黑箱内发生的事情上。[19] 为解开这个谜，这些神经经济学先驱创造了不同以往的实验任务——他们不再强调指向确定奖励的明确反应，而是以模糊不确定的实验情景取而代之。此外，随着对改进的崭新的脑成像工具的使用，在 20 世纪末，大脑的内在工作成了行为研究新的前沿和中心。

恒河猴是早期神经经济学研究里的一个热门课题。在现实世界中可观察到，某些特定刺激与奖励之间的联系是模棱两可的，而这一观察结果在实验室中通过赋予猴子模棱两可的任务而得到模仿。例如，猴子被训练将屏幕上向特定方向（左或右）运动的光点与一杯果汁的奖励联系起来。为了增加复杂性，最终呈现给动物的屏幕上的光点是混乱运动的，既有向左的光点，也有向右的光点。然而，在混乱运动的光点中有一小组连贯的点在定向移动。当猴子将传入的视觉信息与过去的强化相结合时，控制眼球运动的大脑皮层细胞以及和该脑区保持通信的被称为“后顶叶皮层”的脑区内的脑细胞同时被激活。[20] 这肯定比在斯金纳箱中当灯亮起时按下杠杆更复杂。

与早期更偏反射性行为的研究不同，神经经济学方法迫使动物战略性地评估信息以做出最明智的反应。最终，动物识别了光点组并做出了正确的反应。然而，在现实世界中，可能没有足够明显的证据来确定对最佳反应的明确偏好，即使我们的大脑似乎会寻找做出明确反应的理由。在大脑无法检测到不同选项之间的区别特征的情况下，有方法可以令天平向特定的方向倾斜。弗吉尼亚大学加利永研究所的神经科学家瑞德·蒙塔古和他的同事对被试进行了味觉试验，之后通过 fMRI 扫描观测被试的大脑。实验要求被试在两种流行碳酸饮料——可口可乐和百事可乐中做选择。[21]然而，他们并不知道哪个是哪个。由于缺少识别信息（例如红色或蓝色的饮料罐），在大脑扫描中没有任何迹象显示他们能够通过单纯的味觉差别来区分这两种饮料。当被试十分熟悉的品牌信息以饮料罐的形式先于饮料本身出现时，他们的大脑扫描结果忽然显示出了一种不同的激活模式。大多数被试声称比起百事可乐样本，他们更喜欢可口可乐样本，同时他们前额叶皮层当中一个涉及执行功能和记忆的脑区被激活了。在被试做出特定行为前针对"黑箱"的内部工作进行研究，令蒙塔古发现了说服的神经相关物。曾经著名的行为律忽然之间显得更加复杂和扑朔迷离。很显然，大脑对环境线索的反应对我们每天每时每刻所做出的反应都有着巨大的影响。

因此，当你聆听两位政治候选人的发言以确定哪一位更能代表你的政治信仰时，你的神经系统会决定谁更值得你投票，你的一些脑区，例如后顶叶皮层（耳朵区域上方）和前额叶皮层（眼睛后面），有可能被激活，它们都属于大脑外层被称为“新皮层”的部分。关于神经经济学和帮助我们权衡生活当中不确定性的特定脑区的更多信息，我们会在第 4 章中讨论。即使人们越来越清晰地意识到大脑在对具体情况做出反应时的复杂活动，但仍有证据表明，当情况变得清晰、熟悉时，大脑还是会经常走习惯这条捷径。

大脑的习惯

当我们重复导向熟悉的、可预测的结果的熟悉行为时，行为输出所需的大脑审查开始减少。当我第一次驾驶时，我很确定自己的大脑皮层在拼命工作，我仔细处理传入信息以确定在汇入下高速的匝道之前何时需要加速超车，或者在黄灯变红灯前我还有多长时间。现在，我变成了更有经验的司机，我用在这些决策上的神经能量显然减少了。但是，经验多并不意味着产生了更为适当的行为输出。虽然由于宝贵的经验，多年来我的驾驶变得更加稳定可靠，但放松和出神可能会让我在握着方向盘的时候比菜鸟司机更容易出事故。随着笨拙不安的行为反应变成操作熟练的习惯动作，专业技能增长，但注意力下滑。当然，养成习惯还是有益的。

麻省理工学院的神经科学家安·格雷比尔在她杰出的职业生涯中一直致力于将习惯从目标导向行为中分离出来，以确定究竟是哪一个脑区负责将早期学习阶段追求目标的行为转变为更反射性的习惯。[22] 习惯令我们颇为受益。一旦你弄清了确定的行为模式，你就不需要将很多大脑能量投入熟练的行为。虽然你在最初几次尝试做蛋卷的时候不得不考虑涉及的方方面面，但是过一阵，你就会转向习惯模式，并以机器人式的方式完成步骤。你节省下来的神经能量可以用于其他任务，比如说在做蛋卷的同时与人交谈，或者思考明天的活动。

如图 2.1 所示，格雷比尔的研究表明，大脑中央部分统称为"基底神经节"的脑结构有助于我们从学习模式转变为我们称为"自动驾驶"的模式。在一项学习任务的早期阶段，当你需要弄清具体的工作步骤时，这个位于伏隔核旁边的下部区域，或者说腹侧区域的大脑结构就会被激活（伏隔核被视为大脑目标导向的愉快中枢，对其更彻底、更具体的介绍将在第 6 章进行）。这一结构的标志性神经化学物质多巴胺对强调新反应重要性的探索行为很有帮助。一旦探索完成，新的环境背景变得熟悉，神经基底节上部就开始接管工作。脑区的这种交接反映了注意力的转变，因为一旦你掌握了任务，以更为自动化的反应方式继续下去，投入其中的注意和监督就会减少。这或许可以解释你为什么没有发现混进了蛋卷里面的蛋壳。

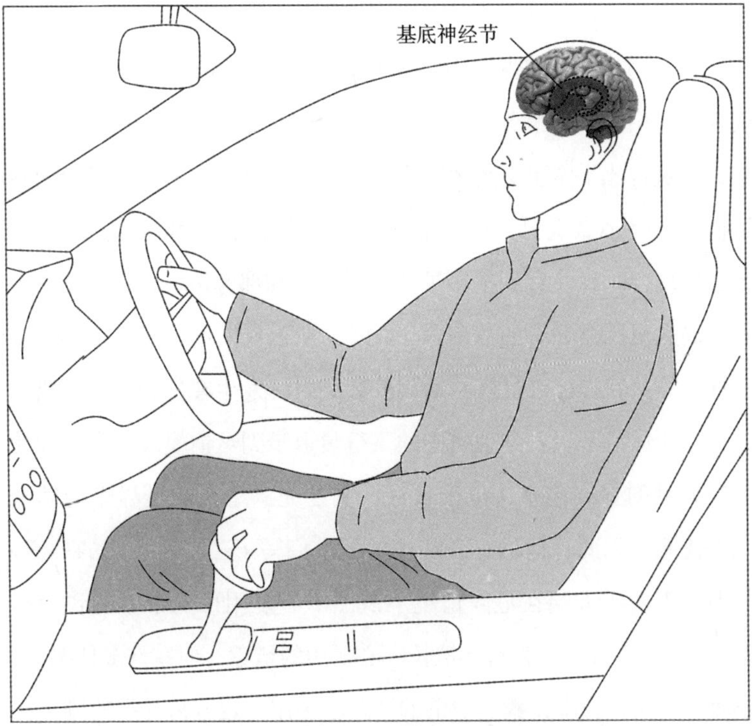

图 2.1　基底神经节驱动习惯行为

当行为从需要注意力参与转变为反射性反应模式时，大脑中部统称为“基底神经节”的集合组织会起到越来越重要的作用。尽管表面看起来，反射性反应更有效率，但当我们在执行自认已经熟悉并胜任的任务（如驾驶、烹饪等）时，习惯性反应中的注意力缺乏容易导致事故发生。（图片来自比尔·纳尔逊。）

尽管我们需要效率，但显然习惯容易让我们陷入危险和不理想的困境。当我们放下防卫时，生活中不可避免的威胁会让我们变得更加脆弱。例如，当你的大脑一边想着今早迟点儿该和老板说些什么，一边处在习惯性驾驶模式的时候，你可能不会注意到快速驶过红灯的一辆车或者忽然跑到路中央捡球的一个小孩。因此，即使是处理生活中的平凡事务，尽可能保持警惕也是明智的。而且可以想象，当执行比平常事务重要得多的事情时，让基底神经节学会对抗习惯模式是多么重要。你肯定不希望你的外科医生陷入习惯模式，在给你缝合时没注意到把镊子留在了你的肺部旁边。曾任美国航天航空局人员因素研究首席科学家的基·迪穆克斯通过研究证实，当飞行员的基底神经节进入自动驾驶模式时，发生在驾驶舱内的错误数量会让你绝不想看到现实中的飞行员退步到习惯模式当中。即使存在大量的强制检查，也很难让大脑在充满干扰的世界里持续专注于任务。因此，迪穆克斯和他的同事们写了《一心多用的神话》一书，表达了大脑在危险情境下试图一心多用可能带来的致命结果。[23]我们会产生认为自己擅长一心多用的错觉，但在许多情况下，即使是在例行公事，我们所谓的“一心多用”也容易导致悲剧。作为父母，在这种危险行为上最令人肝肠寸断的例子，就是过分专注于开车或购物等日常行为，忘记了孩子还在车内，导致孩子因高温而死亡的悲剧。难以想象我们竟会如此分心，但铁证如山，许多不幸的儿童死亡案例就摆在我们眼前。

说一些轻松的，二十年前，当我参加美国南部哲学和心理学学会的年会时，有一个演讲引起了我的注意。当演讲者在讲台上阐述他的研究时，他从一个由习惯导致的离奇故事开场。他分享说，他在演讲之前刷了下牙，但等他注意到他用的是“H 制剂”（一种和牙膏包装很接近的常用痔疮膏）时已经晚了。他很恳切地表示，他不确定口服 H 制剂的影响。所以，他觉得有必要在演讲前宣告这件事。如果他在演讲中出现了什么突发反应，请大家务必替他叫救护车。对于他来说，在他拿着 H 制剂唰唰地刷牙并蹭过口腔内壁的时候，尽管有些东西已经让他感觉到不对劲，但管上的产品标识也好，嘴里奇怪的味道也好，都并没能打破基底神经节为刷牙创造的惯性常规。这种反应可以用构成习惯性反应的神经回路来解释。然而，他决定将这一令人尴尬的消息分享给满满一屋子的专业同事（且这些同事普遍对这管药剂可能接触过的不卫生部位感到好奇），这一举动才叫人迷惑不解。关于这一有趣的、通常被称为“失态”的行为应当责怪哪一个脑区，我们尚不可知。

鼩鼱的觅食策略

今天，很多国家和地区的人可以在其环境中的几乎任何地方找到食物。这些人很难想象在过去的时代，他们的祖先要长期处在饥饿的恐慌和迫在眉睫的死亡威胁当中。对早期人类来说，他们的大部分认知能力会投入寻找和保护食物，即被称为“觅食行为”的反应上。研究人员花了很多时间来确定能够为各种动物提供最丰富的食物回报的最佳觅食策略。斯金纳早期通过不同的强化程序表控制的（实验室风格的）觅食研究，同样为此做出了贡献。在实验室控制条件之外，如果动物必须将大量能量用于追逐捕猎营养含量极小的食物来源，这种策略通常并不符合最佳觅食策略。然而，如果这种食物是唯一可获得的食物，那么这种策略很快就会成为最佳觅食策略。我们现已知道许多决定最佳觅食策略的因素。能量消耗、安全性、长期可得性、营养含量丰富性、竞争，这些只是影响食物性价比的部分因素。在整个进化过程中需要不断强化概率判断能力以确定最佳觅食策略，而这增强了大脑的复杂性。

就以普通鼩鼱为例。这种小型啮齿动物拥有土豚式的尖尖鼻子和小珠子似的眼睛，遍布欧洲，它的重量大概相当于 2~3 便士，每天要消耗等同于其体重的食物才能生存。由于身体非常小，新陈代谢率极高，能量损失过多，这种小型哺乳动物每隔几个小时就要进食一次才能避免死亡——而且它们不能叫外卖！虽然我们还不清楚鼩鼱对自己危险的情况和迫在眉睫的死亡威胁有多么清晰的认识，但因为它们离死亡只有一顿饭和几个小时的距离，它们的神经系统调整到了尽可能最佳的觅食状态。[24]

鼩鼱不间断的新陈代谢几乎没有为觅食错误留下什么空间。它们不仅需要消耗最小的能量来捕食，以获得卡路里回报，还需要小心避免成为猫头鹰或狐狸等捕食者的食物。而且，你能够想象一个拥有一群有能量需求的幼崽的雌性，面对这种危险的新陈代谢公式所承受的额外压力吗？科学家在实验室中通过改变潜在食物来源的数量，利用鼩鼱的极端觅食境况来试图了解以风险承担和决策执行为形式的行为输出。例如，在一项研究中，鼩鼱面对两个选择，一个是稳定提供一份食物的食物碗（食物是美味的粉虫），而另一个是只在一半的时间提供两份食物的食物碗。鼩鼱们选择了安全的、可持续的奖励来源，即一次收获一份奖励。然而，当研究者将两种食物选项都从笼中移除一段时间之后，随着饥饿感的增加，鼩鼱们选择了两份食物这一风险更高的收益。[25] 这是环境诱导大脑转变的一个例子，动物进行了不同结果的应变计算以试图最优化卡路里回报。是的，鼩鼱们不知不觉地参与了一种高级的概率计算。

或许这些复杂的食物搜寻策略有助于解释一个长期存在的大脑之谜。人类的大脑通常占体重的 2%，但鼩鼱的大脑却占了体重的 10%（这是一个惊人的比例）。事实上，在整个动物王国，没有哪种动物的脑重与体重比高于小鼩鼱。我们现在知道，智力和认知复杂性不仅仅受脑重与体重之比的影响，但即便如此，鼩鼱大脑的惊人大小也是有意义的。为什么鼩鼱会拥有这样大的一个大脑呢？尽管我还没有看到任何证据证明这种动物有过人的智力，但鼩鼱不间断的食物危机可能使它们需要一种特别的、发达的认知技巧来解决各种觅食场景中的特定问题。又或者，因为它们缺乏随机应变的能力，所以它们需要为如何习惯性地针对不同觅食情境做出反应而储存更多信息，也需要更多存储空间——比如需要一个更大的大脑库存，鉴于它们没有办法在神经层面用相当复杂的方式来组织信息。无论鼩鼱的大号大脑功能如何，每两三个小时就需要找到食物的紧迫性，可能使它们比起更少能耗、更低代谢率的大型哺乳动物来说，需要在神经组织方面投入更多。这些不起眼的小动物可能代表着动物王国里的觅食专家。

动物的“转移行为”

之前的内容描述过巴甫洛夫旨在对行为输出做出预测的研究。动物习得光线预示着食物的呈现，经过充分训练之后，它们在每次光线呈现之后就做好了接受食物的准备。虽然这些经典条件作用研究是开创性的，但本章已经指出，除非你生活在一个可完美预测的世界中，否则这一实验观察的实用性也就仅此而已。事实上，我们生活中最可预测的特征，就是生活事件的不可预测性。

在巴甫洛夫职业生涯的后期，他的助手之一娜塔莉亚·申格-克列斯托夫科娃针对在某些特定环境下不确定性的危害有多大而设计了一项研究。在这场成为未来神经经济学研究序曲的实验中，他训练狗对圆形做出反应，以获得所需的食物奖励。狗同样学会了，对椭圆形做出反应并不会使其获得想要的食物。所以，当一个圆形和一个椭圆形一起出现时，狗知道对圆形做出反应以获得食物。然后任务开始变得棘手起来——椭圆形变形，看起来越来越像圆形，这令狗完全混乱了。你可能会觉得，在生活应变事件的重大蓝图下，这对狗来说不是什么大问题，但根据巴甫洛夫的描述，这些狗的想法可不太一样。

> 动物的整个行为突然发生了变化。在那之前都很安静的狗开始尖叫，不停地扭动，撕咬下贴在皮肤上的机械装置，甚至咬穿了连接观察室和动物室的管子。这是从来没有发生过的行为。[26]

研究动物的行为主义者将这种在意外情况下观察到的动物行为称为“转移行为”。人类也会做出同样的行为。当出现一个令人困扰的没有明确答案的情境时，我们可能会挠头或者用笔敲自己的腿。无论面对的冲突情况为何，我们目前还不清楚为什么挠头或敲击笔可以帮助人们解决问题。如果我们想要在 PPT 演示文稿里面展示不确定性，我们会使用一个挠着头并被问号包围的人类形象。如果你头皮发痒，挠头当然可以达到目的，但在充满不确定性的情况下这么做，那就看上去有点儿让人迷惑了。

这一观察结果提供了充分的证据，证明转移行为标志着大脑正在与无法确定做出特定反应的后果的应变事件计算斗争。但有趣的是，这种不适的、看似功能失调的行为有可能是有用的，它使我们以一种熟悉的方式（踱步、抓挠等）平息焦虑，以克服不确定感并做出最佳反应。然而有时候，即使是在有益的挠头行为的帮助下，环境也会导致内在的应变计算器无法做出准确的反应。贫困、成为名人、精神药物、身体和情感虐待，以及神经功能受损等，能够导致应变能力受损，而最终造成强迫症、创伤后应激障碍或抑郁症等精神疾病。[27]我们将在第 8 章中进一步了解这种面对不确定状况时的适应不良反应。

令人玩味的是，从某方面来说，这种应变计算能力可能是哲学家所称的“自由意志”的实证基础。那些被视为心理学先驱者的哲学家认为自由意志是人类所独有的，应与影响人类的其他自然力量区分开来。而大脑对反应结果的计算可视为对自由意志的更为合理的解释，因为这种基于大脑的计算，往往取决于过往经验，并影响着每个个体的反应。有鉴于此，两个人不太可能对同样的情况以一种完全相同的方式做出反应。因此，比起早期行为主义者所提出的以可预测的反应为形式的“固定意志”，“自由意志”是对我们灵活的行为输出更为准确的描述。[28]

讨论像“自由意志”这样的哲学术语可能会很有趣，不过接下来我们将转向（应变计算的控制中心）内部工作的讨论。对于了解如何生成最有效的应变计算而言，了解促进这种战略性行为生成的器官是很重要的。而进一步了解导向最具适应性的行为和最理想的结果的神经反应模式，有助于我们预防大脑泡沫的产生。

第 3 章

人类大脑——

过于复杂的苦恼

关于大脑的功能，依旧存在许多谜团。神经科学家了解大脑物质特性的速度，也实在令人深觉厌倦。但是，在过去的半个世纪，应用技术快速发展，让神经科学家能够以多种方式对大脑进行研究。这使我们的研究进度远超过往。在过去的研究中，科学家会摧毁动物的脑区来观察损害的影响，或者当面对人类被试时先等损害发生再评估损害的效果。[1]研究者利用这些粗陋的方法将特定的脑区与攻击行为、饥饿感等基础功能联系起来，但是这些简单的技术在解释如何以及为何能形成这些效应方面收效甚微。而利用从 DNA 操作到实时脑成像这样的现代技术，研究者获得了大量的数据。

在今天的神经科学信息浪潮中，我们很难想象人类对于大脑一无所知的年代。18 世纪末就是那样的一个年代。那时候，我们没有任何客观可靠的数据，甚至谈不上拥有有根据的猜测。方法论上的缺陷使脑科学这一学科落后于例如物理学与数学这样更客观可靠的学科。然而研究人员至少在关注正确的人体器官——大脑。虽然早期的方法很粗糙，但正如希波克拉底在公元前 4 世纪所大胆假设的那样，他认为大脑是人体唯一与思想、行为和情感相关的器官，这个认识本身就是一个很大的胜利。现在大脑已经成为研究的主要目标，但是学者们仍不知道是什么赋予并维持了它的关键功能。在本章中，我们将要讨论目前关于大脑回路的知识，这是为了讨论行为输出所必须绕的路。在随后的章节中，我们将回到对行为和应变计算的讨论当中。

几世纪以来的脑成像技术

当大脑最初被关注时，这 1.4 千克重的器官看上去仅仅是一堆糊状物。直到 19 世纪后期出现大脑染色法这一天才的发现，才令大脑糊状组织中的细胞轮廓首次呈现出来。意大利科学家卡米洛·高尔基发明了这种大脑染色技术，并希望由此进一步了解大脑是如何完成其功能的。可惜的是，高尔基忽略了眼前的事物，他并没有发现脑细胞的存在。在西班牙，圣地亚哥·拉蒙–卡哈尔细心地检查了用高尔基氏染色液所染色的脑组织，并准确识别出它是由单个细胞所构成，而非高尔基所描述的连续网络（如图 3.1 所示，图片来自我的神经科学实验室中用著名的高尔基氏染色液染过色的脑组织）。在 1906 年，卡哈尔和高尔基同时被授予诺贝尔奖。[2]

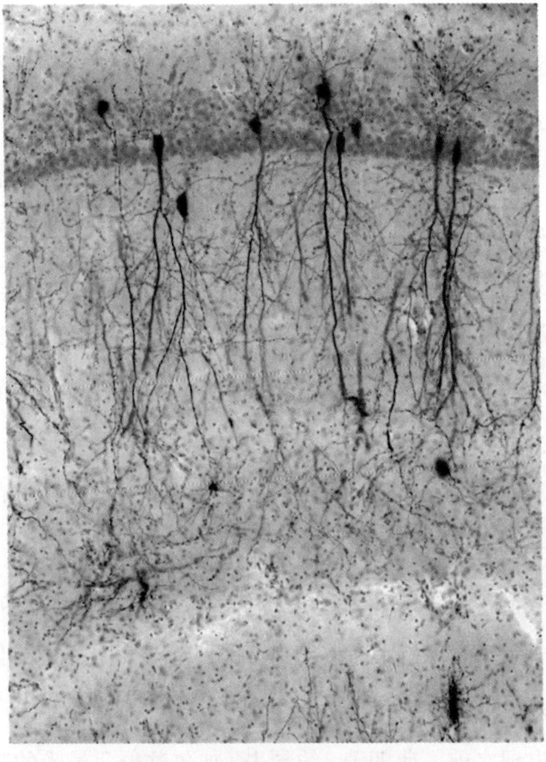

图 3.1　明显独立的神经细胞

虽然卡米洛·高尔基创造的大脑染色技术令我们第一次观察到了独立的脑细胞，但高尔基自己却坚持认为，大脑的细胞在形态上是连续的。而圣地亚哥·拉蒙–卡哈尔则通过完全不同的新视角，看到这些被称为“神经元”的细胞彼此是明显独立的。然而，当时，对于这些独立细胞是如何互相传递信息的，人们仍然一无所知。（图片由里士满大学兰伯特神经科学实验室提供。）

在大约十年前的一次神经科学会议当中，我沉浸于一种我最爱的“罪恶的快乐”里——参观约翰·加赫这位专门收藏与大脑、与行为相关的原版书籍的博学收藏家的历史书收藏展。在这次旅程当中，与我“谈心”的那本书是 J. 布蒂 · 图克出版于 1894 年的《大脑过劳所致的疯狂》。[3] 这本书记录了图克在爱丁堡皇家内科医学院所做的一系列讲座，图克在这些讲座中试图传达给医学听众的是，了解精神疾病的关键在于了解大脑的内部运作方式。但这本旧书最棒的部分是它美丽的彩色封面——上面绘制着神经元细密交织在一起、宛如河流的画面。这可能是在英国出版物中首次呈现这些奇怪的小细胞。看到大脑糊状组织的精密细节与惊人美丽被描绘出来，对作为参会者和读者的我来说，是种享受。一个世纪以后，我将这本书拿在掌中，为这图画深感惊艳并说服我自己，无论它的价格如何，我的书架都是它的归宿。

一旦我们了解大脑神经细胞的特征，它们在大脑中如何聚集和安置便成了一大课题。远在 fMRI 这种能够实时拍摄高分辨率大脑图像以将特定脑区与特定功能（例如听音乐、解微积分题）相匹配的工具出现之前，弗朗茨 · 约瑟夫 · 加尔这位我最爱的脑研究先驱之一在 19 世纪初就开始尝试完成脑功能图像。加尔对于理解大脑的构成是如此热忱，以至于他拒绝让没有合适的设备这样的小细节阻碍他的探索。他对人类大脑有限的知识积累和无限的想象力似乎足以完成这项任务。他提出，在大脑的外层（大脑皮层）上有由特定脑细胞簇形成的凸起，这些凸起的大小与人的能力成正比。这些凸起并非像引言当中的大脑泡沫那样是象征意义上的泡沫，它们是字面意义上头骨和大脑上的凸出部位。例如，用于追踪时间的凸起在对时间敏感的人身上更大一些，而在永远迟到的人身上更小一些。在加尔与他颇具创新精神的同事约翰·施普尔策姆合作后，他的研究被重新冠名为“颅相学”。他们在美国培训主考官，教他们用颅相学对应聘者进行评估。[4] 最终，缺乏支持性证据（也就是，真正的脑凸起）叫停了颅相学的发展，但这种研究特定脑区和脑区之间的联合功能的追求延续了下来。

今日，我们可以将人类被试置于大型扫描设备中，要求它们进行多项行为，同时追踪其大脑活动。fMRI 技术可以生成美丽的彩色图像，用以描绘出大脑在特定任务期间最活跃的脑区域。这类人类大脑成像研究加上针对动物被试进行的更为精密的实验室工作，提供了有关大脑的各个工作区域的宝贵信息。虽然还有很多问题尚未得到解答，但我们已知涉及睡眠、警觉、恐惧、语言、决策、视力、听力、饥饿和运动等行为反应的基本脑区。从进化的角度来看，自然在大脑生产部门使用的是同一个基本模板。例如，我工作经常用到的大鼠大脑和人类的大脑具有相同的基本构成。但是，正如我们在本章中将要讨论的，两者之间也存在着一些独特的区别。

除了 fMRI 技术，神经科学领域的科技进步还带来了其他振奋人心的新技术，例如聚焦于脑区之间的连接物的弥散张量成像技术。这些细胞间的连接物被称作“脑白质”，因为它们的绝缘层呈珍珠似的白色。此外，“提纯术”这种由斯坦福大学的卡尔·德赛罗斯所研发的技术可清除掉大脑的脂肪组织，以便让特定脑区变得更加清晰，并能在一个“完整的”大脑中被染色。[5]根据正在使用新技术来生成3D神经元成像的哈佛大学神经科学家杰夫·利希曼的说法，这一新的成像技术受到的挑战在于它所产生的巨大的数据量。他自己的研究就是一个很好的例子，他试图描绘大鼠大脑里的神经连接，然而对一粒盐大小的一片脑组织进行工作就产生了100太字节的数据。作为比照，100太字节的数据能够保存近25 000部高清电影。[6]考虑到如此小的一片大鼠脑组织就能呈现如此巨大的数据量，分析整个大鼠大脑，或者比大鼠大脑大3 000倍的人类大脑，会产生超出我们想象的数据量。尽管这项研究令人兴奋，但我们还远未能将其转化为能够维持大脑最健康状态的治疗方法。

就像之前提过的，在过去的一个世纪中，神经科学研究集中于将一般功能与特定脑区相联系，这也被称为“功能的定位”。例如，用最简单的分类来说：海马区与学习和记忆相关；杏仁核与恐惧相关；丘脑类似一个中转站，与许多基本功能有关；扣带皮层与涉及情绪和认知过程的反应相关；前额皮层对于执行管理功能至关重要。如图3.2所示，在一个健康发展的大脑中，这些区域相互配合以产生玩积木等复杂行为反应。然而当我们将脑区视为针对特定功能的严格独立代理时，我们需要小心谨慎。正如本章所强调的，大脑各部分之间的相互配合对于理想的大脑表现来说可能更为关键。正如布莱恩·伯勒尔在《来自大脑博物馆的明信片》这本有趣

的书中的发问："当我们谈及大脑功能定位时，被定位的究竟是什么呢？"即使我们已经有最复杂的脑成像和先进的技术，许多脑科

图 3.2 组成大脑的积木：神经定位、组织并整合

例如在游戏中，随着反应机会变得更加复杂，许多脑区需要协同工作以整合感觉系统、运动、情绪和决策来做出最适当的行为反应。海马区、杏仁核和扣带皮层通常被认为是大脑情绪（或边缘）系统的一部分，前额叶皮层对我们最复杂的决策至关重要，重要的感觉和运动信息则通过丘脑传播，两个大脑半球位于脑干上方并通过胼胝体相互联系在一起。（图片来自比尔·纳尔逊。）

学术语依旧含混不清。[7]

寻找“打开”大脑的开关：神经活动的电化学基础

具有讽刺意味的是，大脑的开关，是在18世纪后半叶由意大利生理学家路易吉·加尔瓦尼通过跳舞的青蛙腿这一惊人的展示偶然发现的。当他向一条解剖的青蛙腿施加电流的时候，肌肉以令人毛骨悚然的舞蹈般的方式抽搐起来。而后加尔瓦尼宣称，电流触发了身体的自然电力，而自然电力充满了大脑的封闭支流——神经系统。[8]因此，他产生了一个想法，即大脑类似于头部的电池，而电缆般的神经延伸到全身各处。

人类的大脑和神经领域能否如青蛙腿跳舞一般令人兴奋呢？电流是否同样能够影响我们的行为？不久之后，加尔瓦尼转向了用电流“复活”尸体的壮举。为了完成这一壮举，加尔瓦尼的侄子乔瓦尼·阿尔迪内从断头台收集新鲜的人头，并发现能够通过向大脑组织通电来触发人头做鬼脸、动眼和睁眼。[9]为表示加尔瓦尼对理解神经电学性质的贡献的认可，学界引入了“加尔瓦尼电流”这一术语。很快，欧洲科学界就对电流控制行为，乃至赋予死亡或无生命的人类组织以生命这一理念产生了浓厚兴趣，并为之展开公开讨论。

英国作家拜伦勋爵、珀西·雪莱和他年轻的新娘玛丽·雪莱，都被这个医学发展所深深吸引。在他们的讨论中，他们将电流术与希腊神话形象普罗米修斯联系起来（普罗米修斯勇敢地反抗神明并亲手造成了自己悲剧且荒诞的结局）。这种文化背景激发了诸多著述，包括玛丽·雪莱创作出版于 1818 年的小说《弗兰肯斯坦》，又名《现代普罗米修斯》。她在序言中写道，关于哲学、生命本质和加尔瓦尼电流的讨论激发了她的写作。书中主角维克多·弗兰肯斯坦是如此描述他所创造的生物是如何首度起死回生的：

> 十一月的一个沉闷夜晚，我看到了我辛勤工作的完成品。伴着一种近乎痛苦的焦虑，我收拾起我周围那些用来创造生命的工具。通过这些工具，我可能会将生命的电流注入躺在我脚下的那个无生命的东西里。已是凌晨一点了。雨拍打着窗棂，声音阴森可怕，我的蜡烛接近燃尽。晦暗、闪烁的光线下，我看到这个生物的暗黄色眼睛睁开了。它艰难地呼吸着，一阵抽搐的动作激起了它的四肢。[10]

综上所述，弗兰肯斯坦的故事最初源于对是什么打开了大脑开关而感到好奇的学者。这个关于对神经功能的好奇心是如何帮助激发哥特式恐怖文学创作的历史故事表明，在过去的几个世纪中，我们的“神经功能”知识库有了多大拓展。当玛丽·雪莱写下《弗兰肯斯坦》时，小说与科学论文之间的差别十分细微。今天，尽管仍有许多悬而未决的问题，但科学家正在逐渐弄清神经系统的秘密语言。对于一直学习这门学科的人来说，这一进步削弱了笼罩在控制身体的力量上的神秘主义色彩。然而，该领域的进展依旧缓慢且有时会被岔路所干扰。

20 世纪早期，德国生理学家奥托·勒维在大脑研究过程中沿用了青蛙这一主题，并扩展了英国生理学家亨利·戴尔所进行的研究，戴尔认为在精细化的大脑功能背后不仅仅有电流。[11] 在药物研究行业工作期间，戴尔开始测试神经系统里的化学物质，并发现了某种特定的物质——乙酰胆碱，这种原本在当时被认为只与植物有关的化学物质以一种有趣的方式和神经系统相互作用。戴尔的兴趣点集中在大脑之外的周围神经系统上（大脑和脊髓通常被称为“中枢神经系统”，而中枢神经系统向外延伸的神经被称为“周围神经系统”）。[12] 戴尔的朋友德国生理学家奥托·勒维证实了他的怀疑，即是化学物质而非电流促成了神经系统的高度选择性功能。有趣的是，勒维的一个梦境在这一发现中担任了重要角色。

勒维报告说，对于确认这种植物化学物质在动物神经系统当中的重要性，他做了一个很有意义的梦，但醒来之后，他无法回忆起梦的细节。而后，据说，当这个梦第二次出现时，他决定不再冒忘记它的危险，趁着细节还清晰时就去了实验室。他将两只青蛙的心脏悬置于生理溶液之中，一个带着被称为“迷走神经”的附着神经，另一个没有附着神经。当勒维对迷走神经施以物理刺激时，心脏减缓了跳动的速度。这可能是由神秘的电流引起的，但是勒维决定继续向前推进。他收集了第一颗心脏周围的一些液体，并将第二颗心脏浸入其中，然后，瞧！第二颗心脏的跳动也慢了下来。那些围绕着心脏的液体似乎就是关键。当时，勒维将这种液体称为“迷走神经激素”，因为它似乎与从大脑延伸到腹部区域的迷走神经有关。但后来的研究得出的结论是，那事实上是戴尔曾经假设在周围神经系统起重要作用的乙酰胆碱。看上去，植物和动物似乎共享了某种化学根源。

虽然在神经细胞之间存在一些电刺激，但是我们已经了解到，大多数神经通信都是通过特定化学物质的释放完成的。此时另外一种化学物质肾上腺素，以激活心率的功能和与交感神经系统相关的其他功能而为人所知——交感神经系统作为周围神经系统的功能分支，会在我们在环境中检测到威胁或其他值得注意的事情时发挥作用。而被称为“乙酰胆碱”的迷走神经素与副交感神经系统相联系，可以使感受到威胁的神经系统平静下来。戴尔和勒维因令神经范式由电刺激转为化学刺激的研究工作，在 1936 年共享了诺贝尔奖的殊荣。[13] 今天，近 100 种具有特定神经功能的化学物质（被称为“神经递质”）已被识别。虽然我无法在本书中介绍所有的神经递质，但我们可以讨论其中一些最受欢迎的——由于制药公司面向消费者的流行广告，我确定你听说过其中一些的名字，它们都是老朋友了，例如血清素、多巴胺、催产素。

随着神经元的可视化和对相关化学物质的重要性的深入了解，

研究者越来越接近于找到是什么打开了大脑的开关。这一问题的答案转回了脑电的方向，但在探索过程中曾有一次转折。第一次世界大战中，放大无线信号的技术诞生，该技术也被用于了神经生理学。英国神经生理学家埃德加·阿德里安将这项技术应用于从细胞体上延伸出来的被称为“轴突”的细小神经突起上，并确定了神经元内外存在电压差。将置于细胞膜外部与置于细胞膜内部的微电极所记录的电压进行比较，他发现细胞内外的电压差是负 70 毫伏。这一观察结果在后来被称为“静息膜电位”，它的发现表明，即使在休息中，神经系统也并非静止，而是时刻准备活动的。当神经元检测到外界信息时，带电粒子的位置就会发生偏移并改变膜电位。英国生理学家霍奇金和赫胥黎利用了巨型鱿鱼的神经元来研究这一变化。这些微小离子（带正电子的钠离子和钾离子）穿过细胞膜的运动似乎是启动神经元脉冲的一个重要环节——但这只是神经通信的第一步。第二个重要的步骤涉及先前描述的神经化学物质。[14] 如果来自外界环境或大脑其他部位的传入信息足够强大，足以将这些电离子推动到预定的阈值，一个电激活的脉冲就会通过神经元的延伸推进下去，直到轴突末梢。受刺激的轴突释放神经化学物质，这些神经化学物质穿过被称为“突触”的细小间隙，激活回路中的下一个神经元。

你还在听我说吗？显然，我们对窥视大脑引擎盖下的秘密的渴望始终令人半喜半忧。这一探索之旅的每一步都既令人恐惧，又令人着迷。我们越来越意识到完全理解大脑的复杂工作似乎并不可能。无论如何，研究人员已经识别出大脑为适应我们周围不断变化的世界的需求所做的一些工作。在下一节，我们将讨论这些神经技艺中最令人印象深刻的成就之一。

神经发生：不断给予的礼物

尽管我们投入大量精力去确定大脑中现有神经元的数量，但大脑的设计最有趣的方面之一可能是那些尚不存在的神经元。在神经科学研究的早期阶段，人们认为一个人出生时就具有稳定数量的神经元，而且这些初始神经元会贯穿整个生命过程。然而，到了 20 世纪 60 年代，研究人员发现，新的神经元持续在大脑的某些特定区域（神经源区）产生，这些源区遍布大脑。[15] 最近的研究结果表明，神经发生在人类的童年期更为普遍，但还需要更多研究才能充分了解整个生命周期中神经细胞的产生率。[16] 关于这些新的神经细胞的功能，我们仍在尝试确认，但它们可能与我们改变和适应新环境的能力有关。当动物在丰富而复杂的环境中被养育长大时，它们的神经发生会增强。这一发现也支持了我们的观点。[17]

根据德国神经科学家格尔德·肯佩曼所说，我们在动物的神经发生策略中找到了最为智慧精细的大脑的一个关键性因素。位于我们大脑外侧皮层之下、被称为“海马区”的区域是神经源区之一。海马区以其在学习和记忆中的功能闻名。肯佩曼指出，这一区域的一个组成部分——齿状回，是在进化图景中姗姗来迟的一个区域。在鱼类、爬行动物类、鸟类等很多动物身上都能看到海马区或海马区样结构，而较晚进化而出的齿状回也许通过其评估环境中新的有意义事件的功能，为哺乳动物提供了明显的生存优势。例如，如果你想要投资股票市场，你不仅会关注去年的回报，你还会研究市场现状，并考虑目前正在影响回报率的任何流行趋势和因素。也就是说，如果你想要避免投资到一个在得到回报之前就破裂的金融泡沫，那么当下的相关信息就需要整合到股票表现的历史分析当中。而齿状回的神经功能可以提供这种额外的生存服务。齿状回中的神经发生可以被认为是实时的神经股票经纪公司，环境的变化在这里被测试，以确定是否需要新的神经元和神经连接来处理已变化的环境。肯佩曼将这种根据当前环境要求而确定神经能量投资到哪里的能力称为“认知灵活性”。尽管蚂蚁可以引导自己通过沙漠栖息地，但如果将它们迁移到茂密的丛林中，它们就会完全迷失方向，而具有齿状回的哺乳动物可以将新信息植入自己的操作系统，从而在这样的巨变中存活下来。[18] 我们将这种在变化的环境中调整神经和行为反应的能力称为“可塑性”。这种认知灵活性是哺乳动物（特别是人类）最为复杂的行为反应之一。

当然，在面对改变的环境特征时，神经回路保持稳定的能力和修改现有回路的能力之间存在一个微妙的平衡。一方面，蚂蚁固定的行为编程确实大大削弱了它们的灵活性。但另一方面，如果过去的经验没有转换为固定神经回路，动物会持续地做无用功。这种平衡被称为“稳定性-可塑性困境”，它对商业的生存、对动物的生存都至关重要。正如肯佩曼所说：“过于稳定的网络无法获得任何新的东西，然而过于灵活的网络无法保持记忆，因为它们无法持久地储存信息。”[19] 有趣的是，当最早的灵长目祖先的体重与我们持平时，我们的海马区接近于它们的四倍大。人类大脑的其他特性都已被识别，除了海马区——它似乎赋予了人类能够迁徙到这个星球上几乎任何栖息地的能力。

人类大脑的隐藏财富

多年来我意识到，了解其他所有哺乳动物的大脑对于充分了解人类大脑的独特性是必要的。[20] 事实上，人类大脑与大多数哺乳动物的大脑在大多数层面上都惊人地相似。如前所述，除了大鼠脑中没有语言中心，人类与其他哺乳动物物种共享着相同的基本脑结构和神经化学物质，甚至跟鱼类、爬行动物类、鸟类都有相当大的重叠之处。如果只论我们的大脑结构和脑内化学物质，人类的大脑没有什么值得夸耀的。但是，这些结构被安排的方式使我们在行为输出上产生了质变。虽然其他物种也进化出了复杂的交流方式，但人类是唯一进化出了诗歌和计算机代码等如此多交流方式的物种。据我所知，人类是唯一会思考自己的大脑和意识的功能、唯一会为未来尚未存在的后代做规划、唯一会投入资源去创造抽象艺术这样的非生存必需品的哺乳动物物种。而且，我的教授同事都很同意一个观察结果，即人类也是唯一会投入相当可观的时间和资源来获得一些可能会也可能不会提升其进化适应性的“学位”的物种。我们赋予自己所占据的哺乳类“灵长目”的名称——长者首也，即为第一序列，传达出了我们一直认为自己是“特殊的存在”这一理念。[21]

这些“认知财富”是如何在人这一灵长目的大脑中发挥作用的？我们是如何成为“万物灵长”的？最明显的答案就是人类大脑的大小。人类大脑接近 1.4 千克，并充满了神经连接的神经组织。但这不可能是关键因素，因为人类并没有动物王国中最大的大脑——在大脑重量上我们可以轻易被大象、海豚和鲸鱼打败。即使这些物种的智力水平也应该得到尊重，但我们倾向于认为人类的能力超出这些拥有更大大脑的物种。

那相对脑重呢？大象、海豚和鲸鱼的身体都非常大，所以当在体重的背景下考虑脑重，人类的大脑会脱颖而出吗？人类的脑重 / 体重比为 1.86%，海豚的该比例为 1.5%，黑猩猩的该比例为 0.88%。而被认为是鸟类认知冠军之一的鹦鹉是 1.72%——与人类相当接近。这真令人不自在，但因为鹦鹉不是哺乳动物，或许它们的大脑不该与哺乳动物的相比。这些数字出现时，相对脑重比是否能将人类置于哺乳动物名单的顶端并解释人类的认知财富优势呢？然而，你已经从阅读前面的章节中了解到，有一种意想不到的哺乳动物以碾压性的优势超越了人类的脑 / 身比例——小鼩鼱的指数是 10%。[22]

当脑科学家提出一个被称为“脑指数”（EQ）的、将不同体型动物的生长和生存因素考虑在内的新公式时，此时的排名似乎更令人期待。在这一新的指数下，我们强大的鼩鼱的 EQ 为 2.54，远低于人类的 6.54。北露脊海豚紧跟其后，为 5.55。有趣的是，狒狒的指数为 2.63，高于大猩猩的 1.75（比鼩鼱的低）。狒狒的认知能力可能还有待开发，大多数的灵长目学家都忽略了它。此外，由于这种测量对体重非常敏感，肥胖人群的 EQ 较低，这种下降并不代表其认知能力有何变化。另一个例外是爱因斯坦，认知财富的帝王。他的 EQ 是 5.76，比成年男性的 EQ 平均值低很多，这可能是因为尽管他的神经元更密集，但他的大脑皮层比正常人要薄。[23] 由于这些原因，一些研究人员已经提出，至少在灵长目动物中，绝对大脑尺寸才是认知能力（广泛定义为具有多种学习能力，如检测范式、识别概念、展示灵活性，甚至使用工具）的更好的预测因子。[24]

所以，EQ 虽然很有趣，但似乎并不是认知能力的最终指示器。那么，爱因斯坦神经密集的皮层是否为了解复杂认知能力提供了一个重要线索呢？神经元密度这一因素，是否可以用于衡量应变计算和人类的复杂行为？我有幸认识的最具创新精神的神经科学家之一，巴西神经科学家苏珊娜·埃尔库拉诺–乌泽尔曾致力于探究这一问题。在她研究生学业结束后，她开发了一个神经科学教育项目，并因此对神经元数量产生了兴趣。当她准备材料时，她对人类大脑一个最基本的参数——它所包含的神经元数量居然缺乏原始参考文献而感到震惊。直到几年前，任何声誉良好的神经科学教科书还总是清楚地写明，人脑中有 1 000 亿个神经元。这是一个很好的约数，没有人质疑，直到苏珊娜开始组织她的教学材料。她询问了她在里约热内卢联邦大学的导师罗伯托·伦特，我们是如何确定有 1 000 亿个神经元的。同时，作为一名谨慎的研究者，苏珊娜继续寻找产生这个数字的原始研究。她无法找到关键参考资料，当时的教科书参考的是更旧的教科书，没有这一信息的原始出处。这个在最负盛名的教学机构的课堂上被支持的所谓事实，似乎可以被恰当地描述为“学术神话”。

罗伯托教授则认为这个数字肯定是真实的，因为每个人都知道人类大脑有 1 000 亿个神经元。然而，他很快重新认识到，这一回答并不比父母用“就是这样”或“人人都知道”来回答孩子固执的提问更恰当。从科学家的角度来看，罗伯托和苏珊娜知道这个问题还远未得到解决。

诚然，没有人会去一个个数大脑里究竟有多少神经元，这是有充分理由的。大脑充分地染色和切片后，神经元在显微镜下会变得清晰可见，但人们需要很长的时间，才能一个一个数清 1 000 亿个神经元。如果你一秒能数一个神经元，并且能维持这个快节奏，数 10 亿个细胞会花费你将近 32 年时间（中间无休）！而数 1 000 亿个细胞，那大概会耗费 3 200 年。或许你可以只计算一个小的、比较有代表性的脑组织样本，然后将结果推广到大脑的整个重量上。这是个好主意，但在大脑的不同区域，密度也有所不同，所以你会需要先找出能够辨别的所有不同脑区，然后在每一个脑区都计算出代表性的数字。这一策略在某种程度上可能真的被人尝试过，但对这一尝试或其结果的讨论显然从未公开发表。而这还不涉及据估计神经胶质（一种在神经系统之间起支持作用的细胞）的数量比神经元还要多 10 倍这一事实。[25]数脑细胞的年头还得增加！

在教育项目中提供准确信息的需求激发了苏珊娜的一个“疯狂想法”，她将这个想法呈现给了罗伯托。她想要将大脑每个独特的部分逐一解剖分离——脑干、皮层、海马等，然后将目标区域打碎并使之变成一种“脑奶昔”。然后，将得到的代表每个脑区的神经液暴露于化学药品中，给每一个细胞的细胞核染色。每个细胞只有一个细胞核，所以这应该有效。她可以用仅与神经元细胞核反应而不与胶质细胞核进行反应的特异性染色液对细胞进行染色。接下来，提取一定数量的脑汤，并放在载玻片上进行计数……该过程重复多次，以获得指定体积的脑汤里的神经元和神经胶质的代表性数值。接下来，她只需要做乘法，以获得这一大脑部分产生的液体总量里的细胞数值（因为细胞在液体当中均匀悬浮）就行了。这样，一旦从总细胞数中减去神经元数目，他们就可以得到大脑皮层、小脑、海马区、脑干等区域的神经元细胞和胶质细胞的估值。整个人类的大脑可以在几天内进行量化，这与需要几千年的时间来数大脑当中的所有细胞天差地别。而且，这是由一个大脑和一个搅拌器完成的——这不是创新，是什么？

我是在巴西里约热内卢举行的国际行为神经科学学会会议上得知这一惊人的科学成就的。罗伯托介绍这项工作时，我正在为即将写作的教科书疯狂地做笔记。脑汤制作更为专业的名字是“同位素分馏法”。这项技术已经确定人类大脑有 860 亿个神经元，与胶质细胞的数目大体相同——和当初印在教科书上的数量相差很大。[26]与大约 40 种不同的哺乳动物相比，人类大脑拥有在大脑皮层中神经元密度最高的纪录。例如，如果一只大鼠有和人类一样大的大脑，它只有 120 亿个神经元。为了使大鼠的大脑与人类的大脑具有相同的神经元数量，大鼠大脑就需要达到约 35 千克的重量，这比地球已知最大的大脑——蓝鲸大脑大 8 倍。这是因为，对于啮齿类动物来说，神经元遵循缩放规则，大小随着大脑尺寸的增加而增加。而灵长目的缩放规则不是这样。在灵长目动物中，随着大脑尺寸的增加，神经元的大小仍然保持不变。如果一只小松鼠猴的大脑按比例放大到人脑的大小，那么其神经元的数量将与人类相当。所以，对灵长目动物来说，正如苏珊娜在一篇文章的标题中所暗示的那样，人类拥有一个“卓越但不超凡的大脑”。灵长目动物中有一个有趣的例外，那就是类人猿。大猩猩的体型比人类大，但它的大脑只有 0.45 千克重，以及乏善可陈的 330 亿个神经元。[27]考虑到人类大脑消耗了人体总能量的大约 20%，类人猿可能将更多能量用于维持身体结构和功能，而非用于神经功能。

其他动物很难得到足够的食物来维持和人类相同的大脑大小。关于人类和其他猿类在这点上的差异，人类学家做出了一些推理。哈佛大学人类学家理查德·兰厄姆认为，火的发现可能最终促成了人类大脑的超常尺寸。由于有火，人们能够做熟食物，使肉和坚硬的蔬菜变软，更易于咀嚼和消化（消耗更少的能量）——这一进步为储存足够的热能铺平了道路，而这些热能可维持惊人的大脑尺寸。[28] 据我所知，人类是唯一能煮熟食物的物种。这种进步可能导致牙齿和胃的尺寸缩小，因而需要转移到这些区域的能量也随之减少。因为不需要每天花费数小时去咀嚼坚硬的青菜，口腔更可能发展出一种有利于形成口语的结构。语言也可能推动了前所未有的大脑进步。因此，当我们的胃部收缩时，大脑和相关的神经认知功能可能得到了扩大。

我在里约热内卢会议后联系了罗伯托·伦特，并向他询问了一些研究方法。罗伯托将苏珊娜介绍给了我，从那时起我们就一直是合作者。她正在和我研究一种我在儿时就注意到的特定哺乳动物的问题，这种关注持续到现在并演变成我们在专业上的痴迷。这种动物是北美浣熊，它们以聪明、好奇和淘气而闻名。在我的啮齿动物模型中，我无法找到具有与之相匹敌的认知和行为财富的动物。与人类先驱者不同，浣熊迁徙到北美并繁荣茁壮。它们无论在哪儿，迁徙到任何地方，例如德国和日本，都能开枝散叶——这令当地居民感到十分惊愕。我做的啮齿类动物研究强调能够通过实验性操作应对环境应变事件的重要性。大鼠具有利用前爪去操控环境的强大能力，浣熊也拥有类似的出色前爪，可以完成惊人的壮举，特别是当它们协调使用前爪时。由于浣熊的爪子受控于大脑外皮层区，而人类的手也是受控于大脑外皮层区，我一直认为可以通过浣熊来揭示人类如何以一种机会主义的、应变的方式与环境相互作用这一充满意义的秘密。所以，我将观察浣熊大脑的益处分享给了苏珊娜，而她也对浣熊产生了兴趣。到目前为止，我们的研究证实了我认为浣熊大脑值得调查的怀疑。在苏珊娜研究过的所有哺乳动物当中，浣熊的数据最接近于灵长目动物。基于我们现在的信息来说，浣熊的大脑与枭猴的大脑相当。放大到人类大脑的大小，浣熊将拥有相同数量的神经元。现在你明白为什么当浣熊冲着垃圾桶和阁楼破门而入时，经常显得比人类更加聪明了吧。在理论性的神经元水平上，我们可能真的遇到了对手——浣熊。[29]

目前看来，将浣熊与其他食肉动物（如金毛猎犬和狮子）做比较后，浣熊的神经元在皮层中的密度更加令人印象深刻，但在这方面还需要更多的研究。我之所以提出这些初步的数据，除了因为我喜欢讨论浣熊之外，也是为了表明那些进化得能够适应操控环境并建立应变信息库的物种在生存游戏中可能更具优势。即便如此，与人类大脑的神经宝藏相比，浣熊的大脑仍显得苍白。对于浣熊来说，它们过于适应环境的倾向也经常使它们陷入麻烦——威胁生命的麻烦。这就好像浣熊在它们的生命中并没有一个针对潜在危险或威胁的应变过滤器——它们是永远不考虑负面应变事件的乐观主义者。这可能是为什么浣熊在野外经常在 3 岁之前就死亡。如果它们能远离麻烦，它们能轻松地活到 20 岁。因此，当做出有关与环境互动的决策时，活用大脑的油门和刹车是十分重要的。浣熊的事例提醒我们仅有单向的应变能力是不充分的。所有潜在的结果，无论风险还是收益，都应包括在计算内。

回到人类身上，除了神经元密度，也有其他的因素被认为对我们为何具有如此卓越的大脑有影响。其中，大多数研究者将注意力集中在了大脑外皮层这一在进化中最后形成的区域上。虽然最初学到的是大多数神经元被安置在这个大脑区域，但我们现在已知道（感谢巴西团队的各向同性分馏法），大脑最珍贵的固定资产是参与协调运动（和其他功能）的脑区——小脑。事实上，我们现在知道大脑中大约 19% 的神经元位于鼎鼎大名的大脑皮层中，而高达 79% 的神经元位于小脑中……剩下的神经元散布于其他脑区。[30] 在啮齿类动物身上这一比例差异并不完全相同，但是也与此相似。显然，大脑投入了大量的神经能量，使我们能够有效和安全地在环境中活动。当然，这个有效的策略，是小脑（协调活动）和皮层（应变计算与决策制定）的共同产物——神经元的分布模式使这一事实更具说服力。

我们大脑皮层的大小并不能让我们真正区别于其他哺乳动物，无论是在皮层的绝对大小或皮层的褶皱方面，我们都无法鹤立鸡群。而当目光转向大脑皮层占总脑质量的比例时，我们确实有一点儿小小的优势——人类大脑皮层约占人类大脑的 75%，相比之下，黑猩猩的比值是 71%~73%，而马的比值是 74%。[31] 人类在大脑皮层的一个被称为“前额叶皮层”的特殊区域表现得更为卓越。在人类大脑中，它占 29%，而在黑猩猩和恒河猴中则分别占 17% 和 12%。一个关键原因是，对于人类而言，这个区域里的脑白质比神经元数量更多。[32]

一个被称为“脑岛”的皮层区域最近因其承担的多样功能而受到广泛关注，这些功能包括情感意识、自我认知、同理心和在不确定条件下制定决策的功能。为了完成这些工作，该脑区与多个脑区相互作用以监控感觉输入、反应输出和介于其中的所有中间过程。这一脑区无疑是使哺乳动物在不断变化的环境条件下做出最佳决策和反应的有力候选者，而这些决策和反应是有效的应变计算所必需的。最近的研究表明，与我们的近亲黑猩猩相比，人类的脑岛皮层的某些组成部分更发达。[33]

除了人类前额叶皮层在发达性上的潜在优势之外，大脑的两个半球之间的连接可能也是一个因素。两半球之间的主要连接是一个被称为“胼胝体”的脑结构，人体上该结构仅包含 2 亿个神经元。如果你有一个生意伙伴，那么你们之间合作的方式对生产力和效率至关重要。如果你和你的合作伙伴都履行同样的职责，那么你们只会达到一个人在操作的水平，或者更糟。但是，如果你能够为你们两个分配特定的工作并整合协调，那么你将实现双倍的生产力。虽然大脑两半球之间也存在功能冗余，但有些功能确实被分配到特定的半球，例如语言功能在左半球，而面部识别功能在右半球（一般来说）。而在其他一些功能上，它们相互配合，例如两个半球之间分享视觉信息，为我们提供一个无缝衔接的宽阔视野。[34] 有证据表明，随着大脑变得越来越大，两个半球需要更长的时间来沟通，半球内出现增强的功能特化，以便能瞬间做出决策。[35]

将特定的功能分配给特定的半球，这被称为"大脑偏侧化"。例如前面所提到的，语言被偏侧化到左半球。在某些情况下，特定功能的偏侧化可能会给拥有两个半球的生物提供明显的好处。在海豚身上可以清晰地看到这一点，当它们进入睡眠的时候，一次只让一个脑半球进入休息，而另一个就可以在睡眠期间保持警惕，使它们能够继续呼吸，并在环境中保证自身的安全。[36]

有趣的是，曾有人假设达·芬奇的天赋来自其更为偏侧化的大脑和更加突出的胼胝体，这使得他能够以一种独特的方式整合每个半球中的信息。当然，达·芬奇生活在脑功能成像技术出现之前，所以我们确实不知道他大脑的具体特征，但他是个左撇子，据推测他曾呈现出同性恋倾向，这两种特征都可以与偏侧化程度超常的大脑相联系。因此，过于偏侧化的大脑的相互整合，可能有助于达·芬奇发展他的创造力，以及他针对动物与社会平等的超前观点。他还在其艺术作品中加入了对于手的描绘，那个时代肖像画中只呈现胸部和脸。他为此争辩说，手的表现力是通往心灵之窗的途径。虽然这些与达·芬奇大脑相关的观点可能无法得到充分证实，但人类大脑独特的偏侧化和脑半球间的通讯很可能影响了我们的认知丰富性和行为灵活性。[37]

在这场对人类大脑的简短之旅中，你会发现我们提出了诸多形成认知财富的神经基底的候选者——数量实在太多，所以我们无法在这里进行详尽的讨论。然而，最近又有一位候选者引起了我的注意，这是一种独特的神经元类型——“冯·埃科诺莫神经元”。由于它们的细长结构，这些神经元也被称为“梭形神经元”。它们比起其他神经元体积较大，并且可以促进神经元之间的通信速度，它们可能是通过皮层组织中的大量“补丁”来快速接收和传递信息，从而简化了这一流程。信息传递的速度是一个受多种变量影响的因素——其中一个因素可能是这些特殊的神经元。此外，这些神经元还位于脑岛和调节情绪的脑区当中，并涉及一些人类独有的相当复杂的反应，如尴尬、内疚、欺骗和怨恨。[38]它们也被视为是孤独症等精神疾病的潜在成因。[39]然而，我们现在知道这些神经元并非灵长目动物所独有，而且，目前的证据还过于初步，无法对其在人类认知功能和精神卫生中的作用提出明确的主张。然而，我肯定会继续关注这些有趣的细胞，因为冯·埃科诺莫神经元最具影响力的方面可能是其分布模式而非其本身。如果这些细胞可以促进神经处理的速度，可能会加快面对复杂应变事件并计算相对反应的速度，从而使人在社会竞争挑战里取得成功。最近，我与肯特州立大学的玛丽·安·哈甘蒂和西奈山医学院的帕特里克·霍夫合作研究浣熊脑中冯·埃科诺莫神经元的存在（图 3.3），这些细胞以合理的数量存

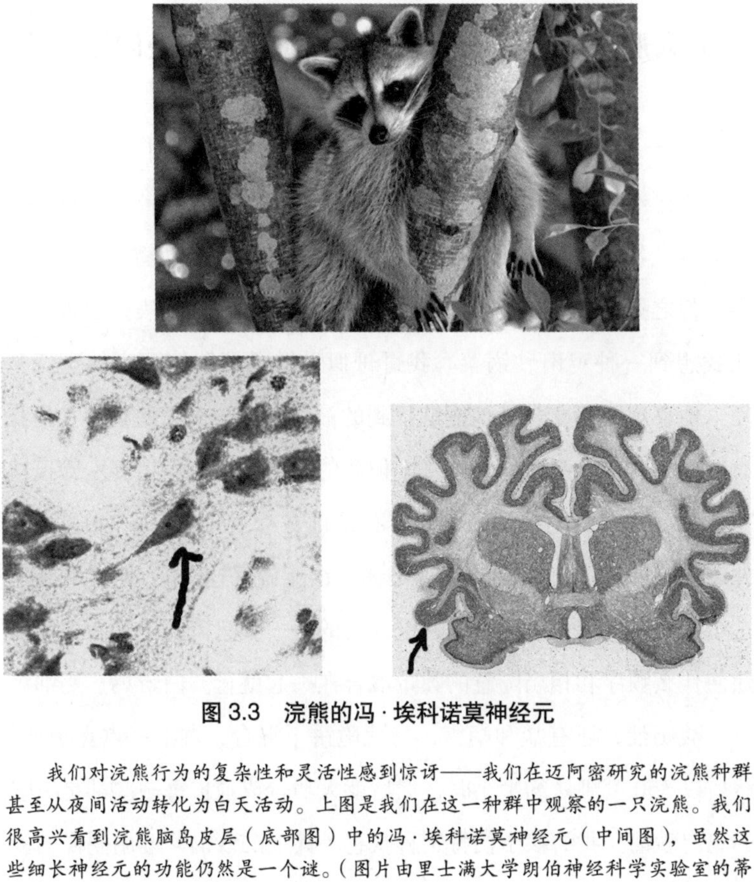

图 3.3　浣熊的冯·埃科诺莫神经元

我们对浣熊行为的复杂性和灵活性感到惊讶——我们在迈阿密研究的浣熊种群甚至从夜间活动转化为白天活动。上图是我们在这一种群中观察的一只浣熊。我们很高兴看到浣熊脑岛皮层（底部图）中的冯·埃科诺莫神经元（中间图），虽然这些细长神经元的功能仍然是一个谜。（图片由里士满大学朗伯神经科学实验室的蒂姆·兰迪斯和茉莉·肯特提供。）

在于浣熊的脑岛皮层当中。虽然我们还不确定这意味着什么，但我们会继续在它们的自然栖息地当中对它们进行研究，以便能更多地了解它们真实的反应输出策略。

人类大脑——“神经蛋奶酥”而非“神经砂锅菜”

在上一个充满神经解剖学和神经生理学的章节中幸存下来之后，你已经看到了现在关于回答是什么令人类大脑如此杰出这一问题的混乱状况。最重要的是，人类大脑与其他哺乳动物大脑既有许多类似之处，又有一些不同，但这种不同很难清晰地表达出来。这让我想到一种鸡肉砂锅菜。我哥哥似乎继承了我们家庭的烹饪基因，他喜欢为亲友烹饪他能够找到的最复杂、最美味的菜肴。当我有时间的时候，我也喜欢烹饪，但我的烹饪水平有限得多。知道这一点之后，在我刚结婚的时候，我哥哥寄给了我鸡肉砂锅的菜谱，并附上一张纸条，写着“就算是你，也能做好这个”。他接着表达这个菜谱是绝不可能搞砸的。他是对的——我只需要把基本成分以随便什么顺序和相当随意的数量混合在一起就行。白斩鸡、奶油鸡汤、酸奶油，还有盐和胡椒，与薄脆饼干混合，淋上一点点黄油，然后以350度烘烤约半小时，然后就大功告成啦！每一次都是美味的鸡肉砂锅。我的孩子们特别喜欢它。其他的砂锅菜遵循同样的模式：在任何时候，加入任何东西，只要把它们混合在一起，你就能得到一锅美食。

然后是蛋奶酥。我才不会假装我曾经尝试做过蛋奶酥，它看起来真的太可怕了。那些原材料——蛋、黄油和糖都十分基础，但似乎有一种基本不可能被掌握的神秘元素主导着它们的融合与分布。当然，蛋奶酥的做法并非真的不能掌握，但时间、配料数量、手法和敏感的烹饪条件很明显全都是关键因素。而大脑，特别是具有丰富多彩的功能的人类大脑，肯定和蛋奶酥而非砂锅菜更为相近。和用户体验友好的砂锅菜不同，当你做蛋奶酥的时候，别想遗忘或者放晚哪一种配料。对人类大脑来说，也有将特定生命元素投入生命中的关键期，例如在生命早期，你需要关爱你的父母、丰富的视觉环境和充满挑战的物理环境，这些没有办法先放在一边等以后再加进来。考虑到在其他动物大脑中也发现了相同成分——神经元、胶质细胞等，因此应当是某些特定发展事件的混合将人类的认知财富提升到一个超出预期的水平。正如蛋奶酥完美混合的精致结构里包含的微小气泡提升了它的品质一样，大脑皮层的结构、信息处理的速度以及适当的外界环境似乎都在人类独一无二的认知财富的进化配方当中。[40] 大脑微妙的皮层结构也导致它十分脆弱，很容易由于组织损毁或由于功能受损而“塌方”，这一点也和蛋奶酥相似。而且，某种意义上来说，蛋奶酥和人类大脑都永远不会“达到完成状态”，它们会根据变化的环境条件而持续变化。在下一章中，我们将要讨论运用复杂神经回路计算最佳应变策略的重要性。

第 4 章

建立大脑的应变计算回路

当我最初阅读斯宾塞·约翰逊的畅销书《谁动了我的奶酪》时，我深深为之着迷。那时，我还不知道十年后我将同小白鼠、大鼠和我的学生们一起在自己的实验室里对相似的“人生功课”进行研究。[1]让我为你们介绍一下这本书，它的主人公是一对叫嗅嗅和匆匆的老鼠和一对叫哼哼和唧唧的小矮人。你可能已经猜到了其中哪一对在面对不确定性时更难做出果断的适应性反应。我们继续讲故事，它们生活在一个迷宫之中，但每天都要分开去寻找自己最爱的食物——奶酪，并且在迷宫中一个被称作“奶酪站C”的地方找到了奶酪，并且都对这一丰富的奶酪来源感到兴奋，但它们对好运的回应有一些不同。嗅嗅和匆匆继续探索迷宫，并注意到了奶酪数量每一天的细微变化；哼哼和唧唧则每天直接去奶酪站，认为不再需要获取这个环境剩余地区的信息。事实上，它们对奶酪站会永远存在这件事信心十足，以至于对周围环境的变化视而不见。最终，当奶酪站的持续供应消失时，嗅嗅和匆匆因有预见并没有吃惊，而哼哼和唧唧则陷入了恐慌。

这两个小组的日常行为明显影响了它们最终意识到奶酪不会再出现时的反应。因为嗅嗅和匆匆每天都在探索环境，它们有信心在迷宫的其他地方找到奶酪，而它们正是那样做的。而哼哼和唧唧则不停地回到空空如也的奶酪站，缺乏出去冒险、找到新奶酪的信心。约翰逊在这个商业寓言中强调了他的经营智慧，旨在提醒企业领导者变化（和不确定性）终究会发生，而最好的企业会时刻监控不可避免的变化，以随机应变。

当世界发生变化时，我们应当如何应对？我们如何知道面对不确定性时怎样反应才是最恰当的？这种变化在术语里被称为“预测误差”——由于奶酪不再在预期之处而发生失误。这个世界充满了不确定性，因此毫无疑问，神经留了一些小技巧，用以对条件变化做出回应。面对生活中的条件变化，哪怕只是选择菜单上一个主菜时，我们也需要用这些技巧重新调整应变策略以获益。

做出决定：重新审视神经经济学

我在第 2 章介绍了一些神经经济学的基本原理，但更多内容放在了本章。因为我认为，在上一章学习更多有关大脑的知识之后，你会更容易理解这部分内容。在神经科学这个新兴领域当中，有许多关于应变计算的新东西要学习。正如前面所说，神经经济学提供了有关我们应当如何从两个或多个选项里做出决定的大量信息。例如，当我们面对一个包含 15 种不同选择的午餐菜单时，我们如何确定要选什么主菜？通常很难做出决定，因为有太多选项。谁会在午餐需要 15 种选择啊？我们的祖先是否遇到过如此艰难的决定？神经经济学先驱保罗·格莱姆齐说，丰富的选择有时候会剥夺我们评估每一个选择各自的价值并最终做出选择的能力。神经活动从我们脑皮层的一个区域溢到另一个区域，导致你的朋友在思考菜单上的所有选项时一脸茫然。在你催朋友赶紧做决定前，你需要了解，那家餐厅通过提供一个含有那么多选项的清单，已然严重损害了你朋友的问题决策回路。[2]

神经经济学研究发现，当你忽略苹果而选择橘子时，某些特定脑区由于你视橙子的价值高于苹果的价值而被激活——至少在被迫选择的那一刻如此。如果你还记得第 2 章描述的可口可乐对决百事可乐的研究，那么你就知道，大脑皮层上的后顶叶皮层与这样的决策挑战任务有关。进一步的研究是通过让猴子在两可问题集里做出艰难决定来完成的。该研究指向了一个更为明确的脑区——位于顶叶皮层内部的侧顶叶（LIP）皮层，它负责在不确定的情况下做出决定。这一脑区聚焦于最相关的刺激和反应，从而起到了行为导向的作用。[3]

在神经经济学任务当中，处理概率和价值的过程称为“效用计算”。[4] 格莱姆齐进行了让人类被试在多种生活消费品（例如书本和光盘）中做出选择的研究，该研究确定在侧顶叶皮层之外，还有两个额外的脑区涉及于中。它们是内侧前额叶皮层（在可口可乐对决百事可乐的研究中也出现了）和处于大脑奖励中心周围的中脑腹侧被盖区（该区域在确认特定选项的价值上很重要，因而有助于对这些消费项目进行评估）。[5]大脑情绪系统的另一个组成部分杏仁核（以和恐惧相关而闻名）通过与内侧前额叶皮层的相互作用，也影响了我们的决策。[6]因此，在问题决策这一游戏中，多个皮层就像玩家一样由皮层下情绪区，特别是与奖励和恐惧相关的区域协调着共同完成任务。然而，当你选择沙拉而放弃汉堡和薯条时，问题决策就变得有一些复杂了。在这种情境下，你大脑里的另一个相对来说较晚进化出来的区域——背外侧前额叶皮层被激活并试着阻止你吃汉堡和薯条的冲动，因为你在节食，正努力试着保持低卡路里摄入。[7]问题决策任务涉及的关键皮层区域如图 4.1 所示。这些区域相互配合以进行最佳的自上而下的加工，以期在不明确的情境下做出合适的决策。尽管这些问题决策练习需要我们大脑的多个皮层和皮下区域相互配合，但比起现实世界的决策和行为输出的宏大图景，这些实验室练习还是相当简单的。

神经经济学领域的一个重要突破是在斯坦福大学共同工作的丹尼尔·卡尼曼和阿莫斯·特沃斯基所做的决策研究，该研究获得了诺贝尔奖。我们在第 2 章中介绍过卡尼曼所描述的“快思维”和“慢思维”两种思维方式。卡尼曼和特沃斯基在他们的这一著名研

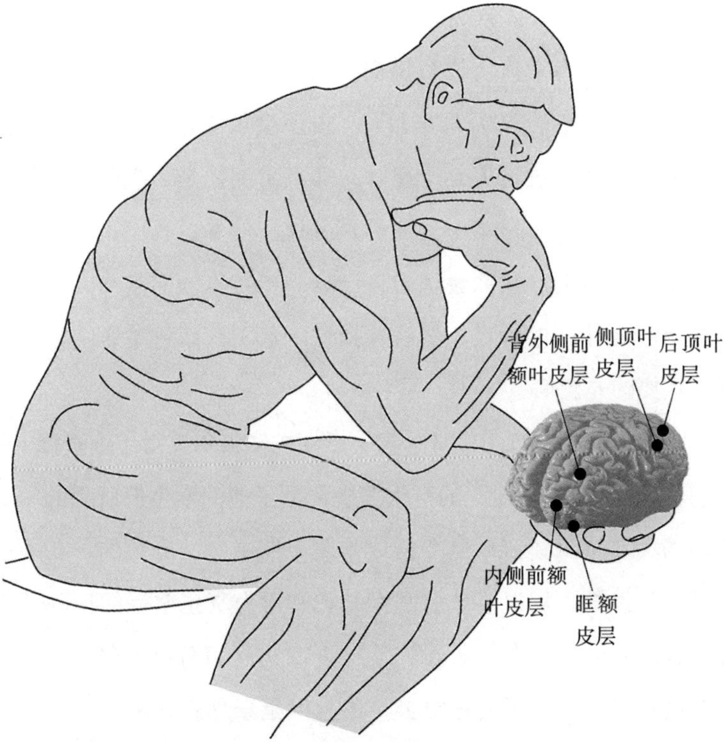

图 4.1　负责问题决策的脑区

与例如颅相学等早期脑科学研究所提出的大脑功能特异性不同，大多数功能都需要多个脑区互相配合。例如，问题决策就需要位于大脑皮层的多个脑区的贡献与整合。如本章所述，这些脑区的学名是：内侧前额叶皮层（mPFC）、眶额皮层（OFC）、背外侧前额叶皮层（dlPFC）、侧顶叶皮层（LIP）和后顶叶皮层（PPC）。（图片由比尔 · 纳尔逊提供。）

究中发现，当我们面对以多重选择测试的形式呈现的决策任务时，我们的思维策略里存在某种一致性错误。例如，假设你被告知，在某一特定人群中，70% 的人是教师，30% 的人是律师。当我们对一位年轻的专业人士进行模糊的描述，然后让你去猜测他的职业时，知道样本的 70% 都是教师，并不会影响你的猜测。由于我们没有明显提示说这人是个律师，那么猜测他是个教师就更说得通，因为该职业占样本中更大的百分比。但是，我们大多数人都不是这样决定的。我们会认为自己有一些特殊的洞察力，并看到一个更符合律师的特点，然后选择这一选项，而忽略影响概率结果的重要的先验信息。[8]

芝加哥大学的行为经济学家、近期的诺贝尔奖得主理查德·塞勒在他的著作《"错误"的行为》中记下了他的学生们所犯的一个有趣的问题决策错误。这个错误是关于期中考试分数的。在一个具有挑战性的、用以区分已掌握知识和没有真正掌握知识的学生的测验之后，当学生们知道平均分是 72 分（百分制）时，一片哗然。这个平均分我听着还挺公平的，但是泰勒想在不损害考试公平性的情况下尽量满足学生的要求。于是，他解释说，80 分会转化为 A 级，65 分以上的分数会转化为 B 级。即使在提供了这样慷慨的较高等级分布之后，他的学生们仍感到不安，因为平均分是 72 分。之后，他利用下次考试的机会进行了一个小实验，他将总分数提高到 137 分，然后给学生他们的原始分数，而非以百分比表示的真分数。这样，如果他们仍然只对 70% 的问题做出正确回答，则平均原始得分为 96 分。当然，第二次考试的等级分布与第一次考试并没有什么不同，但出于某种原因，学生对这一结果感到非常兴奋。从表面上看，这个分数听起来更好，就像决定一个虚构人物是律师比决定他是教师更好一样，哪怕准确的应变计算已经揭示结果。这就是泰勒在与卡尼曼的早期合作中所提出的另一种形式的消费者错误行为。[9]

尽管由卡尼曼和泰勒所发现的意外的问题解决策略与在神经经济学领域的研究数据都很吸引人，但本章与本书的重点并非这些决策事件本身，而是什么导致了这些决策事件。我们的生活道路是如何导致我们赋予不同的选项不同的价值，以使我们忽略苹果而选择橙子？此外，我们生活当中还有那么多重要的选择超出了这种迫选范围，可被归类为复杂决策，无法由单个符号或对象来清晰指代。例如，在什么情况下，我们的应变计算策略会确定目前的工作确实毫无前景，是时候考虑转变职业生涯了？[10] 这种决定可比在给定人群当中确定某人是更像律师还是更像教师难多了。导致决策点的是背景，而决策点会影响我们随后的应变计算，无论我们是否正在被迫即刻解决一个问题，例如告诉星巴克咖啡师特定的订单，或者做出更具开放性的决策，例如购买一个订婚戒指，并将它送给重要的另一半。

尽管神经经济学相关领域的研究并不总是强调个体的经验背景，但这种观念存在了相当长一段时间。20 世纪初，在加州大学伯克利分校度过主要职业生涯的实验心理学家爱德华·托尔曼将术语

“内隐学习”带入了心理学的领域。他通过针对大鼠和迷宫的研究表明：大鼠不需要奖励就能学习环境信息；它们通过实地探索发展自己对于世界的认知地图。例如，当自由探索迷宫而不会得到奖励的大鼠与每次进入同一迷宫的目标箱都会获得奖励的大鼠在有奖励的测验当中被互相比较时，它们的表现水平基本相似。一旦大鼠发现了目标盒中有它们期望的奖励，他们之前对迷宫的探索就有了回报。和嗅嗅、匆匆的故事一样，托尔曼实验室中的大鼠在花时间探索和积累关于迷宫的知识之后，展示了在迷宫中的学习行为——其中没有奖励的参与，而行为主义先驱宣称奖励是学习发生的必要条件。[11] 然而，学习研究中这种对经验背景的观点被搁置了多年，直到行为和认知科学家感到能更加自如地整合他们的思想。

就像传声头像乐队的经典摇滚歌曲《我是如何到达这里的》中所唱的，神经科学家正在探索我们无时无刻不在做出反应的大脑是如何决策的。与托尔曼勤于探索的大鼠和《谁动了我的奶酪》里聪明的老鼠差不多，在我们生活当中，特定的神经按钮被按下，以指引我们针对特定的脚本做出反应。如果反复按下特定的神经按钮，那么反应网络，即我们大脑的神经“播放列表”就会出现。反应网络由针对多种外界环境刺激的神经反应相互协调而成——它塑造了我们的人格、习惯和梦想，并影响着我们的将来。与在实验室中运用的简单问题决策脚本不同，我们的生活中还包括艰难的问题。我们需要多重的生活经验才能做出最明智的决定。这些生活经验，就是我们获得的应变资本。它改变了我们的大脑神经网络，并在我们计算具体的应变事件时影响我们的决策和行动。

在不断变化的世界当中，我的生活经历与你的生活经历截然不同，而这些积累的经历会影响在我们各自大脑神经网络中所建立的价值观念。很明显，上面提到的传声头像乐队的那首歌中的歌词“恰如旧时一样”，无论何时都不能用来准确形容我们的大脑。我们的神经硬件和相关功能随着每一个过去的时刻而变化——“恰如旧时一样”的大脑会丧失适应变化的环境的能力，并最终影响我们的生存。为了研究过去的经验是如何影响我们建立的价值观念和随后的决定及反应（反应–结果式应变事件），我必须转向我的长期合作伙伴——大鼠，以进一步了解有效的应变计算是如何在我们的生命历程当中指引我们做出最具策略性的决定和行动的。而它们果然没有让我失望。

谁动了我的甜麦圈

在过去的一个世纪里，研究人员用许多精妙的设计和任务来测试各种动物的学习能力。在动物学习的早期任务中，迷宫占据了主导地位。在为流行杂志《页岩》写的历史寓言当中，新闻记者丹尼尔·恩伯尔讲述了“大鼠的迷宫已消亡”这一令人伤感的故事。早期的大鼠迷宫设计非常宏伟且诱人。最早的大鼠迷宫是由克拉克大学的威拉德·斯莫尔设计的。这个迷宫很大，以精美的汉普顿宫中的树篱迷宫为原型，大小相当于今天大多数啮齿动物实验室里测试室（1.8 米乘 2.4 米），中间包括一个开放区域，并且有 6 个死胡同供大鼠探索。当时，斯莫尔对大鼠如何探索和学习迷宫很感兴趣。虽然其他物种也在迷宫中进行过测试，但大鼠作为标准的实验室动物从那时起就与迷宫关联密切。行为主义先驱约翰·华生在芝加哥大学同样用大鼠做他的专题研究。他削弱大鼠的各种感官能力，如视力和听力，以确定这些缺陷是否会影响大鼠在迷宫中的导航能力。他发现大鼠可以在不依赖这些感官的情况下学会走出迷宫。[12]

早期的大鼠迷宫衍生出了多个充满创造力的版本。莫里斯水迷宫中，大鼠需要游泳到圆形活动场的一个特定象限里的隐藏平台上。而加号迷宫则是建构在桩子上的一个加号结构，分别有两个有顶的臂和两个开放的臂，旨在评估大鼠在接近开放臂时的焦虑程度。随着越来越多的空间迷宫在实验室场景中出现，在 20 世纪 20 年代，斯金纳创造了高度机械化且脱离自然情境的操作箱。与观察大鼠学会通过迷宫的速度相比，斯金纳对评估强化学习的兴趣似乎更集中于按压杠杆。作为一名行为主义先驱，斯金纳确实简化了大鼠在他设计的任务里的行为，他真是个极简行为主义者。

这种早期的大鼠迷宫和啮齿类动物学习测验在我的实验室当中仍然存在。我使用的是干沙迷宫，它改编自犹他大学雷·克斯纳创作的一个空间迷宫。[13] 我对大鼠应对空间挑战的能力不太感兴趣，更感兴趣的是它们评估预测误差和回应不确定性的能力，我认为这是行为世界中的“大问题”。坦白说，我自己的空间能力相当缺乏。所以我想，毫不奇怪，我对探索空间能力与更广泛的智力之间的联系没有任何兴趣。即使如此，空间导航对大鼠的生存来说也是非常重要的，因此在我们评估啮齿类动物的学习时，考察其空间能力确实是一种合适的策略。

或许我应当先带你看一下干沙迷宫的设计草案。与早期迷宫类似，这种圆形装置相当大——直径约为 1.8 米。迷宫的地板上撒了玉米芯干片——大鼠的常规实验室室内用品。墙壁大约 30 厘米高，所以动物们不会跳出来（至少我们估计它们跳不出来）。迷宫外围围绕着 8 个小塑料汽水瓶，它们被钻钉在地板上，所以在整个测试中它们会保持在完全相同的位置。在训练的第一天，将小块的甜麦圈循环放置在每个食物井中，给予每个大鼠 10 分钟时间来熟悉该装置，让它们用这 10 分钟来检查一下这个地方。

尽管这些研究中使用的大鼠都吃过甜麦圈，但它们最初对一个全新的环境所产生的焦虑感通常会胜过它们的饥饿感。而尽管它们在第一天没有吃到任何奖励，但它们探索了场地，并满怀希望地看见了食物井和其中的款待。在训练的第二天，将甜麦圈诱饵只置于部分井中，这样大鼠们就会习得并非迷宫中的每一个井内都总是放有饵食的。在用于使其习惯化的第三天也是最后一天，之前放过诱饵的井里只有两口放了诱饵。下一天对这个测试至关重要，因为，这是第一次大鼠探索迷宫期间只有一个最初投放过饵食的井里放了甜麦圈。希望到目前为止，我们已经系统地教会了大鼠甜麦圈在一口单独的食物井中。从这一天开始，在3个测试日期间，大鼠经历了3次3分钟的试验。每一次试验中，它们都被安置在迷宫里不同的起点上。在此试验期间，我的学生记录了大鼠寻找甜麦圈奖励的速度，以及例如探索其他食物井、梳理毛发或者试图逃离迷宫等其他行为。正如你可能预料到的，到了第三天，这些大鼠已经"对情况了若指掌"，并且在被投放到活动场后像特种兵一样朝着奖励奔去。

所有这些培训和测试只是我真正感兴趣的调查的背景铺垫。在所有测验试验完成之后，我再次将大鼠放在它现已习惯的装置之中，就像之前的测试一样，但是这次，甜麦圈并不在它应该在的位置。在大鼠的短暂迷宫生涯中，这是第一次整个装置里面都没有甜麦圈。你几乎可以听到它们在想："谁动了我的甜麦圈？"至此我们已经创建了一种预测误差，类似嗅嗅和匆匆、哼哼和唧唧遇到的那样。而后问题来了，他们会运用哼哼和唧唧——被动的、优柔寡断的小矮人的策略，还是嗅嗅和匆匆——收集信息、足智多谋的老鼠们的策略？

在这种状况下，我对观察大鼠从不感到厌倦。它会怎么做呢？在莫里斯水迷宫中，当平台被移除以进行类似测试时，聪明的反应似乎是在平台最初所在的那一区域内四处游动。就好像在表达："它昨天在这里……它应该在这里……那个该死的平台在哪里？"在同一区域的这种持续搜索证实了大鼠记得平台曾经在哪里——如果你只对记忆感兴趣，那么这个策略似乎是适应性的。但是我们感兴趣的是更复杂的问题决策和应变处理，所以我们继续观察大鼠，看看它们能告诉我们什么。具有更健康的应激反应并且在其他评估中表现出更具适应性的行为的大鼠使用几种策略来尝试解决该问题。就像哼哼和唧唧那样，它们去了之前放过饵食的井。但一旦它们彻底探索了那个区域，确认那里并没有奖励，它们就会运用另一个策略——和嗅嗅、匆匆做的一模一样。我们观察到了大鼠对以前被放置过饵食的其他食物井的探索。即使这可能被一些研究人员视为失误，但在我看来，这是完全合理的，因为在训练活动的早期，所有井都包含甜麦圈。而其他大鼠到处行走，看上去正在仔细检查这个场地，以便找到甜麦圈。就像嗅嗅和匆匆寻找失去的奶酪站一样，看起来，最聪明的大鼠是那些在面对这项任务中的预测误差时利用策略最多的大鼠。我几乎能够看到应变策略的转轮在飞速转动——特别是如果我在将大鼠投入这个甜麦圈迷宫之前，曾对它们进行过应变训练。

我在第 1 章里简短介绍过我们团队开发的用以建立大鼠应变回路的应变训练营，在其中，只要努力，即可得到奖励，并且要求十分简单。它与被称为"习得性无助"的经典心理学研究截然相反——在习得性无助的研究中，动物习得努力和奖励之间没有联系，类似一个人发现所有个人努力都无法导向一个正面的结果，并因此陷入抑郁甚至难以下床。我对于加强努力和奖励之间的联系以加强特定反应和结果之间的联系很感兴趣。因此，我把我的大鼠送去田野里（实验室里的“田野”），它们要从里面找出甜麦圈。每天，我都将大鼠放置在一个1.2米见方的体育场内，该体育场内有数小堆它们熟悉的填埋材料（玉米芯干片），其中埋藏着令人垂涎的甜麦圈。几周后，大鼠就学会了在干片堆中寻找并挖出甜麦圈。如此每天大约进行6分钟的实验，6个星期之后，对被称为“特遣队鼠”的大鼠来说，情况渐渐清晰，它们明白了自己的任务——寻找干片堆并将甜麦圈挖出来。这一应变训练真正的考验，是当大鼠从它们的应变训练营接受训练后却被暴露在一个完全不同的问题解决任务下时。训练后，我们借由含有一个铃铛的塑料猫玩具球，用一个低技术含量的任务对它们进行了评估。这个新物品有点儿容易引起焦虑，特别是那个奇怪的响铃。重头戏是，这个球里面含有一个大鼠们渴望得到的甜麦圈，但它是无法被取出来的——即使我们希望大鼠们会去尝试。

当进行这一研究时，我们还有另外一组大鼠，它们在另一个版本的应变训练营里接受过训练——在这一训练营中，我们并不希望它们建立应变回路。这些大鼠被放在挖掘场地时，无须工作就可以轻易获得甜麦圈。与特遣队工作组相比，我们将这个非特遣队组称为“信托基金组”。当面对玩具球问题解决任务时，比起非特遣

队 / 信托基金组大鼠，特遣队 / 工作组大鼠会花更多的时间试着从奇怪的球里面取出甜麦圈。[14] 和习得性无助研究不同，我们的研究塑造的是“习得性坚持”。

但在干沙迷宫探索测验中，当甜麦圈被移动时，应变训练会对大鼠有何影响呢？与信托基金组大鼠相比，特遣队大鼠应用了更多的问题解决策略，花费更多时间探索原先放置过饵食的井，也通过在迷宫各处行走闲逛以搜寻额外信息，就好像大鼠在按下它们大脑中的“重新校准”按钮。我们还记录了其他行为，例如梳理行为。信托基金组大鼠的梳理行为更加容易无故中断，也就是说，它们在开始高度结构化的梳妆表演后会忽然中断，似乎产生了困惑，然后不得不重新开始……又或者只是到处跳来跳去。[15] 此外，工作组大鼠有更健康的应激激素水平。在我们的实验室当中，我们从它们的粪便中提取了这些激素证据（大鼠们似乎非常乐意让这种生物样本被调查人员提取走）。我们检测了典型的应激激素皮层酮和一种与心理弹性相关的激素 DHEA（脱氢表雄酮）。就 DHEA / 皮层酮比值而言，一直工作的特遣队小组具有较高的数值，这表明它们正在生产大量的 DHEA 以对抗应激激素。

根据工作组和信托基金组大鼠的数据，对一个任务的应变训练可以延伸到其他任务当中。如果这一发现可以推广至人类，那么这意味着，（每天只需几分钟）与环境的相互作用就可以令我们获得掌控感和自我效能感，两者可以在我们面对一生之中无休止的不确定性打击时为我们提供一个缓冲。大脑如何协调所有这些变化的条件和概率以产生最优的反应？科学家们已将他们的赌注压在赌博任务上，希望借此进一步了解如何建立充足的应变能力、平安度过生命中的预测误差。

建立认知资本

如果大脑最为重要的功能之一是产生现实的应变计算并指导我们的行为，那么这一功能到底是如何产生的呢？现在，科学家对于大脑的一般工作部位已经有所了解，对其功能也有了一定程度的洞察，我们比以往任何时候都更有准备去揭开这一谜底。这个问题超越了（卡尼曼和特沃斯基所提出的）经典决策研究和神经经济学所强调的简单选择，需要更复杂的任务来模拟现实世界的不确定性。这样的一个任务应该能够使被试做出可能在未来才得到回报的反应或者过于冒险的反应。如果这听起来像赌博，那么我们的意见一致！关于这种复杂行为的经典任务被称为“艾奥瓦博弈任务”，它通过向被试或患者提供两副牌组来评估其对不确定性的反应。在任务开始时，从任意牌组中选择牌的后果是未知的，但参与者很快就会知道有些牌会带来收益，而有些则会招致罚款。最初，每个人能做的就是从两个牌组里的任意一个选择卡牌，然后收集信息，并在此过程中在心里做笔记。澳大利亚国立大学的生物哲学家金·斯特雷尼提出，在这一阶段的信息收集是积累认知资本以指导未来决策的一种形式。在他看来，我们易受影响的神经回路需要不断与变化的环境进行互动，以形成最佳的认知工具（一种经验存储库），帮助我们应对我们生活当中不可避免的新事物。面对不断变化的环境，我们从遗传资本中继承到的神经反应，并不能在我们每天面对新应变挑战时为我们提供最好的反应方式。[16]

通过体验牌组游戏和它们实时带来的后果，参与者获得了通关艾奥博弈任务所必需的认知资本。不久，一些应变模式开始浮现出来。一组牌（牌组 A）会带来更大的回报与更大的惩罚，而另一组牌（牌组 B）会带来较小的回报与较小的惩罚。对于一个仔细做了记录的参与者来说，很明显，较小的收益堆最终产生的回报更大，但这需要参与者抵抗从牌组 A 获得更大、更直接的回报的诱惑。这任务的有趣性就在于，参与者需要多长时间才能得出关于牌组的不同收益的结论。神经心理学家观察到前额皮层区域受损的个体需要更长的时间才能意识到这种模式——如果他们还能意识到的话。[17] 在这项任务当中，他们可能会持续从高收益 / 高惩罚牌组中选择卡牌。而在现实世界中，这些人可能会坚持以低收益（或者无收益）策略应对他们的社交生活或职场生活，例如坚持一段没有出路的工作或一段虐待性的关系，这种错误使他们无法实现他们的预期生活目标。在临床治疗研究之外，艾奥瓦博弈任务也成了一项能使我们了解特定脑区对成功表现的贡献的热门实验任务。

在考虑在这个应变挑战任务中调节行为的脑区之前，有必要指出该任务的另一个有趣的方面——这一方面会使我们对应用人类的自我报告数据更加谨慎。在艾奥瓦博弈任务中，健康的被试通常从回报小/惩罚小的牌组选择更多的卡牌。但即使如此，当问及他们的反应时，他们并不能清楚回答为何采取这样的反应方式。有趣的是，当被试被问到为什么从“聪明的”牌组选择牌时，他们无法清晰表达，只能说对牌组有一个“直觉”或者“预感”。

出于以下两个原因，这种错误汇报很具有吸引力。第一，它表明研究参与者正在生成应变计算数据并最终借此指导他们的行为，在某些情况下，行为先于他们的意识。这一发现提醒我们，在要求个人对行为进行准确的口头汇报时要谨慎对待所得信息。[18] 这种报告失误同样出现在让被试估计山峰的倾斜度的研究之中——他们口头汇报的数值要比实际大得多。例如，一座山实际上只有7度倾斜，而被试经常估计它的倾斜度有30度之多。我们显然不擅长口头描述倾斜角度。这不是什么大问题，它可能与大脑将注意力集中在我们面前的山上的能力有关。不过，当我们试图走上山坡的时候，我们的肌肉似乎知道与倾斜度相匹配的最佳运动方式。这又是我们的神经处理和相关行为输出比认知意识更早几步的例子。我的同事锡达·瑞纳与他在弗吉尼亚大学的前任研究主管丹尼斯·普罗菲特一起工作时发现，如果被试情绪低落，那么对于斜坡倾斜度的报告的偏差会加深……也就是当情绪低落时，他们报告了更大的倾斜度。[19] 或许当你感觉不好的时候，山会看起来更陡、更难以攀登。

这种感知偏差可能与可用能量储备有限有关，也证实了我们不能总是相信我们的实验对象——或者我们的自我意识。换句话说，我们大脑最终的知识处理操作比我们能口头汇报的要准确得多。我们也擅长编造故事来解决反应和结果之间的矛盾。如果一个学生在测验中表现不好，他可能会把问题归咎于测验，而更现实的解释是他没有花足够的时间去学习。正如《实验鼠志》中所描绘的，我有时候更喜欢与非人类的动物工作，因为它们没有人类所具有的那种托词。人类具有复杂的大脑并经常把事实和想象混合在一起，而且想象更多！[20] 除了并不信任人类的自我报告数据之外，在艾奥瓦博弈任务中被意识到的认知延迟，确认了有一个复杂的神经生物学机制在指引着我们的灵感与直觉。直觉远非随意的、一逝而过的感觉，它们是引导我们做出特定方向的反应的经验积累和认知资本的早期形式。

有趣的是，研究人员开发了艾奥瓦博弈任务的大鼠版本，称为“大鼠博弈任务”。由于大鼠无法从抽纸牌中学习，所以它们的方式是将鼻子贴在一个洞口，并得到以食球、甜蔗糖溶液为形式的多种回报，或者以无法得到任何奖励回报的计时隔离为形式的惩罚。在这种大鼠博弈场景中，可以对涉及成功辨别出导向更多回报的应变策略的脑区进行定位并精细分析。例如波尔多大学的富朗索瓦·德卢–哈格多恩就已系统地在大鼠博弈任务中将其前额叶皮层中的特定区域与问题解决联系起来。除了前额皮层的多个区域外，扣带皮层和相关区域（涉及情绪和认知之间的中介）也参与调节该任务中的应变计算处理。[21] 更准确地说，动物做到鼻尖触碰入口的特定动作的正确应变处理的速度是由前扣带回调节的。前扣带回对于大脑获得足够的认知资本以确定战略性的应变结果，可能起到了非常重要的作用。

前扣带回可能为建立认知资本及在该资本基础上做出决策起到了作用，而眶额皮层（前额皮层位于眼后的一部分，如图 4.1 所示）正越来越以大脑中的“应变事件评论家”的身份而为人所知。还有一种大鼠实验模型。在这种模型中，特定的气味被用于预测呈现的是蔗糖溶液（奖励）还是苦涩的奎宁溶液（惩罚）。这个模型被用于探索当应变计算受到挑战时所激活的脑区。马里兰大学的杰弗里·勋鲍姆和同事在大鼠形成气味和奖惩之间的联系后，会混淆这种联系，以使大鼠发挥认知灵活性，跟上不断变化的预测性气味。健康的大鼠可以很快地重新对不断变化的气味–结果情境进行编码，但眶额皮层受损的大鼠在改变它们的行为以适应改变的环境时受到阻碍。研究者总结，眶额皮层对预示预期结果至关重要，例如预示一种气味不再是甜味溶液的前兆。由此，眶额皮层可能是负责应变调节的最终脑区，但它肯定不是独立工作的。根据“每个人都是评论家”的生活观察结果，脑区中也有许多“评论家”，以确保当预测误差出现时我们能检测到这些重要的误差。勋鲍姆和同事也将这些预测误差称为“教学信号”，表明大脑通过从奖励中心等更基础的区域获取的信息来标明这些错误的重要性。[22]

想一想驾驶学习，就很容易理解将误差作为教学信号的作用。我们很难想象何等数量的虚拟练习，才能够替代由驾驶上路这种老式的真实世界经验所建立的应变资本。年轻的司机需要在一条真正的道路上驾驶真正的汽车，才能获得适当的经验，成为一名真正的司机。他需要犯错误，例如在道路上偏离车道，在换道时插队到别的车前，或者是在临近高速出口的时候没有及时变道，这些都会提供预测误差，使大脑重新校准，以迎接这些驾驶意外。虽然这些被认为是简单的反应-结果式应变事件，但驾驶作为一种信息模型可以帮助我们理解如何利用错误来重新校准反应-结果式应变事件。正如第 1 章所描述的，当受伤的患者重新学习走路时，重要的是让他们犯错误并纠正这些特定的错误，而不是告知他们应该做什么来改善情况。在物理治疗或生活的其他领域取得进展之前，犯下错误并能因此而重新做出相应的计算调整，是很重要的。

光遗传学：聚焦于应变回路

在阅读经过同行评议的重要光遗传学文献时，连我也不得不提醒自己，这种技术并不是科幻小说虚构出来的。简而言之，被称为

“视蛋白”的光敏蛋白被发现可以改变某些微生物的细胞功能。当自然光照射在这些微生物上时，神经元表面的细小管道会根据特定的视蛋白和光的性质而打开或关闭，最终促使神经反应。在简单生物的世界里，这很有意义。但是，这些光敏视蛋白会对哺乳动物的大脑产生影响吗？这个问题看上去有点儿牵强，但它正是光遗传学的核心研究课题。研究者从微生物宿主中取出这些视蛋白，并注入大鼠的特定脑区，再将光纤置于该脑区的正上方。视蛋白成熟后，光脉冲可以通过放置在动物头上的设备传递到注入视蛋白的脑区。[23]

这种光技术是否会对哺乳动物的大脑和相关行为产生影响？是的，它会。早期的光遗传学研究导致了大鼠戏剧化的表现，在激光打开之前还在睡眠的大鼠在激光打开后就醒来。[24] 根据注入视蛋白的区域，特定行为也可以在神经科学家的引导下得到编排。就像漫画用角色头上亮着的灯泡描述思想的产生一样，在啮齿动物大脑的内部点亮灯光会产生神经冲动。随着光遗传学的最新发现，画有发光灯泡的卡通也迎来了新的意义。

我喜欢阅读有关这种新神经科学技术的文献，但我从未设想过将它纳入我自己的研究。它比我们在我本科生研究实验室通常用的工具要复杂得多。然而，经过一番思考和与同事探讨后，我发现这种技术似乎可以为我们的一些研究成果提供基于机制方面的解释。虽然光遗传学现在聚焦于人类的临床治疗，但我的想法有些不一样。

如果我们可以在“努力–奖励式”挖甜麦圈任务里（不错的老式行为主义疗法），让这种经验与通过光遗传技术带来的实时脑活化或脑抑制相互对抗来测试应变训练的效用，会怎么样？基于我们过去的研究，有证据表明，应变训练会改变大脑活动，就像光遗传学能够做到的那样。应变训练和与其相关的行为回路在动物大脑中的细胞通道受快速脉冲灯影响而打开、关闭的时候，是否能够守住自己、对抗这种影响？这与我那些更为自然的研究大有不同。脑回路是会通过“工作”经验所导致的激活而建立，还是会通过激光穿过特定脑区所产生的激活而建立，我对运用技术确认这一点感到兴奋。我很幸运同这一领域的研究权威之一加勒特·施图贝尔和他热情的博士后研究员詹娜·麦克亨利一起在这个研究主题上进行了合作。[25] 他们欢迎我的两名学生埃米莉·柯克和布鲁克·汤普森去他们位于北卡罗来纳大学教堂山分校的实验室，训练小白鼠完成通过努力得到奖励。我并无意对啮齿类动物评头论足，但我对于小白鼠能否掌握这种强化训练有点儿紧张，我一直更信任认知更复杂些的大鼠。时间会告诉我们结果的……

虽然从这项努力中得到的数据是初步的，但这种大脑技术无疑在我探索啮齿类动物行为训练模型的有效性时，为我提供了有力的解释。为了最大限度地提高效率，我们决定在小白鼠的丘脑室旁核（与应激反应相关的脑区）注入视蛋白。这是一个位于大脑皮层下方中心位置的大脑结构。如果通过特定激光抑制该区域，应该会使动物更放松。我们对实验组小白鼠的此脑区注射了视蛋白，而对控制组没有进行这类操作。之后，小白鼠进行了长达5周的努力–奖励作业训练。每一天，这些小白鼠会“工作”10分钟，寻找基底里的土堆，然后挖甜麦圈。而作为控制组的信托基金小白鼠，只需要现身就能收获甜蜜的奖励。

在训练结束后，小白鼠接触到了具有情绪挑战的问题解决任务。该任务中，我们使用了一个可怕的新刺激物（猫玩具球），其中塞入了作为奖励的甜麦圈。这有点儿类似于我们用大鼠做的毅力任务。在不熟悉的新环境中，小白鼠会接近还是回避这种挑战？为观察我学生负责执行的这一关键试验，我从弗吉尼亚的家开车到北卡罗来纳州的施图贝尔实验室——经过5周的训练后，动物们将在学习毅力任务中接受测试，所有的数据都将在那重要的一天产生。

在将释放脉冲光、影响视蛋白区域的光纤与小白鼠连接后，我和我的学生通过远程视频监控装置观察了每只小白鼠的反应。在正式分析数据之前，我们已经可以看出一些小白鼠在那个安全固定在场地中心的猫玩具球上花费了更多的时间。特遣队小白鼠能否坚持更长时间以获取它们的奖励？视蛋白操作能否减轻它们的焦虑，让它们对于获得奖励感到更加轻松？我受不了悬念！虽然这只是一项试探性的研究，但我们观察到的趋势非常有趣。相比非特遣队／信托基金组和接受了假手术的动物，视蛋白抑制和应变训练均可以使动物的压力减轻。例如，这两种“疗法”都使动物们更快地着手这项具有挑战性的任务，但应变训练组在猫玩具球上花了更多时间，它们似乎试着找出一种方式以取出甜麦圈。相反，接受视蛋白操作的动物们花更长时间用它们的小后腿直立起身，也许是要重新计算并校准或者收集更多相关信息。在某种程度上，两种“疗法”的效果似乎不相上下，但应变训练导致了更多的任务行为，所以也许它具有产生更高效率的潜力。然而，真正的转折点在于，应变训练不需要侵入性的治疗程序，而且也没有已知的长期副作用。这支持了行为认知疗法（一种非侵入性的、以人为本的非药物治疗方法）比许多其他治疗策略更有效的研究发现，我们将在第 8 章中进一步讨论这一主题。[26]

最终的“决策点剧场”

2013 年 4 月，乔治·布什的总统图书馆和博物馆在得克萨斯州达拉斯开馆，其中包括被称为“决策点剧场”的展馆。[27] 当时，我正开始将我的啮齿类研究重点集中于决策制定及其相关神经反应，所以我很想详细了解一下布什版本的知情决策。

在决策方面，布什总统受到过很多批评，特别是在 2001 年遭受创伤性恐怖袭击后所做的入侵伊拉克的决策。许多支持这一决策的公民，甚至是那些对大规模杀伤性武器与布什总统抱有共同信念的人，随着战争不断持续而胜利遥遥无期，都改变了他们的观点。

因为本书研究的是受神经反应影响的行为而非政治，我将跳过任何支持性或批评性的政治陈述，仅仅关注在这个迷人的互动展览中传播的基础决策制定课程。

进入决策点剧院的游客会受到一个虚拟导游的欢迎。这个虚拟导游邀请观众从布什在任职总统期间所面对的著名“决策挑战”中选出一个，其中包括伊拉克入侵和卡特里娜飓风。布什在这两个问题上都因为他的反应而受到过批评，这让我对展览的后续发展感到十分迷惑。哪一个决策点会被强调呢?

一旦游客选择了一项决策挑战，屏幕上就会闪现多名专家对该主题的四分钟讨论——来自政治家、军官、执法者、政府管理者等人的建议。这很棒，展览参观者正在建立认知资本！在建议闪电战结束后，听众被询问他们是否相信这些简短的陈述，然后并被要求在三个选项中选择出一个他们视为最佳反应的选项，这三个选项包括自称为“决策者”的布什最终做出的选择。

我想，展览的理念是让观众们严格根据展览中展示的信息做出决定，这些信息大概是布什当时为了做出决策所必需的信息。然而，大多数的观众都对实际发生的事件和布什的决策引发的后果非常熟悉。为了让这种决策挑战作业客观化，参与者要么需要生活在泡沫里，几十年来免受世界新闻的侵害，要么必须在进入剧院时清空记忆——这两个情况都极不可能。在这个展览中，每一个问题的决策状态都“恰如旧时一样”。挑战结束后，一个虚拟布什会出现在屏幕上解释他做出某项决定的原因，而他显然认为那是“正确的”决定。该展览不具科学性，因为它假设自原始事件发生以来，没有一个观众改变了他们的观点和看法并获得后见之明。此外，建议迅速呈现而不提供任何背景信息，也没有任何含有真知灼见的汇报，这很难生成与选项相关的、做出有效决策所必需的信息。在这一点上，涉及应变能力建设的扣带回皮层和负责结果差异检测的眶额皮层像是陷入绝望并放开了它们（象征性）的神经之手。尽管这种“空白板块”战略在这场政治展览中得到认可，但一个健康的大脑，一个没有扭曲现实的大脑泡沫的大脑，不可能以这种方式暂停意识并限制它的决策制定。

参观完这场关于总统决策制定的迷惑展览后，我回到了大鼠那里，去了解大脑最新进化的皮层是如何呈现最终的、真实的决策点剧场的。大脑皮层剧场的某些部分负责抑制反应，其他部分负责预测我们的决策结果，还有一部分则负责监测内外因素，以做出用一种反应取代另一种的关键决策。在最为理想的决策制定脚本中，我们不断更新对于大脑做出最明智决策而言所必需的信息（远非“恰如旧时一样”）。现实的决策点剧场可能会也可能不会得到修正，但是，基于我的观察，我认为我会继续支持我们自然进化而出的决策点剧场（我们的神经网络），希望我们能够在技术先进的社会中保持这个剧场的完整性。

鉴于大脑拥有这么多的工作部件，最佳决策制定过程自然有出错的可能。当大脑失去做出明智的实时决定能力时，一个人的健康就可能遭到损害——在最坏的情况下，这种情况可能会指向最悲剧性的反应，并最终导致个体死亡。获得真实的认知资本可以导向最佳的决策和应变计算。当获得的资本并不真实或以任何方式被扭曲时，大脑就失去了做出准确预测的能力，从而导致糟糕的决策。在下一章中，我们将要讨论关于真实认知资本和感知认知资本之间失调所导致的一些例子。

第 5 章

当生活扭曲了应变过滤器时

虽然本书至此已经百般强调立足现实的应变计算器的重要性，但坦诚地说，在育儿的领域中，我万分厌烦精密的应变计算器规则。许多年前，我为纽约时报写了一篇题为“大脑中的圣诞老人”的文章，其中，我公开承认了自己的一项错误：我在两个天真的女儿身上培养出了一种多层次的、长期的应变失真。在快乐地维持了几年圣诞老人神话之后，一天，我接到了丈夫的电话。他告诉我邻居家有个更大点儿的小孩说服了我的女儿们去阁楼找礼物——然后在那里，她们看见了圣诞老人那一年即将带来的所有礼物。想到要从我两个小女儿手中夺走对圣诞老人的信仰，我惊慌失措，然后，一个故事出于一些未知的神经来源从我口中脱口而出。“合同，”我紧张地和我的女儿罗拉和斯凯拉说，“圣诞老人让我签了一份合同，规定在圣诞节早上之前，你们都不可以找到这些礼物。”她们带着困惑看着我，以欺骗为导向的神经回路促使我不停地补充这个故事。我说的时候，连我自己都感到惊讶。我继续告诉女儿们，圣诞老人的后背有问题，医生和他太太让他在圣诞节之前就把大部分的礼物送走，这样他的后背会轻松一些。“问题是，”我继续说，“现在你们看到礼物了，我就有义务把它们送回去。”“不，不，妈妈，你不需要这么做，我们真的什么都没看见。”我用上了我最逼真的沉思面孔，看上去像在评估选择，然后确认如果她们没有看到太多，那么就算我们留下礼物，圣诞老人也是会理解的。[1]

为何一个严肃的神经科学家，一个热情洋溢地强调不扭曲现实的重要性的人，却会如此努力地扭曲现实呢？正如我在《纽约时报》的文章中所述的，在培养我现在已读大学的女儿的怀疑精神之前，圣诞老人的故事代表了一种想象力、怪念头、期待，甚至是魔法的感觉，而这些对一个成长中的儿童的思想很重要——特别是在觉得驯鹿还可以飞行的关键时期。一旦所有神经连接都发展起来，她们就会越来越难以进入这种充满想象力的情绪空间，而且我作为她们的妈妈，想要为她们创造一个充满积极情绪的小屋，以便她们在成年期时可以回头重历。我希望女儿们在未来的每一个假期，每每体验到标志这一时令的条件线索时，都可以重温这种温暖的、熟悉的情绪反应。熟悉的冷杉树和节日甜点的气味，加上节日装饰，以及那些古老而熟悉的节日歌曲——所有这些感官体验都会成为通往这种情绪体验的入口。在我的意识中，这是一种情绪上的时间旅行，它可以让人回到安全的、具有无限期待的童年——这是我坚决要给我女儿们的一份礼物。我无法预测五十年后我的女儿们在节日里会面对什么样的情况，但让儿时的女儿们相信圣诞老人的存在给了我一种安慰，我觉得我这么做可能为她们创造了一种情绪上的避风港；当她们发现自己被应变事件和压力包围时，她们可以撤退到那里。而这也是我热爱节日的母亲曾给予我的礼物。它使我在每一次与家庭里的节日线索不期而遇时，都能重历那些魔法般的童年感情，即使是在母亲去世二十年后。

或许有那么一些应变过滤器失真的例子对我们的情绪和认知是无害的，甚至有可能是有利的（第 10 章会讨论其中的一些例子，如游戏和创意）。然而，当反应和后续结果之间的相互作用变得模糊时，则必须谨慎行事。在观看一个电影和访问一个主题公园的短暂期间扭曲现实是好的，但对于日常生活来说，和现实保持协调对于维持一个功能良好的大脑非常重要。除了让现实为圣诞老人绕路之外，我还努力为女儿们保持一份真实的现实感。要形成最准确的应变计算，我们需要一定的认知、情绪、社会资本。在本章中，我们会讨论许多生命中的变量，这些变量会影响我们建立这种资本储备的能力。在扭曲现实的候选名单里，我们会讨论到名望、特权、贫困、自杀念头、无休止的任意奖励和宗教的影响。为使这一章首尾相接，我们会以本章开始时的话题，即一种具有潜在益处的扭曲（乐观态度）结束这一章。

失真的镜子

镜子很有价值，因为它们为我们提供了一个相对具代表性的个人形象——也就是说，镜子具有健康的现实性。即使是在格林兄弟的童话故事《白雪公主和七个小矮人》当中，魔镜也以真实的答案（“白雪公主”）回应了邪恶的王后“谁是这片土地上最美的人”的问题。而在童话之外，这种真实反映的价值也是不可低估的。在进行一个重要报告之前，我们可以通过镜子检查牙缝里是否卡了菠菜沙拉，或者我们衬衫上的咖啡渍是否太清晰，需要换衣。在这些情况下，我们在镜中的映射为我们提供了必需的重要信息，而我们应据其做出适当的反应来纠正或改善情况。

生命的镜子就有些复杂。我们如何知道自己在会议上的发言能够给人留下深刻印象，或者我们是否具有健谈、积极的人格并能够与新同事合作愉快？这一清单还可以延续下去……我们需要关于烹饪、养育子女、驾驶、社交技巧、学习、金融投资策略、时尚感等的反馈……这里仅仅列举了一些生活方式方面的选择。适当的自我监控可以令我们在这些方面做出有益的决策。我们可以从哪里获得宝贵的反馈？最好的生活之镜在哪里？

鉴于反应与结果之间的重要联系，结果本身就是对反应有效性的最好反馈——前提是结果被准确地呈现给我们，并且我们可以不通过任何失真的过滤器准确地解释它们。例如，如果你的朋友想要给你支持，于是告诉你你的食谱肯定是有效的，因为你看上去瘦了，而你的浴室体重秤告诉你情况并非如此，那么这一特定的社会反馈之镜就没有提供给你准确的信息来评估食谱的有效性。因此，如果你身边的每个人都是个诚实的评论家，那它并不是一件坏事。在真实的世界里，我们需要尽力让自己做到最好，因此只会说好话的人不起任何作用。事实上，这种不诚实可能会通过给我们带来虚假和短暂的快乐和幸福感而摧毁我们的生活，像药物依赖那样导致我们的毁灭。

歌星迈克尔·杰克逊唱过一首叫《镜中人》的热门歌曲，歌曲强调了使用镜中的反射来促进改变有多么重要，但讽刺的是他本人失真的生活之镜却导致了其个人生活的失败。在真实生活中，杰克逊并没有注意到这首歌里的重要信息。随着名气的增大，他最终被不切实际的、失真的镜子所包围。除他的外貌在进行诸多整形手术后失真之外，他的行为反应似乎也同样严重失真，甚至可能导致了他的早逝。但为何会如此呢？

尽管我通常信赖的学术期刊中并未刊载迈克尔·杰克逊生活和健康状况的详情，但新闻和娱乐资源中有大量可信描述表明，随着他名声越来越大，他的现实性变得越来越扭曲。他建立了一个梦幻般的主题公园式的家“梦幻岛”，上一个这么做的人是詹姆斯·马修·巴利虚构的人物——彼得·潘。他还建立了一座私人动物园，为梦幻岛增加了迪士尼式的游乐场主题。这座动物园中包括长颈鹿、猿猴和大象这样不属于私人家宠范畴的动物。他有一只名叫“泡沫”的黑猩猩，穿得像个小孩子并一直紧紧跟着他。杰克逊以从慈善活动到私人来往的各种不同方式邀请孩子们到梦幻岛。孩子们的个人来访，特别是涉及过夜的来访，最终导致了对他的儿童性骚扰指控。

随着迈克尔·杰克的生活之镜为他的生活方式选择所提供的真实有效反馈越来越少，他为自己所创造的生活泡沫越来越大、越来越凶险。由此，他误入歧途且丧失了自我校正的能力，就像一个没有检查出的肿瘤越长越大，最终打败了他。在他死后，《滚石》上发表的一篇文章对杰克逊失真的观念发出了这样的质疑——“有时你真的怀疑，杰克逊是否清楚他的行为会如何影响世界”。[2]

杰克逊最终的毁灭是因为他不切实际的生活泡沫波及了他基本的生理功能与健康，而这导致了他的早逝。在 2011 年，英国广播公司公布了尸检时在他身体里发现的毒品的清单。那一串长长的化学助剂清单极具说服力地表明了杰克逊是如何失去对自身生理和情绪功能最基本的控制权的。根据媒体报道，杰克逊生前经常使用镇静剂异丙酚。这种药物在医院通常作为麻醉剂使用，而他在家中将其作为助眠剂。使用如此强效的药物来增进睡眠是前所未有的。长期使用异丙酚在杰克逊的神经系统里产生了一些未知的效果，并且渐渐使他产生了赖药性。除了睡眠问题，考虑到在他的身体中发现了至少三种抗焦虑药物（地西泮、劳拉西泮和咪达唑仑），杰克逊可能有严重的焦虑问题。也许是为了提供一些生理唤醒以补偿镇静剂和抗焦虑药物的药效，在局部麻醉剂利多卡因之外，这个清单上还有麻黄素，一种兴奋剂。[3] 这份药理学清单表明，杰克逊为他的大脑提供了一个极为糟糕的人工化学环境——他的大脑看上去似乎有没有药物都存活不下来。他通过多种药物，在清醒时减轻焦虑和疼痛，在需要从失真的白日现实里逃脱时产生一种人工的睡眠状态。由于他被药物损害的大脑无法监控任何现实的表象，杰克逊越来越难以用健康的方式维持自己的功能。一个健康的大脑在应对日常生活事件时会自行生成化学物质，而且会自然而然地管理这份化学清单。与之相比，杰克逊将如此复杂的药理辅助品混入其中，这对他的生理功能产生了深远的影响。精神活性药物可能代表了导向扭曲现实的大脑泡沫的最快、最危险的途径。因此，杰克逊的案例是一个不折不扣的大脑悲剧。

特权和贫困

关于迈克尔·杰克逊受损的应变计算器的悲惨故事证实，尽管我们中的大多数人认为经济安全会解决我们的所有问题，但经济繁荣通常也会带来新的生活挑战。而在财务光谱的另一端，贫穷同样能以最有力的方式扭曲大脑所见图景，使大脑的应变过滤器失真。

最近的一项研究对近 1 100 名儿童进行了跟踪，并分析了社会经济状况（SES）如何影响其神经和认知功能。在这一类研究中，社会经济状况通常被认为是收入、教育和职业的混合体，但它通常被简化为收入，以便计算。然而，对于像我这样的行为神经科学家来说，社会经济状况是与环境互动、相互改变并最终影响神经功能和反应结果的作用力。在这项研究中，哥伦比亚大学的研究者金伯利·诺贝尔和加州大学洛杉矶分校的伊丽莎白·索厄尔通过使用磁共振成像扫描，寻找社会经济状况的极端变化所留下的踪迹。[4] 这种类型的大脑探索很有趣但也很棘手，因为它涉及很多因素，而且，我们有时候并不清楚大脑里一个变得较厚或者较大的部分到底是好还是坏。例如，你可能会认为一个厚的皮层是有利的，但它可能也意味着较少的表面积，而表面积也是大脑加工过程的一个重要因素。令人更加困惑的是，皮层表面区域在青少年早期持续增加，在成年中期则缓慢收缩。智力得分较高的儿童的皮层较薄，而表面积较大。顺便说一下，对于四十岁出头的人，如果你曾经做过大脑扫描并被告知你的皮层相对较厚，你也不必惊慌——在我们进入成年中期后，智力与皮层厚度呈正相关。[5]

那么，这些研究人员发现了什么呢？研究参与者的家庭年收入范围，从 5 000 美元到 300 000 美元不等，而其大脑皮层面积随着收入的增高而增加。年收入不超过 25 000 美元的家庭的孩子大脑皮层面积比收入至少 150 000 美元家庭的孩子少 6%。有趣的是，一旦超过一个较高的 SES 水平，更高的 SES 所致的优势增幅便趋于平缓。此外，父母受教育程度经常与 SES 交互作用，并与孩子的皮层表面积呈正相关。父母拥有大学学历的孩子的皮层表面积比父母只接受过高中教育的孩子多 3%。就大脑的功能输出来说，较高的 SES 水平被评估为与抑制性控制、工作记忆、词汇和阅读四种认知能力的增强有关。值得注意的是，民族与种族都没有对结果产生影响。[6]

这些研究结果得到了威斯康星大学麦迪逊分校的神经科学家塞思 · 波拉克与其同事一起实施的相关研究的支持。在塞思的研究当中，美国联邦贫困线以下的儿童的不良学业成绩表现也与其大脑皮层的成熟延迟相关。具体来说，研究人员观察到涉及执行功能的额叶和涉及情绪信息处理的颞叶存在发育迟缓。[7]

如前所述，神经科学家关注的是大脑如何做出选择（最好是基于认知资本和经验信息、导向最佳结果的选项）。虽然有例外，但较低的 SES 水平可能导致不合格的产前护理、营养不良、生活条件贫乏、压力增加、暴露于环境毒素当中，以及生活环境中缺乏外界刺激。[8] 压力增加和资源受限使儿童没有足够的条件探索外界，而这种探索可以帮助其建立有效应变决策的储备，使其受益终身。因此，较低的经济地位似乎对大脑建立适当的应变资本以促成最佳决策的能力产生了显著的负面影响。

当考虑到低 SES 家庭的孩子从大学毕业的概率时，贫困的长期影响看上去非常清晰。差不多二十年前，美国教育部开展了一项纵向研究。他们跟踪调查了一些八年级学生十二年——他们的整个高中、大学和早期职业生涯，其结果令人震惊。当学生以八年级数学测试成绩划分为低、中、高分三组时，得分在最低组但家庭收入在最高组的学生，与得分在最高组而家庭收入在最低组的学生大学毕业的概率是一样的。而从另一个角度看，如果你是高收入组里的高得分者，那么比起与你能力相同但在低 SES 组里的学生，你大学毕业的概率要高 250%。[9]

无论贫困条件损害大脑功能的具体机制是什么，其潜在的长期影响都是相当明显的。这些问题凸显了当儿童面对贫困环境时对其干预并提供额外支持的重要性。当儿童处于 SES 光谱的两端时，拥有相似的学术能力也无法使他们具有一个公平的学术竞争环境。伊利诺伊大学的公共管理学教授肯尼思·奥德菲尔德在一篇题为“谦虚与希望”的文章中，饱含感情地分享了他作为移民一代低 SES 组大学生的故事。其中，他讨论了一代移民大学生所面对的风险——这些学生在他们的童年和青少年时期从未获得过“文化资本”，这造成了一种缺失。在大学里，需要一定的认知、社会和文化资本以驾驭金钱、社交、建议与生活方式所构成的迷宫。[10] 显然，这些问题需要认真对待，以防止来自中低 SES 环境的大量高成就学生在大学里跌入深渊。如果我们能给予他们适当的信息，他们就可以增强自己对必要资源（认知资本）的认知，从而在大学生活里做出正确的决策。

当然，对于最高 SES 组而言，享有特权生活也并不能够保护他们免遭应变过滤器失真和认知能力欠缺所带来的神经缺陷和行为失误。正如迈克尔·杰克逊的情况所示，他的个人药品清单似乎将他的大脑暴露在有毒的化学环境中，并最终使他的大脑彻底停工。特权生活的特点是资源丰富，但没有真实且清晰的应变事件以建立反应和结果之间的联系，这可能会损害个体未来的决策和反应能力。

最近，媒体广泛报道了一件事。16 岁的伊桑·库奇在酒精与其他药物的影响下驾驶并引发事故，致 4 人死亡 11 人受伤。庭审中，他的律师以“富贵病”为由，提出无罪辩护。“富贵病”一词最初由心理治疗师杰西·奥尼尔在她 1996 年出版的《黄金贫民窟：富贵病的心理学机制》中提出，奥尼尔是通用汽车公司总裁的孙女。[11]在这一语境下，这个词指的是成长或生活在富裕世界的潜在破坏性影响。

在那场充满争议的法律辩护中，“富贵病”被用于描述在富裕家庭中成长所造成的一种异常情况——没有机会了解特定行为导致的特定结果。这种情况并未被心理 / 精神卫生行业视为精神疾病或正式的健康问题，但这种辩护提出了一个值得关注的命题——当儿童不被允许经历其反应的正当结果时，可能会导致其应变缺陷。在调查中，库奇的母亲报告说她不记得她曾经管教过她的孩子。此外，无论库奇的行为如何，他显然都能得到他想要的一切（人类版的信托基金大鼠！）——包括属于他自己的370平方米多的、带一个游泳池的房子，还有足够的钱让他可以获得酒精和毒品。考虑到库奇反应的真正结果在其父母的“帮助”下被扭曲和过滤，行为主义先驱华生与斯金纳大概不会对库奇的情况感到吃惊。

由于被这个充满争议性的辩护说服，法官并没有让库奇服刑，他被判处十年缓刑并被送往私人康复中心治疗。在这一案件判决里，法官因剥夺了让这个青少年接受暴露于监狱的贫乏环境这一剂应变建设治疗而治愈富贵病的机会而受到批评。而且，法官的治疗版本也未能改变库奇的反应模式——他在两年后因违反缓刑规定而被逮捕，并在他“反对应变建设”的母亲的帮助下逃往墨西哥。[12]

社会经济状况的极端情况会导致潜在的应变建设赤字，而这会威胁到个人在世界生存和发展的能力。无可否认，贫穷对我们大脑处理信息并做出最佳选择的能力造成了最深、最持久的创伤。无论个体的社会经济状况属于哪种类型，养育子女都是一个复杂的过程。如果扭曲了反应与结果之间的真实联系，让孩子积累有关重要生命资源的知识的能力受损，养育这一复杂过程就偏离了正轨。正如在孩子第一次蹒跚学步的时候，我们很难放开扶着孩子的手，在几年之后，我们也同样很难从孩子的自行车上拿下辅助轮。让孩子自由下落到负面结果里面，是很难的；但如果我们想要成为成功的父母，这又是不可避免的。那些无法放手的父母会被贴上诸如“直升机父母”的标签——在孩子管理自己生活的时候，他们总是在孩子头上嗡嗡飞个不停。最近，“扫雪机父母”的标签被引入，以描述那些将孩子人生道路上可能会遇到的障碍（其他青少年都会遇到的障碍）都清除掉的父母。我意识到放手让孩子们自己去建立他们的应变清单是非常困难的，但心理健康的儿童需要去遭遇伴随着正面或负面结果的经历，以避免产生大脑泡沫、损害其能力发展。我们会在第 7 章中继续讨论为孩子建立重要的应变资本储存库的最佳父母策略。

而奖项颁给……

还有什么能比在教室、运动场或舞池里接受各种认可自己出色表现的奖项更能提高孩子们的自信和能力呢？如果付出努力就能够被认为是赢家，那么付出努力就是建立真实的反应-结果行为库存的一个有效方法，但我们都知道情况并非如此。我们对奖项的痴迷很可能是有史以来最大的脑力建设骗局——它是一种危害人性、危害自然地建立应变能力的大脑的罪行。

我无法想象大鼠为了一只挂在它脖子上的闪闪发光的奖牌或者一只能装饰它笼子的匾额而努力“工作”。大鼠们丝毫不会被“年度最佳实验鼠”或者“最具创意迷宫破解奖”这样的称号所激励。相反，实验室啮齿类动物只想要真正的交易——食物、安全、社会接触，甚至一个实验者的温柔抚摸（图 5.1）。颁奖典礼是明显的人类独有的表现。我知道没有其他动物会为了奖杯或证书工作。其他动物可以学会将口头表达与随后的有形奖励（例如食物的呈现）联系起来，但得到奖牌、绶带与封号是人类独有的动机。奖励旨在将一

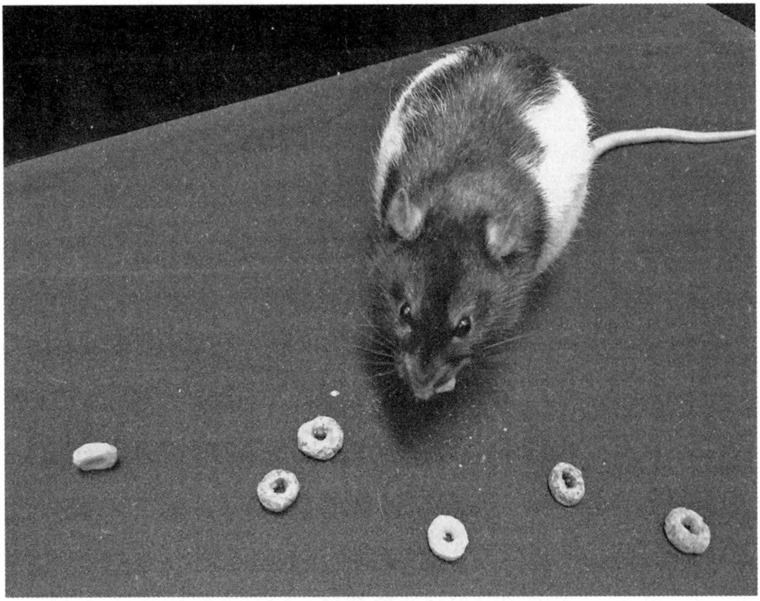

图 5.1　为获得初级奖励而工作的大鼠

就大部分情况而言，我实验室中的大鼠能被训练为了美味的甜麦圈做任何事情。正如我之前所说，这些甜食是旨在培养情绪恢复能力的“努力–奖励式”应变训练中使用的奖励。在其他研究和示范中，我们训练大鼠跑过障碍、攀爬绳索，甚至驾驶一辆小型赛车，所有这些都是为了预期中的甜麦圈。虽然有些动物可以为了次级奖励而工作，例如代币（它们可以用代币换取食物或其他奖励），但人类似乎是独一无二可为了奖杯或证书这样与传统的主要资源并无明显关联的物品而工作的物种。就人类而言，与获奖相关联的同侪认可被提升到与食物、住所和其他重要资源同等的水平。（图片由里士满大学兰伯特神经科学实验室提供。）

个人与一群人区分开来，这可不是人类以外的大多数动物的目标。

我的整个职业生涯都在高等教育领域里。在这期间，我痛苦地意识到整个学术界对奖项的痴迷——我们每一个春季学期都有“颁奖日”。这天，整个学院聚在一起，参加表彰众多学生、教师和其他教职员工杰出成就的荣誉大会。受奖者几乎是跑着过舞台，这样仪式就不至于一直持续到晚上。然而，快节奏的学术认可奖项中也有例外，有一些最具声望的奖项在表彰受奖者的杰出成就时，会附以十分详尽的评论性文章。当我们为我们当中那些在过去一年里取得杰出成就的人而鼓掌时，那些优美的书面评论令我们颇觉温暖。

大家不要误会我的意思——收到奖项的感觉很棒。当我有幸获奖时，每一刻我都感到快乐。我们的大脑会像吸食可卡因一样吸食这种认可。随着刻好的徽章和仪式性的握手纷纷就位，一种高涨的情绪充满我们的神经回路。即使如此，“我是否真的值得这个奖项”的问题通常会在几分钟后浮现出来。在校园内外那么多优秀的教授里，我的成果并不十分出色。我完全清楚，颁发这个奖项的善良的评审员可以对其他教授做出精细的观察，而后发出同样深刻的赞誉。因此，在接受如此慷慨的奖励之后，我会努力运用现实检查能力，迅速进行自我校准，以避免对我的个人真实成就造成一种失真的观点。

苏黎世大学的布鲁诺·弗雷是为数不多的对奖励进行研究的社会科学家之一。他写道：“进行社会区分的动机似乎是人性一个无法改变的特征。”[13]而与本章相关的是这些奖项对随后的反应-结果联系的影响，即这些成就奖是会加强还是会扭曲我们的应变过滤器？在学术成就之外，其他的杰出成就也通过颁奖的形式获得承认——奥斯卡奖、诺贝尔奖、普利策奖。许多体育奖项是根据客观的量化分数所确定的，例如速度竞赛中的耗时、篮球场上的得分以及撑竿跳高中明确的高度，而我们社会中许多最受认可的奖项都与之不同，衡量标准很主观。比起其他奖项，基于客观指标的体育奖项提供了关于表现的更为真实的反馈。

诺贝尔奖由阿尔弗雷德·诺贝尔于1895年创立，旨在褒奖那些“在前一年内，为人类的利益做出最大福祉的科学家们”。[14]哇……你如何量化这个标准？评委们是否有什么测验或评估工具来确定何为人类的最大福祉？事实上，大多数奖项是根据科学家的整体职业成就给予个人的。这一事实表明，并不可能只看一年而得出结论。但即使是以个体一生的成就为衡量标准，也是存在问题的——你如何确定针对环境保护的发现与针对可能导向特定疾病的治愈方法的发现一样重要？有许多量化的方法来衡量一位科学家的成功，包括发表论文的数量、收到的研究基金的金额或者其他累计奖项的数量，但这些变量与对人类最大福祉的贡献之间的关系也并非总是清晰可见。

对适应性的应变计算而言，真实的反应-结果联系与真实的现实感知都是不可或缺的。与此相关，本章的要点是半信半疑地去接受这些主观的奖励，可能是一个明智之举。对于诺贝尔奖得主来说，去理解他们自己实际上可能做出也可能没有做出这个星球上最为重要的科学贡献，可能是最好的接受方式。如果我们真的认为自己理应得到所有颁发给彼此的奖项，那么，我们的应变过滤器很可能被扭曲成适应不良的方式。菲尔兹奖是个可与诺贝尔奖相比、每四年一次颁给 40 岁以下数学家的奖项。它的获奖者与具有同等学术能力但并未获得这个奖的数学家相比，学术生产力有所下滑。这一现象背后有几个潜在的原因，例如有研究观察到菲尔兹奖的获得者倾向于将他们的兴趣扩展到使其获得该奖的领域之外。[15] 类似的生产力下降现象也出现在诺贝尔奖得主身上。[16] 是不是应变过滤器失真导致了这样的下滑甚至说负面影响，很值得探讨。无论如何，在菲尔茨奖获奖者身上观察到的结果从行为视角来看十分有趣。在某个学科领域赢得了最高奖项，居然使研究者更倾向于将他们的兴趣投入到其他的、他们不擅长的领域。这种对在受训领域之外工作研究的信心，肯定会导致传统生产力指标上的下降。因此，虽然大家都很感激获得奖励，但如果荣誉扭曲了现实，它可能会导致应变能力的受损。

用宗教的祝福与诅咒压倒一切基于现实的应变计算

在我的一生里，我有幸从几个不同的角度体验过宗教。我在亚拉巴马州保守的南方浸礼会长大，每周都有几场坐在前排长凳体验宗教教育、布道、各种仪式和惯例的活动。当我进入高等教育的世界后，我的思想不再像以前那么保守，我喜欢将宗教思想延伸至一个允许神经生物学和行为主义视角共存的世界。

我无意对在生活中保持虔诚是否适当做出任何论断，我更感兴趣的是，研究宗教信仰是如何影响我们的生活观念的，以确定它对我们的应变计算以及随后的决策和反应所产生的影响。当然，我只能针对人类进行这项调查工作，因为我们没有观察到任何其他物种表现出宗教信仰与行为。

神经科学研究表明，宗教在不同文化中如此普遍，并且对身处其中的人来说如此自然，这背后的一个原因就是，维持宗教信仰所涉及的神经网络与涉及重要社会和认知功能的神经网络是同一个网络。这就是宗教体验感觉像“真实”体验的原因——它们激活了与非宗教体验相同的大脑区域。因此，我们理解宗教就像理解任何其他生活经验一样。难怪当通过意象或祷告从个人化的层面，而不是从更学术化的层面体验宗教时，我们的大脑会更加投入。因此，尽管宗教在诸多方面存在争议，但宗教信仰是确实存在的，并且可以在神经科学实验室中进行研究。[17] 在 fMRI 中，当被试被要求思考宗教信仰时，比被要求回想非宗教记忆时，他们在与情绪、自我表现和认知矛盾相关的脑区显示出了更高的激活水平。[18]

建立“宗教资本”的过程与建立生活所需认知资本的过程有很

大不同，而后者是在以现实为基础的世界（宗教场所以外的世界）中计算真实应变事件所必需的。进一步讲，对于同时生活在世俗世界和宗教世界中的人来说，这两种状态有可能互相冲突。例如，一位被诊断患有乳腺癌的人可以通过阅读有关成功疗法的文献并与适当的医疗机构就最佳治疗方案进行讨论的方式，建立认知资本。相反，宗教资本是通过祈祷和解释经文等其他抽象手段获得的。这些方法有时是相辅相成的，有时则不然。来自医疗机构的建议可能表明没有有效的治疗方法，而宗教指导则可能说康复在即。正如你将在本章后面学到的，我们的大脑有点儿偏向于更积极的结果，所以，无论信息是否相互矛盾，自己是受到保护的这一信念通常会胜过更务实也往往更令人沮丧的现实信念。在这种情况下，真实世界里的应变计算往往会被拒于脑外，取而代之的是基于精神世界的应变计算。

就现实与超现实应变计算之间发生的争斗而言，或许没有比 17 世纪的塞勒姆女巫审判更大的例子了。当这个马萨诸塞州社区的一些权威人士发现一些女性有幻觉和妄想的症状时，他们的清教徒思想使他们将这些离奇行为的原因视为超自然的、非物质的。因为这些反应相当少见，所以人们缺乏充分的认知资本来为它们做出合理的解释。其他古怪但常见的行为（如呕吐）在当时已经被探明是由食用某些食物或其他形式的疾病引起的，而这些新行为则更难以解释。

由于人们通常厌恶不确定性，因此，人们轻易地接受了“表现出可疑反应的人是由于受到了超自然因素（如魔鬼附身）的影响”这一观点。这座城镇的领导者告诉自己，如果人类被恶魔的灵魂附身，他们可能会被迫做出奇怪的行为，因此恶魔附身就与奇怪的行为联系了起来。到 1692 年 9 月，20 名男女被指控为巫师，随后被处决。其中，19 个人被送上绞刑架，1 人被压死。而第二年，尽管仍有其他人被宣告有罪，但处决突然结束了。

如果那些宗教领袖在那个夏天将他们的注意力从超自然原因转移到自然原因上，那些被指控的人的命运就会截然不同。几个世纪后，1976 年，发表于《科学》杂志上的一篇题为“麦角中毒：在塞勒姆镇释放的撒旦？”的论文当中，作者针对这些症状的起因提出了更符合逻辑、更为合理的解释。在我读过的大量科学论文当中，我认为这篇论文是最精彩、最有说服力的论文之一。考虑到作者林达·卡波拉尔进行这项创新研究并得到支持麦角中毒假说的新证据时还是一名本科学生，这片论文的质量就更令人印象深刻了。[19] 她说大学四年级时，她为满足毕业要求，需要再修一门普通教育课程，于是选择了一门历史课。这门历史课使她对发生在塞勒姆镇的奇异行为产生了兴趣。当这篇论文最终以单一作者的形式发表时，她还只是个研究生。起初，当被告知需要为历史课写一篇论文时，卡波拉尔选择了在塞勒姆镇巫术审判中作证的安·帕特南作为主题，因为她刚刚看过亚瑟·米勒的戏剧《塞勒姆的女巫》，想要探索“女性可以和男性一样邪恶”的观点。而当她阅读审判的法律文件时，她被关于未知的“瘟热”的描述吸引了，这种瘟热最初感染了大约 8 个女孩。卡波拉尔回忆起她之前阅读过的关于发生在欧洲的麦角中毒的文章，麦角中毒对心理和行为反应的影响类似于麦角酰二乙胺，于是她的应变计算开始转动。这些 17 世纪的法庭文件中所描述的无序言语、手势和动作其实是因为麦角中毒的概率有多大呢？麦角是一种寄生真菌，生长在许多类型的谷物上面，特别是黑麦，而黑麦在女巫审判发生的时期常用于萨勒姆镇的面包制作。众所周知，麦角会产生麦角中毒，这是一种与刺痛、眩晕、蚁走感、感觉扭曲、幻觉和痉挛性肌肉扭曲相关的疾病。卡波拉尔调查了被告是否有可能通过做面包或吃面包而暴露于黑麦和麦角的环境当中。她还证实 1692 年温暖潮湿的天气条件有利于麦角菌的生存。到了下一年，天气条件对真菌不再友好时，似乎也不再出现症状暴发的情况。虽然所有这些论据都是基于档案数据的间接证据，但在本科历史课上的林达·卡波拉尔实在是一个令人印象深刻的科学侦探。

参与了女巫审判的萨勒姆镇牧师约翰·黑尔写到了在那个致命的夏天和那些黑暗的时光里所采取的极端措施，他遗憾地承认：“我们在云中行走，看不见脚下的路。”[20] 在这一情况下，萨勒姆镇的牧师和地方官的应变计算系统似乎被其清教徒信仰扭曲了。尽管几个世纪后才有人能对此提出合理的解释，但当时一次必要的现实检验就可使人对巫术假说产生怀疑，迅速校正这些个体所受到的对待。当我们在各种生活结果上忽略了自然刺激的影响时，就会增大“反应–结果式”联系被扭曲的概率，并容易做出不仅缺乏益处还会以某种形式带来损害的应变计算。

导致自杀的致命扭曲

大脑使我们能够计算未来的结果，从而在生命之旅中掌好舵。因为我们希望取得某些结果而非其他结果，所以未来及其前景推动着我们的反应。虽然神经科学家已经证实，大脑在关键时刻是以各种离子和神经化学物质的活动为燃料，但在另一个层面上，希望才是让我们能够走过日常生活的起起落落的终极燃料。在 1999 年的电影《善意的谎言》中，罗宾 · 威廉姆斯所饰演的角色雅各布 · 海姆在被困于纳粹占领的波兰时，道出了这样深刻的见解：“缺乏希望可能比缺乏食物更糟糕。没有希望，人类便没有什么可为之而存活的。”

当一个人的生命中缺乏对理想未来的希望时，这个人有时可能会企图做出结束自己的生命这样的最终应变决定。自杀目前是一个重大的公共卫生问题，全世界每年大概有 100 万人主动结束了自己的生命。在美国，自杀是导致死亡的第十四大原因。[21] 人们认为，大约 90% 的自杀案例涉及精神疾病。大多数情况下，抑郁症是与自杀最相关的精神疾病，约有 2/3 的自杀者被诊断为抑郁症。[22] 在青少年中，自杀是除意外事故和凶杀案之外第三大常见死因；而在大学校园里，自杀已超过酒精依赖成为最常见死因。[23] 自杀倾向在退伍军人身上也有所增加，特别是那些曾经作战的军人。[24] 可悲的是，在塑造出强大而鼓舞人心的虚构角色雅各布·海姆多年后，罗宾·威廉姆斯受痴呆折磨，且像他自己谈过的那样，遭受了情绪起落和药物成瘾的威胁，最终自杀。[25] 尽管目前，人们针对这一主题进行了比以往更多的研究，但关于自杀的最终的反应–结果式计算和与之相关的因果因素，我们尚不明了。

当 2014 年，宾夕法尼亚大学学生麦迪逊·霍勒伦的自杀事件被许多媒体报道时，我先是一怔，而后开始冷静思考。自杀？[26] 这位美丽的年轻女子是一位成绩优异的学生、一位田径明星，她还有一个充满爱心和支持性的家庭。照片中的她看上去就是一个对未来充满希望的人。那么，她的决策系统是如何做出这样一个最终决策的？

在阅读麦迪逊自杀的文章时，我对她在第一学期学习结束后发表的一些评论感到震惊。她告诉家人，她对自己一些课程的成绩表示担心，无论她怎样努力，都无法获得 A，但她已习惯了得 A。在她看来，她并没有得到能够使她调整自己的反应并达到所需结果的反馈，因此，她一直得不到满意的分数。她的父亲后来表示，在学期末，一门课程以曲线评分法调分后，她最终在这门课上获得了很好的等级，但麦迪逊并不觉得这个成绩符实。新生在第一学期面临种种焦虑源，麦迪逊的努力与成绩间的脱节增大了这种混合焦虑。在一个学期的大部分时间里，她的成绩都保持不变，但是忽然间，没有任何明确的原因，她的成绩一下子就提高了。对于宾夕法尼亚大学这样一个学术竞争极为激烈的地方而言，对学业缺乏控制感可能会增加风险因素。在麦迪逊去世时，她所在的学校在15个月内报告了6起自杀事件。[27]大学新生的另一个脆弱点在于每个人的生活在社交媒体上都看似完美。因此，虽然麦迪逊的生活看起来很完美，但她内心对生活中积极结果的控制感似乎已经消失，她的应变计算系统已经被改变，而她大学前生活中行之有效的旧规则似乎不再奏效。

虽然麦迪逊的自杀决策肯定涉及了诸多其他因素，但她对学术、体育、社会接纳的焦虑，有力地提醒了大学的教职工应该对增强真实且现实的反应-结果式应变计算保持警惕，以确保学生拥有健康的大脑和健康的应变计算能力。我的学生们可以证明我并不是在建议以任何方式削弱学术严谨性……而只是建议作为教授，我们应尽最大努力提供有价值的、积极的反馈，以便动力强的学生有最好的机会校准他们的努力，并能够及时获取外界资源以取得自己想要的成绩。此外，家长和教授都必须认识到社交媒体的扭曲本质，这很重要。每个人都有不安全感、可怕的日子和对未来的疑虑，但这些在社交媒体上很少见到——在那里我们更容易见到的是一幅又一幅的笑脸，俊男靓女很有规律地报告着他们人生当中的成功。在这个充满“通用性完美”的新世界当中，每个人看上去都对他 / 她完成的一切感到非常满意，倘若有机会看到一些非常可怕的分数、一个糟糕的发型、一个爆掉的前额痘痘、一个表明了假期期间又胖四五斤的浴室秤或者懒得清理的凌乱屋子，那都会是令人耳目一新的。而上述这些画面更接近于大多数个体所经历的现实。如果真实的信息对于我们的决策神经回路是至关重要的，那么就必须一劳永逸地放弃难以达到的完美，并告诉我们的孩子和学生，他们能从生活中的成功和不可避免的失败里学到非常多的东西。

除了案例研究，对如何降低自杀风险的其他探索还告诉了我们什么？它是否（以无论何种形式）与减少现实扭曲有关？如何对自杀者大脑的内部运作进行研究？该领域有两大类研究策略——对自杀者尸体解剖后所得的大脑进行研究，以及对报告自杀想法的危险个体的大脑和心理功能进行评估。

我们将从尸检所得的大脑开始。请注意，下述数据只表示相关性，它们可能会也可能不会导向自杀的真正原因。尽管如此，这也是一个开始。最为普遍的发现之一是由神经递质 5–羟色胺所激活的受体的差异。一项研究发现，在自杀的个案中，一种特定的 5–羟色胺受体——5–羟色胺 1A 的受体结合数量高于预期，特别是在本书中所讨论的前额皮层问题解决区。[28] 然而，在前额皮层当中，另一种 5–羟色胺受体——5–羟色胺 2A 受体的结合数量反而减少。[29]

第三种涉及自杀的神经化学物质是GABA（γ-氨基丁酸），它是大脑中最常见的化学物质之一，以其在抑制行为方面的作用而为人所知。韦仕敦大学的研究者罗伯特·波尔特和他的同事发现，自杀者大脑额叶皮层区中一种特定GABA-A受体与死于其他原因的人相比产生了异常的或者说重组的分布。[30] 考虑到GABA通常担任大脑功能的刹车角色，GABA-A可能与抑制自杀冲动有关。

针对有自杀风险的大脑的研究也揭示了有趣的结果，但是并没有形成决定性的答案。密歇根州立大学的莉娜·布伦丁报告了另一种神经递质——最常见的兴奋性神经递质谷氨酸的改变。企图自杀的患者比起并未尝试自杀的患者在脑脊液中具有较高的谷氨酸活性生物标记。谷氨酸的生物标记物喹啉酸在炎症中也会被激活，而这提示了神经性炎症可能是自杀的另一个风险因素。[31]

除了大脑标记物，自杀患者的思维模式也是研究对象。在哈佛大学工作的马特·诺克使用被称为“内隐联想测试”的方法进行研究，该测试要求患者快速将和生死攸关的各种术语与他们自己或他人联系起来。与非自杀患者相比，有自杀想法史的人更快地将自杀术语与自己（而非与其他人）联系起来。值得关注的是，具有这种倾向的个体在未来6个月内尝试自杀的可能性增加了6倍。[32] 他们的应变过滤器在这种情况下倾向于死亡的结果。虽然这种检测并未指出自杀的具体原因，但它可用于确定风险，或是作为各种自杀干预治疗成败的标尺。

诺克和他的同事们考虑了很多与自杀相关行为有联系的心理因素。过去的研究表明，自杀与强烈地感到自己成为他人的负担、归属感低、可以忍受较高水平的痛苦，以及有强烈的失败感与被诱陷感（无法摆脱紧张的、失败的或屈辱的局面）有关。自杀通常与过去的消极生活事件有关，如儿童受虐史或与自杀企图紧密相关的一系列其他创伤性事件。缺乏灵活性，无法将注意力转移到生活里其他的因素或事件上，也同样被视为风险因素，因为它降低了问题解决能力。[33] 而更加悲观或表现出更多绝望迹象的认知风格，也与自杀风险的增加有关。[34]

所有这些证据的集合表明，与自杀易感性增加相关的因素可能在很大程度上扭曲了应变计算系统，使个体当下除关于生命的显著负面结果以外无法看到任何其他事物。思考另外一个结果的能力，超出了这个人固着的思想范围——甚至将想法稍微从消极环境上转移出来似乎都是不可能的。生活的压力过滤器似乎全然失焦了。麦迪逊·霍勒伦在遗书里写道："我想，锁在门外是多么令人绝望，但更令人绝望的是被锁在门内。致妈妈……这些项链……致奶奶……《变种女狼》（总会令我想起您）……致英格丽德……《幸福计划》。还有爸爸……歌帝梵软心巧克力。我爱你们所有人……我很抱歉。我爱你们。"[35] 从她的遗言里可以看出，麦迪逊被困在自己的思想之中，无法设想其他解决方案和结果。

当我在显微镜下观察脑组织，透镜从高放大率转换到低放大率时，我的感知发生了巨大的变化。当我看到高倍显微镜（例如100倍透镜下的组织）时，我一次只能关注几个细胞，只有很少的信息背景让我知道，我在观察的是大脑中的什么位置。只有当我逐渐调低放大倍率，显微镜的换镜旋座从100倍转换到40倍、20倍、10倍或更低时，更为熟悉的、信息丰富的大脑区域才会逐渐进入我的视野。当我看到海马区、杏仁核、前扣带皮层、基底神经节时，一切都开始变得清晰可见，而在这个更大的脑环境下，我能够更好地了解我所专注的细胞和神经回路。

似乎一个有自杀想法的人会被困在显微镜的高倍模式之下，用麦迪逊的话来说，被锁在里面。所以，他们无法走出当下的时刻，也无法做出基于环境的应变计算。就目前来说，失败的关系、糟糕的成绩、失去的工作，似乎是毁灭性的，但这些经历终会过去，对一个人的长期成功或幸福的影响微乎其微。从神经生物学和心理学因素来说，负责问题解决的脑区中神经化学物质改变，加上由于认知能力受损、失败感和被诱陷感增强而导致的思维僵化，会使人们难以走出高倍放大的视野，重新调整焦距，关注更为丰富的全景。当然，有时一个人的确会身陷几乎没有改善机会的情况中（例如绝症），并且生活前景里面仍旧存在疼痛和恐惧，这可能会带来更多自杀的想法。在这样的情况下，大脑的换镜旋座，亦即让个人从不同的角度和时间点看到自身处境的能力，并没有受到损害——不幸的是，它运行得相当准确。

作为一名教授，我需要鼓励学生达到较高的学术水平，强调自我激励以实现自己的目标并培养强烈成就感的重要性。即使如此，针对大学生情绪脆弱性的研究也提醒着我，要继续帮助这些学生运用他们神经生物学和心理学的换镜旋座去通过多个角度看待糟糕的成绩，继续努力改善现状并以真实而非扭曲的角度去思考，从更大的图景上去理解生活。这种平衡行为有时很难，但对学生的情绪健康是必不可少的。我越多地强调失败与失望是通向最终的成功所必需的暂时结果，应变过滤系统在这些青年身上被扭曲、被限制的可能性就越小。正是在这一过程中，作为一名教授和作为一名家长之间的界限变得模糊了。这些指导和建议对这两个重要角色都适用。

乐观：应变过滤器健康的扭曲

在本章的开头，我承认我曾积极地试图扭曲女儿们的应变过滤器，以期在她们未来的生活里增加一些偶然的喜悦。大自然也不甘示弱地对现实做了同样的修补，让我们在困难时期能稍微放松一下。那么，大自然是如何完成这一壮举的呢？通过一种我们称为“乐观主义”的现象——你知道的，就是看到杯子是半满的而不是半空的那种。事实证明，这对维护我们的神经功能来说是一件很重要的事情。研究表明，健康的乐观情绪会增加大学生毕业的可能性，增强他们决定何时付出努力的能力，并强化他们对目标的追求。[36] 因此，乐观主义似乎会强调潜在的积极成果并令我们朝着目标努力。当然，这些福利通常伴随着代价。2008 年美国房地产市场崩盘以及随之而来的更广泛的金融市场崩盘就是这种乐观偏差造成的一个负面结果。[37] 正如迈克尔·刘易斯在《大空头》中所说，当时，银行业和房地产业表现出一种极端的乐观偏差，忽视了提示房地产泡沫的信息。[38] 事实证明，大脑泡沫比房地产泡沫更早出现。

塔利·沙洛特和她的同事在伦敦大学学院的神经科学实验室中研究乐观偏差。在她的研究中，被试被要求猜测在他们的生活里发生某些特定事件的可能性，例如被配偶欺骗、长肾结石、经历财务破产、在 70 岁之前死亡等。一般来说，被试倾向于低估意外情况发生的概率。即使向他们提供实际概率让他们可以准确地修正他们的预期误差，他们也并不一定会进行调整。而当被试坚持弱化负面事件的实际可能性时，大脑扫描结果显示，随着被试估计错误，涉及问题解决的前额皮层区和参与反应协调及其他功能（例如学习过程）的小脑开始活跃。[39]

我们当中最为乐观的人非常擅长忽略能够削弱结果积极性的信息。你可能会想：“中彩票的概率是 2.5 亿分之一，但不买怎么知道呢。”当问题涉及我们对现实的多种理解时，在断然否认和悲观绝望之间还有一条快乐的中间路线。[40] 2008 年的金融危机提醒人们，看上去好得不真实的事情也确实不是真的，即使这句话还需要一点儿时间来变为现实。

随着越来越多的证据表明乐观对健康反应的重要性，神经科学家开始在大鼠身上研究这种认知成分。是的，你刚刚看见的这个词是正确的——“大鼠”。仅仅随着人类的到来，乐观才出现在进化的舞台上，这好像不太可能。如此重要的认知方式在影响人类之前很可能已在许多其他动物身上得到表达。大鼠是不是乐观的呢？在与它们一起工作了三十年之后，我倾向于说“是”，但我们还需要一些系统的证据来支持这个论点。

拉法尔·里古拉在他波兰科学院的实验室中解决了这一问题，他通过一个精巧的研究设计，将大鼠分为乐观的或悲观的。他运用老式行为主义技巧，将大鼠置于两种音调背景下。一种是与奖励相关的 2 000 赫兹的音调。当大鼠听到它时，按下笼子左侧的杠杆，就会得到例如糖水等奖励。另一种是与惩罚相关的 9 000 赫兹的音调。当大鼠听到它时，按下笼子右侧的杠杆，就可以避免电击的惩罚。两组音调的响度是一致的。当大鼠在这种训练中表现得渐渐熟练后，就会接受真正的测试。为了确定认知偏差，研究人员向大鼠提供了一个 5 000 赫兹的模糊提示。你看出这会造成什么吗？如果大鼠是积极的，它会把这个模棱两可的暗示解释为积极的，它会敲击左边的杠杆来获得甜蜜的奖励。而这些波兰大鼠里的悲观主义者则会将这种模糊信息解释为最坏的结果，它会敲击笼子右侧的杠杆以避免受到惩罚。通过这一认知偏差筛选，研究人员将大鼠按其认知偏差分组，然后给了它们一个新的学习任务。在新任务中，它们必须以按压杠杆更多次的形式付出更多的努力，才能获得想要的结果。乐观大鼠比悲观大鼠更努力地工作以获得回报，然而，在避免负性刺激电击时，两组工作一样努力。因此，这一实验同样证实了人类被试研究的一个发现——乐观程度的提高可提高工作与探索的效率。

在这种乐观大鼠研究的基础上，里古拉又延伸出了某种乐观干预计划。他设计的方法是用一种好玩的、突然的方式温柔地给大鼠挠痒痒，挠它们的肚皮。当大鼠被挠痒痒时，它们会发出一种声音（类似于笑声），这种声音类似于它们在其他积极体验中（例如交配、进食、积极社交互动）所发出的声音。接下来，里古拉在将大鼠置于前面所描述的认知偏差筛选前，先给大鼠挠了痒痒。他发现当大鼠刚享受完挠痒痒款待时，它们更有可能被定义为乐观的。[41] 虽然很少有父母会考虑通过与孩子进行挠痒痒大战造成捧腹大笑来影响孩子的应变计算，但一次好的挠痒痒款待可能会增加挑剔的孩子同意晚餐尝试南瓜砂锅新菜谱的概率。

我将以另一个关于大鼠和乐观的积极故事结束本章——这个故事可能代表也可能不代表现实。我最近收到了纽约市一位电视台记者的采访请求，这个采访是关于一段被称为“比萨大鼠”的火爆视频的。去吧，如果你还没看过，就搜索一下——它非常令人印象深刻。视频中的大鼠看起来非常乐观，它举着一片比自己更大的比萨饼从纽约地铁站陡峭的楼梯走下。如果大鼠能评估情况并选择做出这番壮举，以便得到食物奖励、享受私人盛宴，我会说这是一只乐观大鼠。但是，先不要在这个故事上戳破你的应变能力泡沫，有记者透露可能这个大鼠并不像看上去那么乐观。他的消息来源表明，这个大鼠视频是个骗局。据说，这个比萨大鼠是被训练过的。训练者的目的就是让这一特殊的动物行为被旁观者用手机拍下来，然后发布到网上。提醒一下，这会最终产生十分可观的费用和其他商机——比萨大鼠万圣节服装、帽衫、视频中的广告。这位记者想知道的是，我对训练一只大鼠做这些事有多难有何看法。我不知道是哪一点让我更担心——比萨大鼠可能是一个骗局，还是我被当成一个为地铁大鼠的行为进行辩护的“专家”？

我的回答是，当然可以训练一只大鼠做出这种简单的把戏。然而，训练者必须注意环境问题。由于大鼠会尽量避免新环境，它们必须在与它们真正表演“把戏”的环境相似的场地被训练。无论比萨大鼠是不是一个骗局，这个视频能在网上迅速传播都是因为它与我们对乐观的认知偏差产生了共鸣。纽约的大鼠行走于这个城市中，表现得乐观且坚强，这一想法奇妙地令人们觉得熟悉且宽慰。弗兰克·辛纳特拉的歌曲《满怀希望》描述了一只小蚂蚁认为自己能够移动一棵橡胶树。与此类似，我们的大脑通过激活起抑制现实作用的高级皮层来让我们心怀希望。

无论如何，面对这些现实扭曲，我们要如履薄冰地保持一个健康的平衡。尽管时不时地偏离现实很好，但也是时候再一次把注意力集中到最佳的、准确的应变计算系统和随之产生的正面结果上了。我们在本书的其余部分不会停留在扭曲现实的好处这一条小径上。最后一章中，我们将返回这类主题，讨论其他健康的扭曲现实的大脑泡沫。

第 6 章

微调应变计算器

虽然“立足现实”（well-grounded）这个词并不会出现在神经科学文献当中，但它仍值得我们严肃考虑。根据韦氏词典，“well-grounded”指的是在某一学科或活动中接受过“良好的训练”。人们普遍认为，立足现实的个体对生活的挑战有着最为充分的准备。在我看来，从神经生物学层面探索一个立足现实的大脑如何通过准确处理过去的反应–结果式经验，而做出实时应变计算并产生健康的反应，与研究健康的心脏如何供血一样有价值。我们经验的真实性与相关性，与我们血液当中的自然成分一样重要——合成的、稀释的或人造的血液都不能够为身体的运行提供健康的能量储备。

但即使我们解决了如何拥有一个精细构建、立足现实的大脑的问题，我们也要警惕时刻会出现的大脑泡沫，这些泡沫可能会对我们的应变回路产生破坏。当我们的信心随着熟悉的应变结果而增强时，我们的警戒会变得松懈，因为我们会越来越信任自己的感知力而忽视周遭世界相关的反馈。然后忽然之间，我们对自己、对我们周围环境的看法变得不再真实，而这些扭曲的看法会损害大脑中得来不易的应变建设。我们现在已经进入了“应变困境”的领域，我们从环境和过往经验里学到的宝贵能力最终会导致信心增高，而信心增高则会带来参与体验式学习的能力的下降。

据得克萨斯大学奥斯汀分校自控力实验室（它也被巧妙地称为“醉酒科学实验室”）的教授——神经科学家珍妮弗·比尔说，傲慢可能是人类神经网络中最致人虚弱的状态。当一个人膨胀的信心开始影响应变计算时，即可以视为傲慢导致了对真实应变计算结果的偏离。在一项研究中，她询问了被试有关他们积极特征和消极特征的问题（用以衡量傲慢），并扫描了他们的大脑。她发现最为自负的被试在眶额皮层（OFC）的脑活动较少。这一效果非常显著——与其他更客观的自我评估者相比，有证据表明傲慢被试的OFC与其他重要大脑区域（例如额叶皮层的其他区域、颞叶、枕叶）之间的连通性降低。正如第4章中所说，OFC有损伤的大鼠很难适应外界环境中不断变化的条件，而这限制了它们对未来的结果进行准确预测的能力。傲慢会从根本上使我们大脑中涉及决策的一些区域发生短路，这些区域涉及决策的关键方面。这使得傲慢的人近乎不可能做出立足现实的应变计算。此外，也有必要指出，OFC在积极自我评价上的作用下降时，在捍卫对自尊的威胁这种复杂的认知努力上的作用会增强。来吧，想一想你在生活中遇到过的最顽固的人……珍妮弗·比尔的研究结果可以解释很多。[1]

无论一个人遭受的是傲慢的威胁，还是不那么危险的乐观偏差，他的神经应变计算区域都会有所改变。而随着实事求是地吸收现实的能力的下降，做出最明智的决定的可能性也开始降低。因此，本章的主题是我们必须保持我们的神经回路持续妥善处理外在和内在世界之间，以及过去、现在与预期的将来之间的冲突——这么做是为了调整我们的能力，以做出最佳表现所必需的反应-结果式应变计算。这种立足现实的回路可以视为对傲慢、乐观偏差或任何其他威胁我们大脑对现实感知的事物的疫苗。[2]

给大脑加速

“你知道，杰伊、杰瑞、戴夫和提姆——他们都是车迷。”洛杉矶外的喜剧与魔术俱乐部老板麦克·莱西告诉我。就在我们谈话的时候，我的大脑在寻找更多的标志性信息……杰伊·莱诺、杰瑞·宋飞、戴夫·莱特曼和蒂姆·艾伦……名副其实的成功喜剧演员。[3]

我为何对这些喜剧巨星的机械爱好如此感兴趣呢？是否随着日常机械维修而来的一种更立足现实的应变策略，可以有益于提升他们在喜剧演出中的应变能力？他们能否通过调整机械回路来让自己的神经回路更立足现实？杰伊·莱诺修理过一百多辆他个人收藏的汽车，这完全可以被视为一个应变能力建设训练营，就像我那些挖甜麦圈的大鼠所进行的训练一样。当一个人让双手以复杂的方式进行汽修工作时，他不仅会获得机械师的专业技能，而且会在此过程中享受到多种神经化学物质和神经网络的奖励。事实上，听到发动机的一声轰鸣，看到一辆破旧的车恢复得就像刚下生产线一样，可能会使大脑的奖励回路也活跃起来。在一个充满不确定性的世界里，知道重新放置火花塞、阀门和活塞可以恢复汽车的功能，为调节应变回路、维持心理健康提供了一个基础。修理汽车和设计一个完美的段子可能没有明确的联系。但杰伊·莱诺用于调整汽车的应变建设项目，也可以用于调整大脑奖励、激励、动力和决策领域的活动。

杰伊的回忆录表明，在他一生的大多数时间里，他都采用着一种健康的应变计算方式（尽管他没有使用这个表述）。童年时期，自从他意识到自己在逗别人发笑这件事上充满热情，他就成了一名想要了解更多这种迷人的笑声反应的人类行为研究者。在他的著作《莽撞行事》当中，杰伊回忆他曾看着他的父亲为自己的保险交易练习讲笑话，并意识到理解和读懂观众对得到最热烈的笑声有多么重要。[4]他的爸爸告诉他，对于他的保险业伙伴来说，可以说“跑得像见鬼一样快”，但面对宗教团体来说，说“跑得像光一样快”更适合一些。在杰伊开始受训成为一名喜剧演员四处表演时，他把这一课放在了心里。他建立了对喜剧的反应–结果式脚本的可观储备。

在杰伊获得他梦寐以求的《今夜秀》主持人工作之前，他之前演出的场地非常多样化，包括脱衣舞俱乐部、监狱、疗养院、基瓦尼俱乐部酒吧、小旅馆——这个名单还可以更长。杰伊似乎意识到，如果他想成为一名成功的喜剧演员，赌注是很高的——他必须能够意识到哪些笑话可用，而哪些笑话应该扔掉。如果想要令听众发笑，他必须评估关于听众构成的多种重要因素，例如年龄、性别、职业、社会经济地位，以及是否喝醉了。只有积累多样化的草根生活喜剧经验，他才能得到微调笑声应变计算的好方法。

杰伊致力于在幽默教育这件事上立足现实，这对于他在职业生涯里最重要的一晚起到了很好的作用。在杰伊·莱诺的成长期间，衡量喜剧演员成功的最终标准是被邀请上当时由约翰尼·卡森主持的《今夜秀》。经过多次被拒并被告知他还要增强他的笑料库存之后，1977 年 3 月 2 日，杰伊终于被邀请上了这个节目。他被告知，如果约翰尼同意他加入，他立刻就会知道，因为他会在演出结束后被邀请去约翰尼的办公室。如果约翰尼没有被他打动，导演就会把他赶下舞台，自己去思考出了什么错。真是毫无压力！

作为一个多年来边演出边观察观众并吸收反馈的喜剧演员，很难想象，自己的成功机会就取决于在国家电视台节目上站在一群陌生人面前的几分钟。他的任务只有一个，就是尽快了解这些观众的集体认知意识，以便能够引导他们捧腹大笑。虽然喜剧演员经常有排练好的段子，但最好还是为不可预测的预测误差做好准备。那个晚上，事实证明，杰伊为每一个观众所做的辛勤准备都得到了回报。在这次关键的表演中，一件难以想象的事情发生了：一位观众在他演到一半时开始质问他。质问是比观众保持静默、绝不发笑更糟糕的情况——对杰伊来说，这是个万万没想到的结果。他迅速在脑中梳理了正在发生的事情，脱离准备好的材料，将这种潜在的不安情境变成了笑料。这是以超级英雄的速度进行的喜剧应变计算。他巧妙地告诉观众，这个诘问者就是那种每天晚上跟自己的电视聊天的人——说一些例如“嘿，科亚克，你后面有个坏蛋”这样的话，而科亚克对此表示感谢，并向家中的观众挥手致意（科亚克是当时一个很流行的电视剧里的警探角色，由特利·萨瓦拉斯扮演）。当他的表演结束并对掌声致以谢意时，在漫长得像永恒的几分钟后，约翰尼邀请他“过来谈谈”。

杰伊在《今夜秀》出场后，职业生涯开始一飞冲天。约翰尼退休后，他最终成为《今夜秀》的主持人，任期长达22年。到达顶峰之后，杰伊也没有停止调整他的喜剧应变回路，并且，他经常外出表演。人们经常能在加州赫莫萨海滩小小的喜剧与魔术俱乐部看见他，他可以在那儿试讲新笑话，并做出有关把它们用在《今夜秀》开场白中可能产生的结果的概率决策。与珍妮弗·比尔实验室中研究的傲慢被试截然不同，杰伊继续以学生的姿态研究喜剧——至今如此。通过继续立足于现实世界的喜剧之中，他保有了读懂他听众的能力，并策略性地抛出笑话，引出他想要的满堂笑声。

有趣的是，杰伊在报纸上搜寻潜在喜剧素材的行为，引出了关于我一个啮齿类动物研究的笑话。该研究是我和同事克雷格·金斯利在洛杉矶神经科学学会会议上作为工作结果而提出的。我们在会议上讨论了我们的工作，描述了在多种学习任务中具有做母亲经验的大鼠是如何胜过童贞鼠。我现在仍然无法相信我们关于大鼠和它们令人瞩目的大脑的研究第二天居然登上了洛杉矶时报的头版。杰伊在那天晚上的节目开场白里说，弗吉尼亚州里士满的科学家发现，怀孕使女人更聪明。但是，他接着说，等怀孕后，你再意识到孩子的爸爸是个浑蛋，就太晚了。当然，杰伊的表演比我的好，在《今夜秀》当中听到我们的妈妈鼠真的很有趣，尽管这个笑话几乎没有反映出我们的实际发现。我们研究的是大鼠而非人类，我们是在它们怀孕后（而非怀孕期间）对大鼠妈妈进行评估的，我们是用多种形式的迷宫而非对大鼠爸爸的智力评估来衡量大鼠妈妈的导航技能的，但是这些细节都不影响这点儿神经科学幽默感。

喜剧演员从清醒的观众那里能够得到更好的反馈，而麦克·莱西希望他的喜剧与魔术俱乐部能够支持喜剧演员的职业发展，所以实施了“最多两杯酒”的规定（而非传统上的“最少两杯酒”）。如果顾客喝得醉醺醺的，那么，虽然他能够赚更多的钱，但对喜剧演员收集反馈并真实评估材料而言则毫无帮助。

所以我们要致敬杰伊·莱诺——他在他汽车收藏兴趣的帮助

下，在工作中一直保持着激情和韧性，与此同时，他还在不断地寻求现实世界的反馈，令自己的喜剧事业立足现实。如前所述，名望可以导致危险的现实扭曲并诱发大脑泡沫，但杰伊显然已经做到了在风险中前进并始终保持在生活中真正的应变能力建设轨道上。下一节，我们将讨论，当我们考虑如何提高未来成功的可能性时，从偶然错误中吸取教训有多重要。

失败的应变计算的价值

一天，马萨诸塞州综合医院的一位手外科医生戴维·林在长时间轮值后坐下来检查起患者档案。忽然，他发现了一件可怕的事情。根据文件，他负责的一位患者需要在左手无名指上接受手术，治疗无法以某种方式动手指的症状。林惊恐地意识到，当时他给这位患者做的并不是正确的手术，他错误地给患者实施了腕管松解术。在随后的一次采访中，他说："想象一下发生在你身上的最糟糕的事，我当时就是那种感觉。"[5]

我们都知道，既定的程序就像我们制订的任何完美计划一样，可能分崩离析。即使戴维·林当时觉得他遵循了正确的手术方案，但是事实并非如此，而且这种手术失误并不像我们所想的那样罕见。从2009年3月至2010年6月，美国报告了137例此类手术失误。在我们将错误与羞耻和责备联系在一起的文化里，林对于错误的反应是值得赞扬的。他立即向医院和患者报告了这一错误，承认了自己的失误，并表示愿意免费进行矫正手术。尽管法律诉讼正在隐隐逼近，但每个涉事人对这个不幸的错误都表现得十分主动。

了解到一个人所具备的高强度训练经验、知识和专业技能并不能起到预防这种错误的保护作用，这实在让人不舒服，但这种情况为我们的大脑提供了一个绝好的机会，让我们得以随着条件的变化更新我们的错误期望和无效策略。戴维·林就认为这是一个学习的机会，所以，他没有把这种尴尬的局面抛在脑后，而是把它摆在了面前。他调查了当天的每个因素，以便更多地了解他当时为何对患者实施了错误的手术。现有的安全程序包括在每次手术前的“暂停”时间——在这段时间里，医生和护士会确认患者的身份、手术部位和正确的外科手术程序。有这么多的检查，为何仍然会出错呢？

事实证明，出错的这一天，几乎可以被描述为这类错误的“完美模板”。在这一特殊的日子里，林有着很满的手术安排。雪上加霜的是另一个患者的结果，该患者对她的腕管手术有一种充满情绪的痛苦反应。林汇报说，他听到患者对痛苦的描述感到非常焦虑。在这种交互影响下，当这漫长的手术日即将迎来结束的时候，那位受害患者按程序做了手术预备，她的手术部位被准确地标记出来。但是，紧接着，林的日程里出现了延迟和难题。由于手术场所短缺，患者被转移到了新的手术室，随之而来的是新的一组工作人员。在这延迟期间，林被再次叫去倾听那位备受压力的患者的情绪诉求。当时，林告诉自己，他实施的下一例腕管手术会是史上最好的，这样患者就不必经历这种痛苦的术后效果。带着这种状态，他给患有扳机指的患者做了手术。这位患者只会讲西班牙语。由于缺乏翻译，林用西班牙语与患者交谈，解释手术情况。在此期间，新的护理小组不知道患者已经在原来的手术室做好了手术预备，于是再次为她做了准备，并无意中冲走了之前的手术标记。因为护理团队误解了患者和医生之间的西班牙语交流，他们认为这就是必要的术前暂停，而此时手术实施的所有重要细节都需要重新检查。最后结论是，由于外科医生林的焦虑、疲惫和心烦意乱，再加上所有的失误，他进行了错误的手术。

林立即向医院管理者报告了他的失误，告诉了患者实际发生了什么，并表达了他的歉意。继而，他表现出了非凡的勇气，他将自己的错误作为案例研究，在《新英格兰医学杂志》上发表了细节。他想通过强调这种情况让其他人可以保持警惕；他还希望讨论附加保护措施，以确保在手术环境中进行正确的手术，减少这种不幸结果再次发生的可能性。虽然他担心被众人指责为庸医，但他从同侪当中收到了完全不同的回应。他的同事对他的勇气印象深刻，并感谢他对这一重要案例的分析。[6]林利用这一经验调整了自己在未来类似情况下的行为。2013 年，他对这一错误的诚实回应得到了同事的进一步认可——他被任命为马萨诸塞州综合医院整形外科手部及上臂部部门的主任。

虽然我并不打算专门研究医生的错误，但我阅读了蒙塔古以医生作为被试的影像学研究文献。该研究提供了大脑证据，证明为什么专注于失败和专注于成功同样重要。在一项研究中，蒙塔古及其同事招募了 35 名经验丰富的医生，并在他们与虚拟患者互动以及了解两种假设的药物治疗模式时对他们进行了 fMRI 扫描。当医生进行试错式学习时（会做出对的反应，也会做出错的反应），蒙塔古通过分析扫描成像来窥探他们的大脑。在训练后，根据反应的准确性，蒙塔古将医生分为了高绩效组和低绩效组。虚拟训练课程中，在成功情况（虚拟患者对药物反应良好）和失败情况（虚拟病人并没有获得预期的疗效）下，高绩效组都表现出了相同的大脑激活率。与之相反的是，低绩效组在成功情况下表现出更活跃的大脑反应——这是一种在现实世界中会导致对患者进行未达最佳标准的治疗的反应。大脑扫描显示，高绩效组医生大脑的背外侧前额叶皮层和临近的顶叶皮层在应对失败时显示出了更高的活跃性，而低绩效组医生的这些区域在应对成功时显示出了更高的活跃性。同样有趣的是，当低绩效组医生开始接受测验时，与奖励和预期收益相关的脑区伏隔核显示出激活。这就好像他们在真正处理案例细节之前，就已经提前预见了自己的成功，而这一表现涉及研究者所说的“追逐成功式工作”。[7] 因此，大脑似乎比起预见失败更喜欢预见成功，所以我们必须做出额外的努力去克服痛苦，关注我们的失败并从中学习。关注失败对于调整我们的应变计算大脑是必不可少的。

蒙塔古的研究帮助我们了解了大脑利用什么过程来理解世界。当遇到一种新的情况时，我们会认为哪些因素对产生预期结果是重要的？有时，我们眼中具有预测性和相关性的选择似乎距离现实非常遥远。就在我写本章内容时，有新闻报道称一群衣冠楚楚的观察者聚集在宾夕法尼亚州的火鸡丘等待着一只被亲热地叫作“庞克苏塔尼·菲尔”的土拨鼠出现。当观察者去敲菲尔居住的树桩时，菲尔会出现。人们会将它抓起并放在它住的树桩的顶部，以便确认它是否能看见自己的影子。当人们确认它看不见自己的影子时，热烈的掌声响起，因为那是证明春天要来的证据。这种预测从1886年起在美国流行开来，源头可能是将2月2日作为冬至和春分之间中点的欧洲传统，而确定未来的天气预报对清偿各种负债、预测庄稼收成非常重要。[8]重要的是承认以这种方式使用（不管叫什么名字的）土拨鼠，并不是增强精确、现实的应变计算的有效策略！

这个土拨鼠应变实例和蒙塔古的研究，都在提醒我们当我们做出错误预测时，我们的大脑活动很有可能遭到削弱。即使没有证据证明一只啮齿类动物看不见它影子预示着早春的到来，我们还是接受了这一传统——有一些人可能真的相信它。尽管大多数人知道用土拨鼠预测天气的机制并不准确，但是对导向理想结果的预测因素的信念，会导致我们感觉不到这个方法有明显缺陷——即使它们预测失误。我们需要运用神经库存中所有的现有战术，以避免让其他庞克苏塔尼·菲尔进入神经决策回路。对于我们中大多数并不依赖农作物产出为生的人来说，天气预报在我们生活的大计划当中起着一个次要的作用。所以，我们可以放松对这一轻松话题的警惕。令大多数人可以感到安慰的是，当我们对生活中重要的事情做出预测时，如选择生活伴侣、育儿策略、政治领袖等，我们绝不会放松自己的应变戒备——不，这种事绝不可能发生！但与此同时，我们生活中没有哪个方面能够完全免疫于受损的应变计算，无论它的影响是短期的还是长期的。在下一部分，我们会讨论一种在混乱的应变计算预测中经常出现的神经化学物质。

一点点多巴胺

虽然大脑忽略失败、仅仅考虑积极结果的倾向很容易将我们引向困境，但神经化学物质多巴胺可以为我们提供动力，在我们面对人生当中最为重要的应变建设经历时指引我们。最近，康涅狄格大学约翰·萨拉莫内的惊人科研实力，让人们得以进一步了解这种神经化学物质的真实身份。[9]

虽然每一门心理学与神经科学课程都介绍说，多巴胺是奖励的神经化学基底，但这种联系不够准确。正如沃森和克里克所写，他们发现的 DNA 结构“具有对生物学而言意义重大的新奇特征”，多巴胺专门参与奖励和愉悦的断言是个不准确的说法。[10] 除了有早期研究提出过大脑多巴胺系统的干扰和伏隔核的活动阻断了大鼠获得奖励的可能性，这一断言在过去半个世纪以来变得愈发可疑和复杂。

在一份已更新的多巴胺功能列表里，萨拉莫内和他的同事们将它的核心功能扩大到促进动机。一般来说，人们认为多巴胺会影响个体对获得奖励性刺激或结果的可能性的评估。考虑到努力驱动的奖励对我实验室大鼠们的威力，我在得知动机与活动是交织在一起的，而且这两个词的英文甚至源于同一个词根（该词根的意思是“动起来”）时，并不感到意外。经过几十年来对相关科学文献的研究，萨拉莫内为多巴胺提供了一个新的专业描述。它涉及动机的诸多方面，包括以下几个方面：行为激活、为实现自我目标而付出努力、灵活反应以及监控能源支出。而在行为上，多巴胺似乎更多地参与了对奖励的预期，而不是对奖励的实际体验。当然，没有神经化学物质是单独工作的，有许多相关的神经化学物质每天都在共同影响着我们的日常行为。多巴胺与其他神经化学物质，如抑制性神经递质 γ-氨基丁酸，在从大脑中部到额叶下部的中边缘区中相互作用。[11] 此外，这一脑区中的小凹处（被称为“享乐热点”）并不依赖多巴胺，而是通过类阿片和大麻类受体发生作用。[12] 即使如此，在引导我们得到生命里最高的回报这一重要领域里，多巴胺仍是一个重要因素。健康的多巴胺系统会使我们努力工作，付出额外的努力以获得想要的结果，而受损的多巴胺系统则会使我们采摘容易摘到的果实，总是采取简单的方法，即使结果并不是我们想要的。简单来说，健康的多巴胺系统刺激我们的行为反应，让我们能忍受挑战性的任务和延迟的满足，以灵活的方式做出反应，达到我们的目标。这是极为重要的！在对我们的幸福和生存至关重要的所有事物的宏伟图景里，这种神经化学物质在现实世界中的重要性几乎排在最前面。金钱不会在树上生长，而对于我们大多数人来说，所有我们想要的东西也并不会放在银盘上盛到我们面前。是多巴胺降低了我们的现实自我和我们未来想要获得的奖励之间的心理距离。[13]

因此，从某种意义上说，多巴胺可能是通向我们梦想和欲望（或者至少是通向我们目前目标）的神经化学桥梁。没有了多巴胺，我们会很高兴地接受现状。例如，以两个想要在医学领域工作的学生为例，一点点多巴胺可以使一个学生决定一直在医学院接受高等教育，而另一个学生会选择成为急救医务人员。这两者都是重要且受人尊敬的身份，但其中所需要的准备工作却大相径庭。除了激活我们的反应，多巴胺还会使大脑的应变计算区域做好充分准备，以接收到最为需要的反应–结果式应变事件。

明尼苏达大学的神经科学家科林·德·扬提出，多巴胺是对探索的驱动力。这种建立行为节目的基本要素可以使我们有效获得经验资本，而经验资本能够让我们在生活中做出最佳的应变计算。[14]这一系统可能涉及儿童发展的早期阶段，证据是幼儿倾向于将所有东西都放在嘴里，触摸视野中的一切，并尝试各种声音和动作策略。大脑必须经历这些事情，才能确认未来的反应–结果式应变计算。狗狗慷慨给予的吻、壁炉的热度、妈妈听见你犯蠢的声音时而发出的大笑、走得太快而跌倒时造成的伤……这些是最复杂的行为配方的最初成分，它们都是由多巴胺诱导的探索所带来的。

弗吉尼亚联邦大学的一位物理疗法教授彼得·皮特·皮德科最近为有脑瘫等神经肌肉疾病相关的运动障碍的儿童提供了一种极好的探索性治疗选择。如果我们的大脑靠缩小我们与目标之间的距离而成长（这对于婴儿来说，通常只是触碰他视野当中的什么东西），想象一下，当这种心理距离绝不会通过自发的运动而缩小时，大脑会变得多么衰弱。父母可以四处抱着孩子，向孩子展示环境中他们认为婴儿会觉得有趣的物体，但这并不能代替孩子探索过程中自发性的缺失。于是，皮特结合了他工程学和理疗专业的知识，发明了一个自发式俯卧爬行器（SIPPC）。本质上来说，SIPPC 是一块精心设计的滑板，可以把婴儿绑在上面，然后教他们移动或者爬行（就类似于婴儿用手和膝盖爬行），以寻找周围环境中吸引人的因素。通过这一装置婴儿可以体验建立关键神经回路基础所必需的更为健康的大脑激活模式。此外，这种体验建立了孩子的自发感（掌控感），增强了其与外界环境相互作用时的控制感。因此，SIPPC 可以在不造成神经肌肉层面的挑战的情况下，通过让患病婴儿以与同龄人相似的方式进行运动和探索，同时锻炼他们的身体与大脑。[15]

自发性发现并不仅仅是早期发展过程中建立经验资本的必要条件，它的关键性贯穿了我们的一生，特别是当神经肌肉系统受到中风的挑战时。约翰霍普金斯大学的神经科医师和神经科学家约翰·克拉考尔曾关注中风康复过程中的自发性缺乏。在经历了中风的创伤并瘫痪后，许多患者在康复期间面对着无聊且无止境重复的康复运动，而没有明显的即时作用或结果。更甚的是，由于保险限制，这种运动疗法的“剂量”很低，不太可能产生影响。如果多巴胺驱动的发现和活力对于康复所必需的神经生长确实很重要，就像对婴儿那样，那么这些无聊的重复运动就不足以激发康复所需的新的大脑生长。

由于对中风患者传统康复疗法的结果感到沮丧，克拉考尔招募了一支非传统的研究团队来解决这些不足。他聘请了艺术家、动画师、工程师和计算机程序员来为其“大脑、学习、动画、运动实验室”工作。克拉考尔的计划是通过增加动力和奖励，在康复过程中加入一点点多巴胺，让治疗过程变得有趣！他想捕捉孩子般的好奇心——这种好奇心在患者还是蹒跚学步的婴儿期促进了他们大脑的发育。

克拉考尔的团队还开发了一款高质量的康复电子游戏，主角是一只名为“海盗”的海豚。患者要学会控制操控杆来引导“海盗”穿过水面，找到食物和朋友，并避开偶尔出现的鲨鱼。当患者移动操纵杆遨游在虚拟现实环境中时，他们的身体与动画融为一体，并与感知的环境建立了一种运动的联系。继而，通过在练习中快速做出决定，建立和巩固新的神经回路。为了增加康复成功的概率，他们与“海盗互动”的时间是每天 2 小时。[16]

那么，“海盗”和约翰霍普金斯小组是否成功了呢？实际数据还在收集和评估中，现在下结论还为时过早。尽管如此，我们还是要致敬这支队伍，他们通过创新思考，以试图增强大脑重新获得经验资本和优化应变回路的能力。

和小马一起越过应变终点线

在离弗吉尼亚州多斯维尔的兰道夫–麦肯学院不远处，有一座漂亮的农场，被称为“草甸”。如今，它是弗吉尼亚州博览会的举办地，不过早在 20 世纪 70 年代，它就因其两任著名居住者而闻名——赛马三冠王“秘书”和它同样引人注目的主人海伦·潘妮·切纳里。1973 年这一组合的成就出现在了《新闻周刊》、《时代》和《体育新闻》的封面上。“秘书”和潘妮的故事说明了当立足现实的个体聚合在一起工作时可能达到的成就水平——在这个案例中，合作者是人和马。

潘妮·切纳里一直是个“马痴”，她从父亲克里斯·切纳里那里遗传了对马的热情。当她接到父亲去世的电话时，她和丈夫以及四个孩子正住在科罗拉多州。在那一刻，潘妮意识到她父亲在弗吉尼亚州的纯种马赛马生意可能需要她的帮助。父亲曾经重建他们在草甸的老房子，花了几十年时间学习纯种马业务的战略。然而随着年龄的增长，他越来越难以管理这个庞大的事业。潘妮的兄弟姐妹一致赞成解散这个生意，但是潘妮计算出了一个更为积极的应变预测——她认为这是她保护父亲的梦想，甚至获得难得的肯塔基德比奖的机会，拿下这个奖项是父亲未了的夙愿。

潘妮开始接手草甸的家族事业，获得适当的经验资本，以指导自己通过多重决策，增加获得德比赛马冠军甚至三冠王头衔的可能性。潘妮埋头在行业杂志中学习相关知识并寻求专家的建议，其中许多人都是她父亲的老朋友。作为一名女性，她是马主圈中的异常分子。但是，凭借她从哥伦比亚大学获得的 MBA 学位、她在赛马方面接受的培训以及满满的热情，潘妮得到了必要的训练并获得了充足的信心。与杰伊·莱诺不同，莱诺有很多年的时间来磨炼自己的手艺，而潘妮需要（和她的马一起）奋力奔跑，以维持父亲曾通过勤勉达到的成功。幸运的是，她的顾问给她自由，让她自己做决定。这种自治对于提高她评估应变计算的能力起到了关键作用，促使她很快在这个男性主导的领域中成为一个受人尊敬的玩家。时间就是一切，因为那两匹需要她高度注意的马很快就会出现在赛场。潘妮的女儿凯特·切内里·特威迪说，这个新角色令她的母亲感到振奋，母亲热情洋溢地拥抱了这个新角色。潘妮是一名擅长执行任务的女性。也许多巴胺为这一令人振奋的、经验驱动的新角色提供了燃料，并为她的学习和成功铺平了道路。[17]

尽管接手家族事业并获得成功并不容易，但潘妮师从见多识广、备受尊重的专家，而这个方法让她得到了回报。她不仅巩固了父亲留下的产业，在三年内她还成功地获得了三冠王。她的故事被拍成电影。戴安·拉德于2010年在迪士尼电影中扮演了潘妮的角色，演绎了她的故事。2013年，潘妮因其卓越的成就获得了兰道夫-麦肯学院的文学荣誉学位。我很荣幸当时能够在场。当我听到潘妮四十年前在附近的草甸那令人印象深刻的经历时，我问她作为女人，在那些老男孩的赛马人际圈里是否曾感到害怕。她回答道："我一点儿也不怕！他们当然有男人的关系网，我也感觉到了，但我有我的好马！"

草甸的马舍和库存规模让潘妮能够拥有很多匹马。她的成功在于，她每年都会挑选一匹或者几匹对的"好马"。结合个人经历和驯马师卢西恩·劳林的协助，潘妮获得了寻找"千里马"的宝贵技能。和人一样，马也需要训练和反馈才能从赛道中脱颖而出，这种集中训练越早开始，达到最大潜能的可能性就越大。通过听取驯马师和工作人员的意见，并适当地运用个人获得的经验和认知资本，起初潘妮将她的注意力放在了里瓦·里奇和"秘书"这两匹马身上（里瓦·里奇是草甸第一匹赢得肯塔基德比冠军的马）。仅仅一年后，潘妮发掘的好马"秘书"就赢得了肯塔基德比、贝尔蒙特锦标赛和比利时锦标赛的冠军——梦寐以求的三冠王！[18]

虽然很多人可能会把她的成就归结于运气，但本书的主题是“成功往往基于立足现实并精心调整应变建设”。当然，通过适当的经验训练而获得的成功，也可能潜移默化地扭曲那些立足现实、得来不易的神经回路。经过艰苦的努力创造了冠军里瓦·里奇后，潘妮做出了极为睿智的评论：“一匹好马能唤起你的野心，然后损害你从艰苦工作中获得的教训。”潘妮的内省是及时的，必要的调整使她重新回到了为“秘书”做准备的轨道上。在这一领域没有过度自信的余地，训练每匹马都是一种不同的体验。里瓦是一匹体弱多病、紧张不安的青年马。在跑道中，它总像是在恐惧的刺激下逃离马群一样。而“秘书”是一匹能发展成群体中具有主导地位的强壮马驹。这两匹马之间的区别，凸显了注意到每匹参赛马的细微差别和个体素质是多么重要。

作为一名科学家，我不会用魔法或神秘学来解释世界上发生的事情。但我承认，潘妮的经验、方法，加上“秘书”的身体敏捷度和认知能力，产生了一些看上去有点儿像魔法的东西。然而，与魔法不同的是，“秘书”和潘妮的成就都是通过适当的训练并建立立足现实的能力而获得的。

遗憾的是，在潘妮审阅了本书的手稿后不久，她就去世了，结束了其充满魅力和挑战的一生。当我采访她的时候，她与“秘书”的冒险已经过去了四十年，但潘妮仍在投资自己的大脑和健康。她 94 岁生日那天，我和她谈了话。我问她将如何庆祝时，她说会和朋友玩扑克。潘妮平时还会做瑜伽、按摩、运动、搞艺术、和朋友讨论时事，她每周的日程安排是保持大脑健康的完美模板。我了解她的日程表，见证了她持续的自律。作为见证者，看到她以多个层面灵巧地分析我的问题，令我印象深刻。半个世纪之前，潘妮的心理策略使她不仅能够挑选出潜在的赛马赢家，而且能在一个具有挑战性的领域让自己成为赢家。

我们和统计学……做个应变交易

即使是那些以最有效的策略做出明智决策的个体，也会在一些反应-结果式情境下达到极限。比如，最初由蒙蒂·霍尔主持的经典电视游戏节目《做笔交易吧》。这个节目要求参赛者用已知的奖品换取未知的奖品，其中一些确实是奖品，如海岛旅游，有一些则是无价值的物品，如坏了的洗衣机。1990年，玛丽莲·沃斯·萨万特在《大观杂志》撰写周专栏，专栏中包含一些智力挑战问题和悖论。她曾对《做笔交易吧》的形式加以延伸，创造了一个概率挑战。[19] 正如萨万特所说，节目组绝没有提示哪一扇门藏着奖品的概率最高的线索。所以选手只是随意选择一扇门。接下来，选手将看到另两扇门中一扇门背后的东西——一个不受欢迎的奖品（例如坏洗衣机）。这时选手获得了一个机会，可以改选那扇未打开的门。参赛者必须做出最后的决定，是坚持第一扇门的选择，还是切换到第三扇门？你会怎么做呢？大多数人认为选择到这个奖项的机会是 50/50，因为有两扇门，它肯定在其中一扇门后面。因此，不管你是坚持原来的选择还是换了新的门，结果其实都一样。在这一案例中，从游戏表演或者生活情境中获得的认知资本，似乎无法对这个被称为“蒙蒂霍尔问题”的选择提供任何帮助，除非你曾经上过概率或决策分析课程。

认知科学家加里·克莱因分享了“蒙蒂霍尔问题”的解决方案——关键在于我们的认知能否灵活到有能力将“50/50”的赔率概念抛在脑后。这种认知灵活性可能需要多巴胺的作用。事实证明，如果换成未打开的那扇门，每个人获得奖励的机会都会增加。如果你正在绞尽脑汁进行决策分析，对这个思路表示怀疑，那就试试这个练习吧。假设奖品在门 1 后面，而你现在已经选择了门 1，如果你换到未打开的门，你就失去了奖品。但等一下，这只是一种情况。对第二个可能性来说，我们把奖品放在门 2 后面，记得你已经选择了门 1，然后他们把门 3 后面的笑话一样的奖励展示给你看，这时你切换到门 2。然后，看，你获得了奖品。但在你选择门 1 的情况下，还有另外一种情况。如果奖品在门 3 后面，他们给你看了门 2 后你不需要的奖励，然后你转换到门 3，你赢得了奖品。现在，做一下数学计算。如果你选择了门 1，并坚持这个选择，你这时有 33% 的可能性赢；但如果你换了门，你赢得奖品的概率增加到了 66%。这就相当于主持人给你提供的选择是你选择一扇门还是选择两扇门（在这个案例里，是因为其中一个是公开的，而你可以选择另外一个），以这种方式呈现，你就会选择两扇门而不是一扇门。即使你应用了这些信息，你仍然有33%的可能性输掉赌局，但是如果你有机会成为这个游戏的连续玩家，运用这个技术会增加你获得你渴望的奖品的概率。

这是一种不同类型的认知资本——非常违反直觉，它要求我们运用执行决策区域（例如背扣带皮层），以超越相信在第一个愚蠢的奖品被揭示后，我们有50/50的机会赢得奖品的倾向。当学习新的策略时，我们有能力摆脱先前的观念，而这使我们能够调整自己的决策能力。[20] 正如在我的实验室中由于甜麦圈位置改变而与自己的预测误差斗争的大鼠一样，我们需要利用一切可能的策略更新自己的能力，以做出更准确的预测，并避免恼人的预测误差。克莱因认为，人们需要改变"仅仅依靠储存经验就可以做出最好的决定和反应"的旧观念。他称这种思维改变为"蛇皮策略"，蜕掉旧的预期和观察结果，并在必要的时候做出更新。

棒球统计专家内特·西尔弗于2008年将他精湛的技巧运用在了政治舞台上，并以其对总统选举的准确预测震惊了世人。除了简单的对投票进行抽样调查，西尔弗考虑了所有的相关变量，例如选民的年龄、当前选民的心态以及最近影响选民意见的事件。他将这些相关信息与人口中的最佳抽样相比较，以便得出最准确的预测。这些预测超出了我们的直觉能力，在这种情况下，我们必须愿意推翻直觉和信念。虽然在一生中积累经验并调整知识和专业技能很重要，但在此之上，统计学有时候会给予我们超出人类水平的决策能力。今日，在美国有众多新闻媒体会对政治选举进行民意调查，其中，内特·西尔弗担任娱乐与体育节目电视网（ESPN）的 FiveThirtyEight.com 网站主编并提供相关分析，为伴随每一次总统选举的政治分析盛况又添一彩。当然，我们需要适当的经验才能知道何时应该使用或信任统计分析。然而，在经验人士的手中，统计分析可以让经验导向的决策提升到一个新的水平。[21]

前新泽西地区检察官安妮·米尔格拉姆认为，我们需要对刑事司法系统进行更正规的决策分析。现有系统监禁了太多人、花了太多钱，而累犯率又高得令人发指。她的计划与流行电影《点球成金》中棒球统计专家比利·比恩的方式类似，该电影改编自迈克尔·刘易斯的同名小说。比利·比恩从依靠本能转为对球员的比赛历史进行智能统计，从而为美国职业棒球大联盟棒球队的奥克兰运动家队创造了成功的统计预测指标。[22] 米尔格拉姆打算着手将“点球成金”的技术用于刑事司法系统，让法官能更好地为应变预测做好准备，通过将经验驱动的“本能”和决策分析相结合，更好地武装自己。结果是振奋人心的。运用大数据集合，米尔格拉姆的团队创造了一种风险评估工具，可以帮助法官预测某一特定个体是否会犯其他罪行，以及再犯罪行有多大概率为暴力犯罪。随后，较少的钱用于安置吸毒者等低级罪犯，这样更多的注意和资源就可用于更为暴力的罪犯。米尔格拉姆的研究证实，如果没有统计和分析带来的益处，仅用法官们带到法庭的经验和认知资本，那么即使出于最大的好意，也无法增强新泽西居民的安全。这并不足为奇，因为当决策会影响本人以外的他人时，依靠个人经验会更加艰难。在这一案例中，统计与决策分析可以说是令我们产生最有见地、最有效果的反应的决策义肢。总之，当赌注超出我们个人可承担的范围时，必要的决策分析策略也很可能超出我们个人的决策能力范围。

绿色应变计算

努力工作以获得必要的经验资本和决策分析力，进而调整应变计算器——如果这对你来说太有压力了，你可能需要合上本书，出去走走。你可以穿过公园或林荫大道，或是去办公楼旁的盆栽植物那里。与在本章中推荐的调整应变计算的主动策略相反，在自然环境中虚耗时光，似乎也是提高应变能力的有效策略。

几年前，我和学生根据 20 世纪 60 年代一个经典的丰富环境研究，设计了一个新的研究。那时起，我对自然环境是如何影响实验室大鼠的行为产生了兴趣。在这项研究中，一群大鼠被安置在有玩具、活动轮和其他丰富性刺激物的环境中，它们比安置在相对贫瘠环境中的大鼠产生了更丰富的神经连接。可见，丰富的环境似乎更能让人参与其中，导致更多的神经活动。几十年后，我们继续研究调查丰富环境的重要性，而其结果又再次证实了复杂环境的渗透性影响。例如，最近的一项研究报告发现，在怀孕时暴露于复杂环境（但在生完孩子后就被关进比较无聊的笼子里）的大鼠的青壮年后代表现出了神经元复杂性的增强——即使在生命早期经历过诱发性脑损伤。[23] 总而言之，产前暴露在丰富的环境中会改变后代在出生后和成年后的行为和大脑——这是一次很好的干预！

虽然我一直对丰富环境的深远影响感兴趣，但我和学生注意到这个领域的大部分研究都是使用人工环境来提供刺激因素。这些人工环境确实产生了有趣的结果，但这是环境强化的最好类型吗？一个具有更多自然刺激的丰富环境（如用空心圆木代替塑料雪屋作为藏身之处，用木头棍子代替塑料梯子用于攀爬，用石头代替玻璃弹珠）是否更具效果？如图 6.1 所示，我们将自然刺激与人工刺激丰富的大鼠分别称为“乡村鼠”和“城市鼠”。第三组是数量相同但不在任何形式的丰富环境中的大鼠——贫穷对照组。玛丽昂 · 戴蒙德，加州大学伯克利分校最初的丰富环境研究小组中的一位神经解剖学家，和她的同事进行了一项类似的研究，其中一组大鼠被安置在带有自然元素的室外。尽管这些动物被评估为似乎发展出较重的大脑，但这一研究结果从未被公开发表。[24] 这一自然研究领域是行为神经科学研究领域的一个新领域。

图 6.1　乡村鼠与城市鼠

在我的实验室里，我们正在探索不同类型的丰富环境的影响。左边的大鼠被安置在自然元素丰富的环境中，有泥土，有枝条，有可以藏身的空心圆木。右边的大鼠被安置在人工元素丰富的环境，有塑料水瓶、人工寝具，还有一个塑料雪屋。虽然乡村鼠和城市鼠都表现出了相似的学习能力，但生活在更自然的环境中的大鼠表现出了更强的情绪弹性。（图片由里士满大学兰伯特神经科学实验室提供。）

在这项新的绿色研究中，除了使用一些传统的学习与情绪任务，我们还想在夜晚这些动物活动时偷窥一下。我们给每个笼子录像一小时，系统地比较了每一组的行为反应——梳毛、与环境互动、休息……就像公益广告中所问的："现在是午夜了，你知道你的孩子在哪里吗？"虽然我们知道我们的大鼠在黑暗的时间里在哪儿，但它们到底在做什么？分析了大鼠的自发行为后，我们对结果感到惊讶。它们在被安排的环境里生活了几周后，我们预测，在贫瘠环境中的动物会用更多时间与其他动物互动，因为它们没有互动的客体。我们对自然丰富环境组和人工丰富环境组在与客体互动方面的任何差异很感兴趣，但我们并不知道会发现什么。是住在“乡村”还是住在“城市”更具有促进作用呢？

事实证明，暴露于丰富自然环境的动物的活动参与度最高。比起暴露于人工丰富环境的动物，它们会与更多的客体互动。而且，令人惊讶的是，它们彼此之间的互动也比贫穷组和人工环境丰富组更多。在自然组中观察到的与环境之间增强的相互作用，可能增加了群体的活力，扩大了自发应变训练及其所有相关益处。我们完成了额外的评估，然后发现环境丰富组之间的认知技能表现相似，但自然丰富环境组的情绪表现更为大胆。例如，在充满威胁的逃跑任务中，自然丰富环境组与恐惧相关的脑区（杏仁核）表现出了较低的激活水平。[25] 在一项类似研究中，暴露于自然丰富环境的动物在水箱中潜水时表现得更为大胆，同时也具有更为健康的应激激素特征。[26] 这足够证明，我们是时候搬到乡下去了！

因此，如果你是一只实验室大鼠，周围有一些泥土、岩石和木柜，你更可能产生健康的情绪反应。但如果你不是一只大鼠呢？如果你是一个人，大自然能否为你提供认知和情绪上的益处呢？戴维·斯特雷耶和他的同事们提出了注意力恢复理论。他们认为，将时间花费在自然中可重新校准前额皮层的注意系统。在一项研究中，被试在自然环境中徒步旅行了接近4天之后，他们的创造性思维和解决问题的表现提升了50%。虽然确切的机制还需要调查，但研究者提出，我们庸俗的日常生活，加之社交媒体和永无止境的消遣，会影响前额皮层有效关注单一问题的能力。无论如何，研究证明，大自然可用于重新调整我们的神经活动，或许能导致更加宁静与专注的自省——建立准确应变的一个重要因素。

所以，如果我要求你说出一个英文词，让以下的单词联系在一起：Same（相同）、tennis（网球）、head（头），而你无法回答，那么你应该知道你需要去哪里——带上你的背包上路吧。如果你能够说出这个词——"match①"，那么你的神经活动还是可以的，请继续保持。[27] 几年前，当我的同事马西·巴尔迪和我以类似的方式将动物比较行为课带到佛罗里达州迈阿密的杜蒙德灵长目动物保护区时，我们让学生们在美丽的热带雨林展示区中坐了30分钟，然后收集他们每个人的唾液样本，评估其应激激素皮质醇的水平。我们将这一激素水平与早晨上课前在大本营时收集的样本进行比较，得到了一个有趣的发现——学生们在自然环境下的应激激素水平降低了20%。这太糟糕了，我们无法将自然装在瓶子里，分成有效的30分钟剂量！

① 这个词同时有配对、比赛、火柴之意。——译者注

快速戒毒式应变削弱

当我们调整自己的应变计算时，我们的大脑会进行调节，使得我们与周围的世界越来越合拍。做好充分准备的大脑会很好地服务我们，以确保真实信息及时地得到处理。但是，谨慎点儿是必需的，因为一旦大脑处于应变计算高潮，如果应变环境改变，它可能会经受计算超载的打击。如果我们回顾那些经受过应变训练并受益于努力–奖励式体验和加强版应变回路的甜麦圈挖掘鼠，有研究指出了其中存在的一个小问题。

在实验室中，我们探讨了不同的应对方式对大鼠的影响。结果表明，大鼠对威胁情境的不同反应方式通常可描述为“被动的”、“主动的”和“灵活的”三种。这些反应可以看作气质，并且延伸对应至人类身上——一些个体在面对威胁时总是畏缩或拘谨（被动型），另外一些每次都会活蹦乱跳地应对，并且血压会升高到一个不健康的水平（主动型），而其他个体的反应则因情况而异（灵活型）。你可能想到了，灵活型需要更多的神经反应，以在行为输出前确定与各种反应相关的应变预测。

在进一步深入之前，我猜你想知道大鼠的应对方式是如何被评估的。我显然不能依靠大鼠的自我报告评估表。我们的评估理念源于猪——荷兰猪。[28] 当研究人员轻轻地将小猪放在自己的背上时，他们注意到小猪扭动或挣扎以试图挣脱的次数存在差异，而这种反应程度的不同在下周持续存在。我们对大鼠进行了同样的“背测”，一周两次，并在被动和主动反应的基础上增加了第三种应对方式。有些大鼠的反应并不一致——它们有时从被动转为主动，或者相反。这些大鼠被认为是灵活型，在多项研究中它们显示出了很有弹性的表现。例如，其中一项弹性反应，就是它们对置于游泳箱中的威胁的适应力。当大鼠第一次暴露在水里时，它们会游来游去，寻找一条逃生路线。然后，从某一刻起，它们会漂浮以节省体力。尽管一些研究人员将漂浮解释为“绝望状态”和放弃的迹象，甚至可能是抑郁的症状，但我对于这样的行为一直有不同的看法。一旦动物发现没有逃生路线，节约能源、漂浮起来是有意义的。当我们将大鼠连续三天暴露在游泳箱环境中时，三个对应组的反应就变得很有趣了。主动组和被动组在承受游泳压力的三天内逐渐增加它们漂浮的持续时间。而灵活组的漂浮时间在第二天就显示出了大幅度的增长，就好像与比它们反应更一致的对手相比，它们更早发现了自己无路可逃。灵活性使它们转变反应以配合环境背景，实时地应变调整。这是个非常好的策略。

当我们让不同应对策略的大鼠在游泳任务的前五周接受甜麦圈挖掘应变训练（努力驱动的奖励训练）时，事情就变得更有趣了。我假设，应变训练可以作为主动组和被动组的“行为疗法”，使大鼠更接近灵活组的应对能力。但这并未发生。应变训练只是使灵活组变得更为强大，促使它们在第二次游泳时与其他组相比漂浮率更加大幅提升。这一发现令人惊讶，但现在回想起来不无道理。我们让具适应力的大鼠更具适应力。如果灵活组的大鼠已足够灵活应变，对它们进行相关培训只会加强它们准确了解环境的能力，使它们能更快进行相应的调整。这种效果似乎并没有上限，让效率低的组能赶上它们。当我们转向非特遣队组（信托基金组），也就是无须努力即可获得它们想要的甜麦圈奖励，因此没有经历任何有意义的应变训练的大鼠时，最大的惊喜出现了——该组中的灵活者未能够适应游泳压力，并全程表现出了相同的漂浮水平。它们在这个任务上糟透了！其他大鼠的表现也不佳，但最猛烈的变化发生在了灵活者身上。同样，回顾时，你会发现这也是有道理的，并且也证实了在这种情况下大鼠比我们更聪明。如果灵活型的动物已充分准备好熟悉环境并在它们的反应和结果之间生成准确的联系，而这一成功的策略突然在信托基金情况下被粉碎（就像快速戒毒），那么这种影响对这些动物会比对其他组更为严重。[29]

如果一定要对人类及其先进决策能力进行分类，我会将大多数人都归入灵活组，也就是应变灵敏的范畴。我认为，在一个服务导向、技术驱动的社会当中，导致我们的抑郁症比例上升的一个重要因素是我们在日常生活中取消了应变训练。我们不再参与我们的祖先所进行的例如烹饪、清洁、建筑和园艺这些需要持续应变计算的任务，相反，我们更有可能坐下来，按下按钮，等着我们想要的东西尽快出现。因而，我担心许多人正在成为不做应变计算的信托基金组，他们以有效方式适应环境变化的能力正在下降。无论我们是突然还是逐渐减少应变建设活动，我们的控制感和效能感都会跟着减弱，从而导致情绪和认知方面的挑战。在最坏的情况下，这会导致抑郁症等精神疾病。将灵活组的大鼠放在信托基金式日程表里所产生的效果，对人类的心理健康领域极具借鉴价值。

正如本章所述，应变计算能力并非是不可改变的。幸运的是，我们可以通过各种方法促进真实反馈的有效性，从而微调我们的应变计算能力。这些方法包括亲自参与实时活动，例如杰伊·莱诺修理汽车的工作。我们可以通过上统计学课程来提高我们对决策制定过程的意识，也可以在自然环境中进行一次简单的散步，以启动和重校我们的反应-结果式应变计算神经回路。

在人生的大多数时间里，我们为自己的应变建设机会负责，并建立自我效能感和自我主导性。然而，在童年早期，应变建立版图会受到父母和照顾者的影响。父母的反应对这些基础的应变建设神经回路的关键影响是下一章的主题。

第 7 章

为人父母——

重估人生中的应变情况

虽然我曾经在实验室里看过许多大鼠妈妈极有效率地养育它们的幼崽，但当我自己怀孕的时候，随着生产日期临近，我对这些毫不费力地回应它们幼崽的母亲产生了一种新的敬意。当我在当地医院报名参加婴儿护理班，并在床头桌上放了一堆如何做父母的书时，我对大鼠妈妈的敬意与日俱增——它们天生就知道如何扮演好母亲的角色。我有出色的丈夫帮助我抚养孩子，并且我在医院生产，有先进的医疗设备、专业人员以及必备的药品，但实验室的大鼠妈妈只有它们自己。没有课程，没有书，没有大鼠社会支持，没有迎婴派对，没有大鼠妈妈博客，没有医院，没有药物。尽管如此，大多数母鼠都能一次成功地孕育 10~14 只健康的幼崽。如果你将怀孕的大鼠留在实验室，第二天，这位新妈妈就会盘在它收拾好的窝和幼崽上面，看起来很平静——粉红色的鼠宝宝在它身下蜷缩着，一切都在它的掌控之下。以自然界准备充足、充满韧性的鼠妈妈的标准来衡量，我忧郁地感觉到我完全没有做好为人母的准备。

啮齿类动物妈妈令人印象深刻的养育技巧不止于此。在没有其他大鼠的帮助（至少在实验室的笼子里没有）、没有任何形式的啮齿类日托服务的情况下，大鼠妈妈能维持一个大概含有 12 只幼崽的家族，所有家务都扛在它自己的肩上。漫长的养育期随之而来，嗷嗷待哺的后代残酷地拉扯着它 12 个下垂到腹部的乳头。这些小兽很快就变成了长着牙齿的幼兽，它们都集中在大鼠妈妈的乳头区。在分配所有这些营养的同时，因为幼崽在出生后早期无法自己去洗手间，大鼠妈妈需要以舔舐肛门的形式来刺激并促进它们排泄。正如在图 7.1 中所示，这些动物并没有纸尿裤或尿布——对幼崽来说，这是一个很好的选择，但对妈妈来说可不是。我这么说可能并不十分科学，但是，呕！

现在你明白我对这些啮齿类妈妈的敬意了。在我第一次怀孕期间，我清楚地记得我在实验室里看着这些大鼠妈妈聚拢自己的幼崽，背部拱起，趴在它们上面，以便在喂奶的时候为它们提供平等的机会。喂完奶，它们还会用手掌状的爪子温柔地将幼崽们抱起并舔舐它们的背部。我很敬畏，我很希望我能够像这些超级大鼠妈妈一样做个好妈妈。

作为一个母亲和一名神经科学家，我想要深入了解这些超负荷的啮齿类妈妈。我与同事——初为人父的克雷格·金斯利一起将我们的好奇心带入实验室。我们展开了一个研究项目，至今已经持续二十多年。我们的孩子都在健康成长，这使我们认为自己在父母战

图 7.1　啮齿类超级妈妈

这只母鼠将它的幼崽聚拢在一起，通过舔舐它们以保持它们干净健康，甚至舔舐它们的后臀部位以刺激它们排尿和排便。这只大鼠妈妈可没有尿布！（图片由里士满大学兰伯特神经科学实验室提供。）

线上获得了一些成绩。我们越了解这些大鼠妈妈天然设计的精妙反应，我们对研究的热情就越大。

这些令人印象深刻的父母反应和建立它们的大脑回路，可以被视为同情、共情和多种形式的社会养育的神经建筑或大脑的基础性工作。我们认为，将人类与其他动物（如爬行动物）区分开来的一些显著特点，在人类进入到进化版图百万年前就已经存在。这些高阶特征可能在第一个繁衍后代并让后代依靠自己存活的动物出现时就出现。随着育儿行为进入大脑领域，生存中的进化应变图景发生了巨变。不同于生产后随即离开、让它们的孩子自谋生路的爬行动物，这种新动物紧紧围绕着它们的后代——它们筑巢，并通过身上的腺体（乳腺）来供给幼崽营养。这多么奇怪啊！最早这样养育后代的动物可能生活在一亿多年前，在恐龙的威胁下生存。这种早期原型可能是伶巧柱齿兽或短指挖掘柱齿兽，最初可能只有几厘米长，这使得它们容易被忽略并能够在庞大动物的阴影下生存。[1]因此，哺乳动物的黎明是和养育行为的黎明一起到来的，随之而来的还有令人印象深刻的适应能力和特化。每次想到这些都带给我一种温暖的感觉——我很高兴能够属于进化家族树中哺乳动物的一支。

在本章里，我们将会回顾当一个雌性动物的身份转变为母亲时，其大脑发生的特定变化。事实上，我无法想象动物能够遭遇比生育带给大脑和行为的巨大冲击更剧烈的应变计算转变。例如，母鼠从前的行为应变计算会得到极大更新，幼崽曾经被视为可厌的对象（不惜一切代价也要避免的那一类），而现在则变成了大鼠妈妈欲望和迷恋的客体。当然，所有的哺乳动物物种都是成功的父母，若非如此，它们早已灭绝。因此，我们很难低估在哺乳动物物种中伴随着父母身份带来的应变改变的重要性。除了在过去的三十年间与我紧密合作的大鼠妈妈，我们还研究了其他动物（其中包括人类），以了解神经和行为是如何改变，以适应照料全然依靠其他动物个体才能生存的无助幼崽的过程。在此过程中我们也会讨论为了长期亲代抚育行为所能得到的最大回报——健康的幼崽而在应变计算上发生的诸多改变。不幸的是，养育过程并非一个万无一失的系统，有时环境或其他相关因素会影响父母的投资。一旦意识到了问题，动物可以采取适当的方法，以保证养育过程里应变反应的有效性，以及养育出高功能的、健康的、快乐的后代。

父母大脑的转变：来自啮齿类动物的经验教训

在最初针对母鼠大脑展开大脑和行为的调查之旅时，我们专注于涉及调整应变回路的脑区，这种调整使大鼠妈妈认为幼崽有吸引力，而非这些发出难闻气味的、哀叫着的、饥饿的小家伙有点儿恶心。被称为“下丘脑”的脑区是明显的第一站。下丘脑是所有动机相关事件的作用脑区。它影响了所有与我们动机相关的功能，诸如饥、渴、性、攻击以及应激反应。很难想象，如此多的关键行为受到人类大脑中杏仁大小的一块区域的调节，但事实就是如此。当然，就像大部分脑区一样，下丘脑通过与其他脑区之间的联系来发挥其功能，所以有必要强调一下，这一脑区并不与其他脑区相互隔离、独自工作。即使如此，这一脑区对于许多关乎生死的行为来说也是必不可少的。这就难怪母体反应也受这一小小脑区的影响了。芝加哥大学的迈克尔·努曼在近半个世纪前研究了这一脑区的角色。在他开创性的工作中，努曼提供了明确的证据，证明下丘脑对啮齿类动物的母性反应至关重要。如果这一脑区中被称为“内侧视前区”的一小部分被破坏了，曾经溺爱后代的母鼠就不会再给予它的幼崽任何关注。[2]

我们现在知道，从第一批哺乳动物在它们的地球同伴恐龙周围仓皇奔逃开始，下丘脑的内侧视前区就一直是保持各种物种生命和健康所必需的母性反应的中心。不过，这一大脑中枢也从其他脑区获得帮助，并受多种生殖激素（如孕酮、催乳素和催产素）所驱动。[3]例如，传统上与奖励相关联的脑区，我们先前讨论过的伏隔核也是大鼠的母性回路的一部分。美国东北大学的神经科学家克雷格·费里斯发明了一种适用于大鼠大小的脑部扫描装置。他发现，当幼崽被放置在母鼠面前时，母鼠的伏隔核区会亮起来。当同时出现幼鼠和可卡因时，母鼠的大脑会对幼鼠表现出更高的奖励激活。[4]这一类的研究证实，后代会激活母亲大脑中基本的动机与奖励中心。现在，我们开始理解那些“直升机父母”了。

总的来说，与爬行动物相比，哺乳动物的大脑显然进化得更适应照顾其他同类的需要。无论如何，克雷格·金斯利、我还有我的学生们对更广泛的进化适应并不感兴趣，而更感兴趣发生在哺乳动物分娩中的个体变化。下丘脑中发生的改变帮助雌性适应它的后代，而这种改变对于后代的生存来说是必不可少的。但是成功的大鼠妈妈所做的比仅仅照料它的后代更多得多。在真实世界里，妈妈必须首先养活自己，这样才能给多出来的 14 只动物哺乳。它要调整它的情绪反应，这样它才不会把不必要的精力浪费在失控的应激反应或其他不必要的高耗能反应上，并保持警惕，保护后代不受天敌侵害。因此，看上去，成为母亲使大鼠产生的变化，除了使它产生适应性“巢中”行为，也让它为预期中的“离巢”行为做好准备。作为一个有效率的母亲，它要做的工作非常广泛。我们想要知道大脑是如何提供神经辅助来帮助这些母亲完成这些事的。这类新的母性应变反应通常并不被认为是养育性的，但又对养育的成功至关重要。

为了保护无助的幼崽，母鼠离开巢穴、寻找食物时需要非常高效——这种行为在动物界中被称为“觅食行为”。正如先前所说，大鼠妈妈需要花费尽可能少的精力，并尽量快速地回巢。金斯利实验室使用了八臂迷宫，它有八个从一个中心区域向外辐射的臂状区。大鼠们需要进入臂状区以获得食物奖励，并以最大效率避免进入没有食物奖励的臂状区。因此，为了有效地执行该任务，大鼠必须使用某种工作记忆来成功完成在这个空间的觅食任务。在我的实验室中，我们使用了干沙迷宫。大鼠需要面对一组八口先前放过诱饵的井，并记住唯一一个放置有甜麦圈的食物井的位置。

这两项觅食研究得到了同一个明确的发现——与未有过任何形式的生育行为的童贞鼠相比，鼠妈妈能够更加有效地着手完成这些觅食任务。在八臂迷宫当中，鼠妈妈犯的错误更少，而在干沙迷宫当中，鼠妈妈到达诱饵的速度是最快的。考虑到对于这些单亲妈妈来说，快速获得食物与回到巢穴是多么重要，我们并未对此感到吃惊。看到这些母性改变发生于实验室任务当中，令人十分印象深刻。[5]当我们把觅食任务从甜麦圈切换到用大鼠更熟悉的蟋蟀作为它们的零食时，鼠妈妈仍然比童贞鼠表现得更优越。[6]

但是，这些动物必须经历怀孕和哺乳期才能达到这种觅食能力的加强吗？我们将一个“养母”组加入到了迷宫研究中，然后发现仅仅和幼鼠待在一起就提高了雌性大鼠的觅食能力。[7]这可能是因为实际的怀孕和哺乳可能会让大鼠为母性改变做好具体的准备，但养育经验本身（正如在养母鼠身上所看到的）也是一种可以驱动母性大脑和相应的应变改变的重要因素。有趣的是，对于这些大鼠来说，在其整个育儿过程中，这些由后代驱动的应变计算会持续变化。罗格斯大学神经科学家琼·莫雷尔的实验反复证明，有年幼鼠崽的大鼠妈妈在面对有幼鼠的房间和有可卡因的房间时，会优先选择前者。[9]然而，当幼崽变得稍大一些时（大约 16 天大），这种偏爱就会发生变化，大鼠会优先选择有可卡因而非有幼崽的房间。当然，这些大鼠的幼崽比我们人类的幼崽长得也快得多——非常快，当它们断奶时已是幼年大鼠。当幼崽进入它们的青春期前期和青春期时，从养育到偏好药物的应变计算转变正在母鼠身上发生。这些在啮齿类动物上观察到的影响是否可以推广至子女处于青少年时期的人类父母，这问题就留给现实中的父母了。

在大鼠妈妈的行为改变完成后，我们的下一个目标是了解更多与这些被添加到大鼠妈妈工作列表中的额外任务相关的大脑区域。海马区这个与学习和记忆相关的脑区中的连接改变似乎是其中一种。与童贞鼠相比，哺乳期大鼠在海马区有更多的刺状连接点，称为“树突棘”。大脑升级可能在发生于母鼠身上的应变变化中起到了重要作用。同时，也别忘了鼠爸爸们。当我们通过一种被称为“加州鹿鼠”的小型啮齿动物，研究做父亲的经历如何影响雄性大脑的时候，也发现了类似的觅食能力增强和海马区改变。[10] 有趣的是，在所有哺乳动物当中，只有 5% 有父系行为，这些个体看上去受到了和妈妈们同样的影响。当涉及照顾弱小无助的后代时，自然看上去是一个公平的大脑改变者。

即使当雌性大鼠到了它们的暮年（按大鼠两年的生命历程来算），这一母体变化导致的益处也会持续存在。这次母鼠被置于一个需要它们忽视另外两位大鼠存在的竞争任务当中。在这个任务里，身为母亲的经验很重要。有充分经验的雌性（具有抚养两大窝幼崽的应变资本的雌性）赢得了绝大多数的甜麦圈竞赛，而只有一次母亲经验的雌鼠位居第二，童贞鼠则没有赢过一次。[11]

当我们把注意力转移到情绪反应上，针对大脑中的情绪变化区域——对恐惧敏感的杏仁核进行研究时，我们证实了母性经验抑制了雌性大鼠在不涉及幼崽的福利的任务中的情绪反应，例如探索性任务。[12] 当入侵者威胁母鼠的幼崽时，以母性攻击为形式的情绪反应得到增强。母性攻击在哺乳期的第一周达到高峰，在第二周结束前大幅度下降，因为幼崽们获得更多自由行动的能力。也就在同一时间，可卡因变得对大鼠妈妈们更具吸引力。

或许，在后代的青春期前夕，母亲的应变计算向更温和或者说更成熟的状态的转变，是为了保护母亲的大脑健康。从个人角度来说，这也是我的女儿们经常告诉我去吃一片镇静剂的时期（也许她们这么做是因为看到我温和的反应方式对青春期的她们毫不管用）。在人生中，似乎有一些时候，我们不需要精确计算所有相关的应变结果，而养育青少年子女的这段时间似乎就属于这类时刻。我们的大脑可能不具备相关能力，去处理“日益独立的后代有多少种方法可以做出具有毁灭性后果的决定”这一充满压力的现实问题。在为人父母这一充满挑战性的时期中，又没有可卡因室这一选择的情况下，也许我们应该吃片镇静剂，安宁地享受会儿应变能力遭到部分削弱的状态。

虽然在啮齿类动物身上观察这些因养育后代而带来的转变是有趣的（至少对我来说），但现在是时候去探究一下这些研究结果对于人类有何意义。人类妈妈并不会外出捕捉蟋蟀，以提供养育孩子必需的营养，但她们与啮齿类动物共有许多相同的母性大脑回路。

在人类父母身上扫描养育计算

人类的母性大脑回路和我一直研究的啮齿类妈妈的大脑回路究

竟有多相似？我的同事克雷格·金斯利和我一起带着我们的配偶和孩子开车南下到南卡罗来纳州医学院拜访杰夫·洛伯鲍姆——一位与我们一样对母性大脑感兴趣的精神病学研究者。杰夫设计了一些研究，妈妈们在这些研究中会听到一些孩子的哭声，有些是来自自己的孩子，有些是来自别人的孩子。这一设计很简单。杰夫告诉我们，他是受到了我们都很敬佩的一位脑研究先辈保罗·麦克莱的启发。麦克莱恩以命名了边缘系统（大脑中与情绪相关的区域）及其他成就而闻名。[13] 他写了大量关于母性大脑的文章，并与杰夫交流说，让妈妈们进入大脑扫描仪之中，让她们倾听婴儿的哭声，然后看哪一个脑区会亮起来，会是一个非常有趣的实验。杰夫的研究就是以此为目的的。

当我到达南卡罗来纳州美丽的南方城市查尔斯顿时，他已经收集完关于这一主题的宝贵数据。[14] 例如，在一项研究中，他将仍在母乳喂养期的新手妈妈置入扫描仪中，以观察她们听到婴儿哭泣时大脑的 fMRI 图像，并将这些结果与她们听到一般性背景声音或无声音时的扫描结果进行比较。他发现，在啮齿类动物文献中发现的可能与母性相关的脑区（下丘脑和大脑的基本奖励区域）在这些母亲听到婴儿哭声时被不同程度地激活。此外，杰夫还发现母亲的丘脑和多个皮层区在大脑中被激活，这也支持了麦克莱恩的一个观点——从大脑中心区域的脑区（丘脑）到最后演变而出的皮层区的一条通路与母性行为有关。事实上，我对麦克莱恩关于母性大脑的文章非常感兴趣。我设计了一幅图像，反映了从爬行动物到哺乳动物的母性大脑的进化历程（见图 7.2）。让我们再回到杰夫的研究当中：考虑到一些皮层，例如前额区、眶额皮层和扣带回参与多种的认知和情绪反应，婴儿的哭声对于母亲大脑产生了强烈的影响——仿佛妈妈们试图制订一个计划，以尽快到达哭泣的婴儿那里！

我的大脑对婴儿哭声有何回应呢？好吧，既然我的女儿们已经超出了会作为婴儿发出哭声的阶段，我对像被试那样以妈妈的角度来参与这项研究更感兴趣。事实上，那些刺耳的哭声是令人情绪激动的（此处指别人孩子的哭声）。但是，坦白说，我在进入扫描仪之前犯了一个严重的错误。在早上喝咖啡之后，爬进扫描仪里面之前，我忘记去洗手间了，而我在扫描完成之前绝对无法逃脱——此时，我的两个同事克雷格和杰夫正饶有兴趣地看着我的大脑活动，而我正被强烈的想冲出扫描仪跑到洗手间去的欲望所困扰。我从这大脑扫描冒险中得到了教训！

石溪大学的精神病学学家詹姆斯·斯温以一种很吸引人的方式继续着洛伯鲍姆的工作。詹姆斯和他的同事们已经证明，涉及母性奖励和动机的特定脑区，例如下丘脑，在生产 3~4 个月后的评估中呈现了结构增长。[15] 尽管有很多妈妈对于我们的大鼠研究结果（做母亲会使大脑变得更复杂）嗤之以鼻，而她们在此过程中没有感觉到除“聪明”以外的任何东西，但我们也有证据表明这种改变也发

图 7.2　养育母性大脑

正如保罗·麦克莱恩所描述的，“三位一体的大脑”含有爬行动物和古代哺乳动物的大脑等进化早期的大脑的组成部分。这个综述可能过于简化，虽然最近进化的灵长目大脑与爬行动物都有脑干，但皮层复杂性是哺乳动物独有的。这里所示的爬行动物大脑组成部分是脑干，小哺乳动物（古代哺乳动物）大脑组成部分是由麦克莱恩命名的情绪系统中的海马区（特别是其弯曲的尾部）。而松鼠猴的大脑皮层代表了游戏、语言、养育等比较先进的反应过程，它们标志着哺乳动物的母性行为，并可能影响了抚育功能的进化。当我还是一个年轻妈妈的时候，我设计了这张图片，让照顾我女儿的才华横溢的护理员杰奎琳·贝里将它绘了出来，这样我就能在保罗·麦克莱恩介绍父母养育研究的主题研讨会中展示给他看。（图片由里士满大学兰伯特神经科学实验室提供。）

生在人类妈妈身上。

在观察母亲大脑发生剧变的过程中，斯温也对调查父亲大脑的活动产生了兴趣。虽然在婴儿出生后大约 3~15 周内，研究人员在父亲身上观察到一些与母性反应相关的脑区（如下丘脑和前额叶皮层）的活动有所增加，但一些皮层区域的活动却令人费解地减少了，例如眶额皮层。斯温还观察到父亲抑郁和一些脑区的增长之间的负相关，这表明当一个人成为父亲时，大脑反应能力较强的人较少遭受抑郁症状的困扰。[16] 就此，父亲的大脑会随着后代的到来而产生变化这一点已很清晰，但还需要更多的研究以确认大脑可塑性在父亲与母亲之间有何不同——如果我们想要研究保持健康养育方案的最佳做法，这些信息可能是有用的。

虽然我还没有评估过人类父母的大脑，但我和我的同事、学生曾经研究过养育过程对绒顶柽柳猴和枭猴这两种一夫一妻制动物的影响。我有幸与佛罗里达州迈阿密的杜蒙保护协会进行了合作，对几种灵长目动物进行了无创的实地研究。因为这两类灵长目动物属于那 5% 的父性哺乳动物，我们急切地想要知道它们是否会如我们在啮齿类动物身上所见到的那样，更为有效地觅食。我们建造了一棵觅食树，上面摆放了做好标记的橡胶零钱包，里面包含着各种奖励。例如，带有垂直条纹的钱包中有两块甜点，横条纹表示有一块，五角星表示没有奖励。我们将这些钱包挂在开放货架上，就像悬挂在树上的水果一样，退到一边，记录下动物们展示的觅食策略。果然，在两个物种中，具有父母经验的灵长目动物比没有父母经验的动物更容易找到高价值的钱包。[17] 此外，来自枭猴的尿液样本显示，那些做父母的猴子有更具弹性的压力相关激素水平，这表明这些夜行猴子在它们的养育过程之中增强了情绪弹性。由此可见，养育子女确实会令我们重新调整应变计算，特别是与寻找食物和维持有效情绪反应有关的应变计算。

在动荡的父母时间里的养育神经经济学

雌性动物为待产而面对的应变挑战带来的大脑改变堪比一场海啸，而有些母亲会面临比其他母亲更为艰巨的体力、情绪和环境挑战。我总是和学生强调，我们的研究大部分集中于动物身上，集中于动物的需求——食物、水、安全、舒适的温度等。当然，待在实验室笼子里面并不是件好事，但啮齿类动物妈妈在自然界中面对的所有威胁也因此不存在了。当资源变得稀缺的时候，母鼠需要在保持自身存活的同时照顾后代。如果出现必须缩减和重新分配资源的情况，那它一定是在面对资源挑战且试图拯救后代的生命。

如果只给大鼠提供有限的资源，具体体现为铺网状地板（没有垫子），但有足够的食物和水，那么大鼠妈妈照顾后代的能力就会严重受损。[18] 近来，我的学生设计了一个母性资源研究版本。他们试图模拟一个低社会经济阶层（低 SES）的环境。他们将动物放置于正常的笼子和垫子里面，只是以1.27厘米的垫子代替了原有的3.81厘米的垫子，只有一条纸巾用于筑巢，而标准版本是三条纸巾。典型的3.81厘米的垫子和三条纸巾代表高SES情况。在我看来，与正常资源条件（高SES）相比，低SES组并不代表一个非常贫困的条件，但我的学生认为这值得研究。我很幸运，在实验中，一天早上，每一个SES组都有一位大鼠在前一天晚上生育了一窝幼鼠。这两组动物的差异因此明显了起来。高SES组的鼠妈妈将它的幼崽聚到了一起，放进了一个构造整齐的纸巾窝当中。它以呈典型的拱背姿势护理幼崽，一切看起来都井井有条。低SES组的鼠妈看上去很慌乱——一小条纸巾散落在笼子上。尽管大多数幼崽都聚集在一起，但仍有一只正独自穿过笼子。而这位鼠妈似乎没有注意到，或者至少对那只孤零零的幼崽没有反应。没有毛的新生幼崽不能调节体温，只能依靠母亲和其他兄弟姐妹提供的温暖来生存。看上去，有限的资源限制了适当的母性应变计算。我们现在还在进一步调研这些母性SES数据。

在最初的试验性研究当中，我们还有另一个出乎意料的发现。为了更彻底地了解贫困对母性关怀带来的影响，我让学生们记录下了幼崽相关的身体测量数据，这有点儿像实验室大鼠版的阿普加量表，用以确定幼崽成长模式的轨迹。值得注意的是，低SES组幼崽的尾巴较短，大概短了20%。我知道，尾巴长度当然不是儿童阿普加量表的一个组成成分，但这不是很有趣吗？因为我们的注意力都集中在大脑上，万万没想到尾巴也受到了影响。一旦我们考虑到这个影响，就会意识到，当成长资源受限的时候，幼崽的尾巴就会变得奢侈。当我们查阅过去关于这一主题的文献时，我们发现我们并不是唯一注意到这一影响的实验室。尼泊尔的解剖学教授沙利格拉姆·敦格尔指出，在一天内的某些特定时间内将妈妈移出巢穴，会导致幼崽尾巴长度变短，身体长度和头部尺寸也会产生同样的变化。目前还不清楚老鼠尾巴的确切功能是什么，但有人猜测它能调节温度并促进平衡。[19] 无论如何，当资源遭到破坏（甚至只是垫子资源）时，生理与生存上的虚饰之物，例如一条好看的长尾巴，就要为更核心的功能让路。

对人类来说，有限的资源可能对儿童的发展更加有害。你可以回忆一下第 5 章，父母的社会经济状况和受教育程度对儿童皮层的表面积有显著的影响。[20] 另一项针对法国儿童的研究表明，除了皮层缩小之外，低 SES 家庭的儿童参与学习和记忆的海马区也较小。在特定认知效应方面，语言似乎是低 SES 儿童最易受损的认知能力。[21] 这种语言能力的受损使费城儿童医院新生儿科专家哈卢姆·赫特的发现更具说服力。她和她的团队发现，拥有能在家庭中提供更多如书籍、音乐播放设备和社会熏陶等资源的 4 岁儿童，在语言和记忆测试上得分更高，也拥有一个更大的海马区。儿童接触的单词数量似乎对建立他们的认知储备至关重要，这样他们就可以在生长过程中进行有效的应变计算。例如，一个研究发现，高 SES 水平

（例如，大学学历）父母的孩子每小时大约能听到2 200字，而低SES孩子每小时只能听到接近600字——到4岁时，两者之间就大概有3 000万字的差异。[22]因此，无论实际的SES水平如何，丰富的、高参与度的对话可能是健康大脑发育的一个重要因素。语言是孩子不断增长的应变能力和经验资本的重要组成部分。

一项有趣的观察表明，有限的母性关怀可通过一种被称为“表观遗传”的自然遗传现象改变后代的基因蓝图和基因结果。表观遗传学是一个热门研究领域，主要研究环境因素对于基因表达或不表达的程度的影响。环境与行为条件可以改变基因蓝图的表达，而基因曾被认为是不可更改的。麦吉尔大学的迈克尔·米尼和其他研究人员（如哥伦比亚大学的弗朗西斯·尚帕涅）对此主题进行了有价值的研究。具体来说，得到大量父母关注的幼崽（这些父母关注以舔舐和梳毛的形式呈现）比起得到较少父母关注的幼崽在成年后表现出了更大的情绪弹性和更健康的大脑。因此，年幼动物遗传得来的基因蓝图可以通过环境中的相关因素加以调整。[23]虽然一些研究人员并不确信这些变化可以全然用表观遗传来解释，但这是一个有着可观经验支持的观点。[24]这些由应激反应导致的潜在表观遗传变化，可能导致这些动物应变计算方面的终身变化。

因此，在神经经济学的背景下，母性关怀的良好投资会以对养育投资的长远回报——健康茁壮的后代为结果。母亲们的神经经济学和决策能力固然令人着迷，不过，雄性蓝脚鲣鸟的父性投资可能为养育的神经经济学提供了最吸引人的例子。这种鸟和大多数鸟一样是由双亲养育的，父亲孵蛋、喂养雏鸟，必要时保护它们。事实上，这些爸爸要和孩子在一起大约六个月。研究者在墨西哥纳亚里特的伊莎贝尔岛上观察了年轻和年老的蓝脚鲣鸟的育儿投资。伊莎贝尔岛是一个火山岛，由于野生物种繁多，也被称为“墨西哥的加拉帕戈斯群岛”。在对这一鸟类大脑进行的长期应变计算能力测试中，研究人员给年轻和年老的鸟爸爸注射了一剂脂多糖，这种细菌会让它们在几天或几周时间里感到虚弱与不适。年轻和年老的鸟爸爸的反应会否相似呢？

对比健康组，生病的年轻鸟爸爸更容易忽略它们的幼雏，结果是雏鸟减少了 16%，幼鸟（可以成功离开巢穴的鸟）减少了 59%。值得注意的是，那些年老的鸟爸爸的反应有些特殊。与健康对照组相比，他们生育出的雏鸟更多 59%，而幼鸟则多出 98%。这一观察结果很可能反映了一个事实——对于这些 10 岁以上的鸟，这可能是它们哺育的最后一窝雏鸟了。所以，所有的资源都用上了。而年轻的鸟在恢复后还可以产下更多窝幼崽，所以照顾它们自己的健康更容易导向增加雏鸟和幼鸟的长期结果。进化生物学家将这一现象称为“终点投资假说”。这一育儿行为上的巨大变化，为父母从自我导向转变到他人导向提供了美好的支持。虽然在哺乳动物身上这更为明显，但在整个动物王国，特别是在双亲共同提供抚育的鸟类身上，这一现象也有着强有力的证据支持。[25]

我将用另一个由父母身份造成的神经经济学改变的大鼠例子来结束这一节。我经常给学生看一段视频，视频里有一只在城市地下污水系统边缘安家的大鼠妈妈，那是一个很好的干燥地点，靠近从上面的房屋和居所里泄露下来的携带食物的水。然而，在涨水期间，一切都变了，大鼠妈妈和幼崽发现自己处于洪流之中。我给学生们看的视频中，大鼠妈妈轻轻衔着一只幼崽，把它带到了安全的地方。[26] 人们可能会得出这样的结论：有一只安全的幼崽对母鼠来说就足够了，一旦它和那只幼崽能免受伤害，它就会待在干燥的高地上。但是它不断折返以挽救它的幼崽——它的基因投资，尽管每一次往返，死亡威胁都会上升。思考这一神经回路的改变是很有趣的，这一发生于短短三周孕期内的改变导致了曾经自我导向的大鼠现今变成了他者导向的大鼠妈妈。我们也经常在人类身上看到这样无私的例子。对于他人的抚育和爱似乎根植于我们的神经回路当中。而当孩子成长受到损害时，负责健康大脑功能的神经回路在不同程度上就会发生故障。

当儿童的应变账户被冻结：罗马尼亚孤儿的教训

20 世纪，罗马尼亚独裁者尼古拉·齐奥塞斯库计划“增长”国家人口，却忽略了关于家庭和社会最重要的资源——孩子的健康发展。结果，他旨在增强罗马尼亚国力的计划适得其反，因为他播下了一场全国性脑危机的种子。根据齐奥塞斯库的观点，如果迫使女性生下更多孩子，就会有一个更大的公民基础以加强罗马尼亚的国力。据此，他对没有生到五个孩子以上的女性征税，并实施了“月经警察”制度，以确保健康的年轻女性拥有正常的生理周期并做好怀孕的准备。有七个或更多后代的妇女被授予“母亲荣耀勋章”的称号。随着年轻人搬去大城市工作，以远离他们庞大的家庭，家庭单位让位于“工人”单位。因为家中的孩子超出供养能力，而罗马尼亚的经济颓势又加剧，人们被迫将孩子留在了慈善机构。尽管许多家长认为这一令人痛心的决定是暂时的，但他们很少能把孩子带回家。[27]

在 1989 年齐奥塞斯库被处决之后，世界看到了被养在孤儿院大概 17 万罗马尼亚儿童的生存状况。据报道，这些儿童的照顾者分 3 班工作，单个照顾者可能负责照顾多达 15 名的儿童。基础的需要会被满足——有食物，也有小床，但孩子们很少有社会接触，也很少有感觉或运动刺激。电视节目摄制组拍到，这些孩子被迫凝视着天花板或墙壁，目光空洞，动作迟钝。这些发育迟缓、反应迟钝的孩子让全世界的观众产生了同情，人人都想帮助这些孩子。[28]

哈佛大学的神经科学家查尔斯·纳尔逊和同事内森·福克斯、查尔斯·泽纳提出了从这一可怕事件中吸取教训的计划。他们希望帮助世界上成千上万仍生活在这种状态里的儿童。这一项目后来被命名为“布加勒斯特早期干预项目”。他们研究的关键是一种被称为“随机化”的基本统计技巧。这一基本技巧要求研究人员将个体按相似性分组，然后随机地将每组中的个体分配给特定的实验组或控制组来测试某种特定操作（如特定饮食）的效果。就饮食的例子来说，一组体型较小的个体将被随机分配到饮食组或对照组。理想情况下，两组之间唯一的区别是分配的饮食类型，这会确保在操作实施后的差异是源于操作，而不是源于研究参与者中存在的差异。

让我们重新将注意力集中在儿童身上。过去的实验表明，贫困能够导致儿童发育迟缓。在真实世界的环境中由于参与者没有随机化，所以我们很难弄清楚其他变量带来的潜在混淆效应。这些变量，例如产前条件，或“孩子具备的一些特征导致他们被遗弃”的观念，都是调查应涉及的因素。罗马尼亚收容机构中有很多很多儿童。布加勒斯特项目的计划是建立一个寄养系统，将这些儿童随机分配给寄养组，或留在机构内（“日常照料组”）。这里存在着一个很大的伦理困境——这些孩子是人类，不是实验室大鼠。研究人员在每一阶段都尽全力保障孩子们的最大利益。例如，获得孩子父母的同意，将彼此为兄弟姐妹的孩子安置在同一家，在日常组遇到被收养的机会时提供积极的支持。[29]

当纳尔逊和他的同事第一次访问这些机构时，他们感到非常震惊。与美国吵闹的学龄前儿童不同，这些孩子安静得令人难以忍受。纳尔逊报告说，这通常发生在被忽视的儿童身上。大多数人都习惯日托中心充满孩子们的声音——笑声、闲聊、哭闹声。这是因为成长在正常环境中的儿童知道，这些不同形式的交流是会得到回应的，而当他哭泣的时候，也会有人跑过来安抚他。然而，罗马尼亚孤儿院中的孩子可不是这样，他们学到了最为悲哀的应变策略——“如果我哭，也没有人会照料我或过来看看……所以，何必呢？”这是来自忽视的情感伤痕，这是不可见的——没有瘀伤或骨折提示人们孩子们急需帮助。这些孩子学到的是，反应不会换来想要的结果。因此，纳尔逊认为，忽视儿童是各种形式的儿童虐待（包括身体虐待）中最具破坏性的一种。

布加勒斯特项目研究人员是否发现福利院儿童可以通过寄养安置而获救？多年的数据表明，寄养可以帮助这些儿童的成长与智力分数接近由父母养大的儿童的水平（社区控制组）。然而，寄养儿童从来没有真正达到社区组的水平。在 2 岁时被收养的儿童身上所发生的改善最大。同样令人鼓舞的是脑电波（EEG）数据。（研究者把类似淋浴帽的东西戴在孩子头上，传感器在帽子上面收集数据。）社会福利机构内儿童的 EEG 结果呈现出一个特点，即高频脑电波输出降低（例如，α 波和 β 波，它们通常与更多的兴奋相关），大脑更多以低频脑电波（例如，θ 波）这一典型的低唤起形式输出。然而那些在 2 岁时就被安置到人家的寄养儿童在 8 岁接受测试时，他们的 EEG 结果与那些在父母身边长大的儿童并没有明显区别。领养同样减少了在福利院儿童身上所观察到的脑组织缺陷（通过磁共振脑成像辨认）。这些结果公之于众后，罗马尼亚就建立了一个更为正式的领养系统。让人充满希望的是，全世界共有近 800 万儿童被收容，而这一发现会继续完善照顾这些孩子的政策。[30] 美国有报道称，从海外收养的儿童在十几岁接受测试时，他们的皮层（大脑外层）相比由生身父母养大的孩子的皮层更小。这一缺陷在前额叶区尤为明显，而前额叶区对获得新的应变技能以解决问题并做出明智决策的能力非常重要。此外，孩子待在福利院的时间越长，其海马区的区积越小，而海马区是涉及学习和记忆的另一个脑区。[31]

养育上的应变资本

在贯穿本书的对行为主义观点的赞颂之中，我对华生这位心理学行为主义的著名奠基者所持的一些理论持谨慎态度。正如第 2 章中所说，早期行为主义心理学家的见解是很有趣的，因为他们意识到了读懂反应和行动的价值。毫无疑问，行为主义先驱——巴甫洛夫、华生、斯金纳等的贡献对心理学和神经科学产生了巨大的影响。然而，华生关于做父母和养育孩子的观点肯定不属于这一类。虽然我身为心理学系主任长达十七年，并一直遵守行为主义的原则，但我仍无法将这位著名心理学家划分到“理解父母反应”那一类。

华生在约翰霍普金斯大学时就以其婴儿研究而闻名，他记录了婴儿对多种刺激的反射与反应。他会带着只有几天大的婴儿，强迫他们悬吊在一根木杆上，记录他们能坚持多长时间。1920 年，他告诉约翰霍普金斯大学的校长弗兰克·古德诺，除非他有一个“实验室”，让他能在里面把被试婴儿从出生抚养到 3 岁，否则他不会满意。[32] 在他的最后一份正式的“科学”出版物当中，他和他的年轻门生罗萨莉·雷纳自豪地描述了他们对一个 9 个月大的婴儿所进行的工作，这个婴儿广为人知的称呼是“小阿尔伯特”。在确定婴儿不怕白鼠之后，他们通过用锤子敲击金属管，将白鼠与极大的噪声配对出现以制造一种“条件性恐惧”。在这种大鼠刺激–反应应变模式配对出现多次后，小阿尔伯特看见白鼠就感到恐惧。之后，这种恐惧泛化到环境中的其他刺激，例如白色的绒毛兔。天哪！华生和雷纳在一个幼儿身上制造了一种条件性恐惧！[33]

在读到华生和雷纳描述这一案例研究的著名论文之后，我认为这项研究在许多层面上都不合标准。只选择了一个被试，而且当其恐惧反应开始减弱时采取“重新刺激反应”的策略——这已远离方法论的理念。伦理问题暂且不论，这个研究过程缺乏实验的严谨性。而且，这个孩子被施以了持续的条件作用，以维持其条件性恐惧的强度。正如我们所知，这个孩子的余生都可能会被这项研究所影响。更糟糕的是，在对这项研究进行必要的随访工作期间，华生和他的学生罗莎莉发生了婚外情，由此产生的丑闻最终导致华生被解雇。华生再没有在任何一个学术机构工作过。而年轻的罗莎莉被约翰霍普金斯大学开除，后来嫁给了华生。

在 1928 年《婴幼儿心理护理》中，华生建议消除对儿童“多愁善感”的照料行为。与我们从福利院儿童身上学到的知识相反，他在这本书中建议儿童要由一系列轮班制“父母”和护士抚养。他还说，传统的家庭生活不利于儿童的独立和个性发展。他甚至发出这样的告诫：“不要亲吻和拥抱孩子。不要让他们坐在你的膝上。如果实在必要的话，当他们说晚安的时候，亲吻他们的额头一次。早晨和他们握握手。如果他们在一项艰难任务中表现得特别好，就拍拍他们的头。当你想要宠爱你的孩子们时，记住，母爱是一种危险的工具，一种可以造成永不愈合的伤口的工具。而这种伤口会使孩子情绪不佳，会造成他们青春期的噩梦，会破坏他们成年后的职业未来和婚姻幸福的机会。”[34] 作为对比，回想一下在第 2 章中提到的哈里·哈洛的恒河猴研究，哈里的研究指出了抚摸与养育（他将这两者称为“爱”）的重要性。

我们很难想象读过这本前约翰霍普金斯大学权威的书的父母会对他们的孩子施加何等痛苦的对待。华生保证他可以将任何一个孩子抚养成为任何一种职业的人——医生、作家甚至小偷。他承认，他的理论超出他的研究数据或事实。[35] 这时，他已经被约翰霍普金斯大学开除，在曼哈顿一家广告公司工作，但他的行为主义观点仍在不断地传播。即使离开了他所熟悉的学术环境，华生仍然很有影响力。他创造了很多新的趋势，例如工作中的“茶歇时间”，而这令咖啡消费上涨。但是，由于远离学术领域，他不再需要担心是否有实证支持他的理论，放松了他的科学严谨性并且更加坚持其育儿理念。华生离开了学术界，但这并没有消除他错误的育儿理念对儿童养育的负面影响。他与罗莎莉的两个儿子在这种行为准则下长大，而孩子们之后的生活也证实了这种教育理念的有害性。他的儿子詹姆斯·华生成年后写道，父亲的行为主义信仰损害了他对人类情绪的有效反应能力，从而导致了他的低自尊和其他情绪危机，以及他兄弟的自杀。[36]华生第一任妻子的外孙女、女演员马里耶特·哈特利直率地写下了外祖父华生的育儿原则对她母亲的毒害，而这种毒害也影响了她。[37]

回顾华生与养育相关的研究工作时，我发现他这些具有争议性的研究和论文是心理学历史上一个标志性的失误。值得关注的是，其他早期的行为主义者在儿童养育领域也表现不佳。例如，在 20 世纪 40 年代，心理学家斯金纳因为其“斯金纳空中摇篮”而受到批评（“空中摇篮”会为婴儿提供恒定的温度，使他们不再需要厚重的衣服和毯子来保暖）。然而，为斯金纳说句公道话，与这种方法相关的负面结果极少，事实上，自少量“空中摇篮”开始出售以来，大部分报告的都是正面结果。[38]

玛丽亚·蒙台梭利对如何为儿童提供有效、丰富且滋养性的环境，持有与华生截然不同的观念。当华生的影响几乎完全衰败时（唯一的例外可能就是术语“计时隔离”的使用），比华生的工作更早几年出现的蒙台梭利育儿思想，仍在儿童发展与教育领域有着积极的反响。证据就是，蒙台梭利教育系统持续普及，而且美国有五千多所学校使用蒙台梭利教学法。这些学校通过多年龄层的教室、专业的自学教材、自主导向的任务选择偏好以减少对结构化测试和成绩的重视。在这一系统中没有被动的应变能力建设，认知和经验清单是以学习的方式自行发起和维持的。[39]

玛利亚·蒙台梭利1870年生于意大利的基亚拉瓦莱，是意大利第一个获得医学学位的女性，她的学习方向主要为神经病理学。她早期为心智不健全儿童所做的工作强化了她的信念，她认为这些孩子仍然有需要和欲望，而她打算从他们的水平上接近他们，以最优化他们的受教育体验。其他人可能会把这些发育迟缓的儿童送到相关机构，将注意力集中在健康儿童身上，但蒙台梭利倾听他们并从他们身上学习。她要如何建立他们的应变行为节目呢？她的观察和研究将她引到了感官刺激的方向上，特别是看到孩子们使用双手和感觉系统来探索有限的环境之后。她认为也许他们的大脑需要更多这种刺激。[40]

蒙台梭利开始为所有儿童制订教育计划（而非仅仅是发育迟缓的儿童），她兼顾了对科学原则的尊重和孩子们的福祉。可以肯定的是，在蒙台梭利的计划表里，没有婴儿悬吊在管子上，也没有旨在令婴儿产生恐惧的高分贝噪声。相反，她强调通过设计各种学习活动，以引导孩子的学习和发现。在这些学习活动中，每个孩子通过各种感官的、主动的任务来增长他们的经验，例如闭着眼感觉各种不同的木纹，闻不同的花香，堆叠积木塔并使其保持平衡。我的大女儿去了一所蒙台梭利幼儿园，我大约每周都有一天可以作为义工在那里帮助孩子们。我惊讶于这里的孩子是多么努力地在完成他们的任务——没有烦人的背景乐，没有响亮的声音，也没有成堆的玩具来分散他们的注意力，有趣的任务足以吸引和保持他们的注意力。

虽然玛利亚·蒙台梭利强调科学过程在评价儿童教育和丰富儿童机会方面的重要性，但她并没有多少科学数据形式的成果可支撑她的理论观点。她的个人故事与传闻是有力的证据，但要下定论，数据也是十分重要的。最近，有研究人员从科学角度对蒙台梭利教育计划进行了评估。弗吉尼亚大学的心理学家安吉拉·利拉德和威斯康星大学的妮科尔·易瑟–奎司合作进行的一项研究中，被试并未被随机化。她们选中的研究参与者是一群希望孩子去威斯康星州密尔沃基市一所蒙台梭利学校读书的父母，其子女以抽奖的方式进入了蒙台梭利学校。研究人员比较了这些孩子和那些未被选中而被安置在主流学校的孩子。使用抽奖法保证了两组父母的相似性，因为他们都想让孩子上蒙台梭利学校。5 岁之后，在蒙台梭利学校就读的儿童更有可能使用更高的推理水平来说服另一个孩子与其分享物品。例如，与受主流教育的儿童相比，受蒙台梭利教育的孩子更乐于谈论正义和公平。在 12 岁之后，蒙台梭利学校的儿童写的文章被认为更复杂和更有创造性。在 5 岁时，蒙台梭利学校的儿童在标准化测试上的得分也更高；但是在 12 岁的评估中，这种差异逐渐缩小。此外，在 12 岁时，蒙台梭利学校的学生比主流学校的学生表现出更观点明确的反应方式和更强的社区意识。[41]

因此，蒙台梭利让儿童通过体验建立应变计算的方法似乎有认知和情绪上的回报。斯坦福大学的卡罗尔·德韦克教授强调了持续建立经验和认知方面的应变节目的重要性。她区分了“固定型”心态和“成长型”心态。在“固定型”心态下，孩子们觉得不管他们如何努力建立认知资本，他们的认知能力几乎没有改变的余地；而在“成长型”心态下，孩子们明白，通过努力的工作，他们的认知能力可以变得更有效、更精妙。当她向一些中学生传授这一成长思维的价值观时，他们的数学成绩比仅学习了有效的学习策略的对照组提高得更多。因此，采用一种能够使我们在一生中持续构建应变节目的思维模式，可能是维持大脑健康的最佳“精神维生素”。[42]虽然有些父母想控制孩子的生活状况，以尽量减少失败的可能性，但我们能够给孩子的最好礼物是让他们独立地去理解。他们（也只有他们自己）是他们神经旅程的领队者。伴随着自发的努力和对努力的反思，不断更新的应变方案将在一生中不断形成，而这正是不断给予的应变礼物。

虽然布加勒斯特项目表明，养育确实存在着关键期，但我最近听到一个人说，自我应变建设这一礼物永远不会太晚。想要就此主题了解更多，我们需要走进监狱看看。

你做法官：教养我们的囚犯

无论一个人的养育经历如何，应变计算会导致他们做出错误的选择，而这选择的结果甚至可能将他送进监狱。在传统的监狱环境中，卡罗尔·德韦克所说的成长型心态严重受限，因为你每天所做大部分事都是别人决定的——何时吃饭、吃什么、穿什么、在哪里睡觉、何时睡觉。无论囚犯处于他们认知应变发展的什么阶段，监狱很少让他们有时间做好准备去做出最佳决定，以避免刑满释放后再次入狱。在美国，释放后五年内的累犯率为 77% 。这意味着监狱的经验并没有改变囚犯被释放后的应变计算能力和随后的结果。[43] 我的研究表明，你能对老鼠大脑做的最糟糕的事情之一就是在一个贫困的环境中饲养它们，所以通过把囚犯安置在一个贫困的笼子里来改造他们的想法，似乎不太理想。

在用多种程序研究囚犯的困境时，我偶然看到了一则新闻录像。它描述了得克萨斯州一项针对囚犯的独特药物康复计划，得州是以有一说一、严厉打击犯罪而闻名的州，也是一个监狱人口庞大的州。我对节目故事报道中的法官留下了深刻的印象，于是我联系到他，问他我是否可以去他的法庭旁听一天。他同意了，于是我在达拉斯见到了罗伯特·弗朗西斯法官和他独特的团队成员。我当时还并不知道，这个人的远见卓识和奉献精神会对我产生什么影响。[44]

让我先来提供一下背景，得克萨斯州在把罪犯，特别是将毒品罪犯投入监狱这方面做得十分成功，但他们在改造毒犯使其不再回到监狱这一方面却并不成功。弗朗西斯法官表示，他认为自己只是得克萨斯州监狱机器中的一个齿轮，更像是一个“住房搬迁专家”，因为他只是把罪犯从一间牢房转到了下一间牢房。他甚至能认出这些犯人。事实证明，坐牢肯定没起作用。[45]当时，弗朗西斯法官正认真考虑离开法官长凳，开一个苗圃。培育植物并看到自己的劳动成果茁壮成长，这是一种简单的应变计算。他更想要给成瘾罪犯一个新的备选道路。即使一个人对这一系统内的实际个体没有同情之心（当然弗朗西斯法官肯定有），这套无效计划高昂的成本也会让他在意。2007 年的预算预测显示，按照目前的发展轨迹，得克萨斯州在五年内将需要大约 17 000 个额外的监狱床位，而且这五年的花费会超过 10 亿美元。[46]

现有监狱系统的明显失败促使得州州立法机构拨出 2.17 亿美元用于毒品康复项目，其中包括心理健康治疗、职业培训和特殊法庭。2009 年，弗朗西斯法官从这项立法中获得资金，他招了 20 名全职工作人员，其中包括毒品缓刑官和顾问（目前他手下有 27 名工作人员）。初步结果十分喜人。服刑人数下降，得克萨斯州没有再建造新监狱，而是关闭了三个监狱和一些青少年拘留中心。此外，该州的犯罪率在 2005 年至 2010 年期间下降了 13%，而假释撤销率在 2007 年至 2008 年期间下降了 27%，在 2008 年至 2009

年期间下降了 30%。无论一个人对犯罪和监禁的政治观点如何，这一结果都令人鼓舞。[47]

正如我在得克萨斯访问期间所了解到的，这些项目并不容易。参与者会接受随机的药物测试，被要求在特定的时间出席会议，并被建议参加咨询、就业会议以及面试。未通过药物测试、未能出席会议或未能出示证明出席了会议的文件的参与者，会面临三天的监禁。弗朗西斯法官告诉他们，有两件事他不能容忍——逃跑或说谎。如果有参与者搞砸了但坦白承认了，这位法官对他会比对试图撒谎的人更宽容；如果有参与者搞砸了好几次，这位法官会毫不犹豫地送他回监狱，服满刑期。在最近的一次采访中，弗朗西斯法官把这个项目描述为："如果你想努力工作，我就会给你一份薪水，我会减少你的社区服务时间，我会减少你的罚款和法庭费用，我会帮助你早日摆脱缓刑期，我会给面试你的人写封信，帮助你找到一份工作。但如果你就想回到监狱，赚你的 20 年刑期，那么那张单子我也会签。"[48] 很明显，弗朗西斯法官在他的法庭上强调了应变事件——给参与者一个适当的机会来控制他们生活中的应变事件。

作为访问的一部分，我观察了当时所有参与者的每周聚会。参与者约有 40 人，都犯了重罪，并被认定有毒品问题。在带参与者进入小法庭之前，工作人员允许我参加他们的每周会议。会议上，参会人员会提出对项目参与者的任何担忧，即任何可能阻碍参与者遵守该计划并最终"毕业"的问题。他们还要对取得的成绩进行讨论和总结。这些前囚犯不再是一个数字，他们有名字、有故事，最重要的是，他们还有未来的潜力。我觉得自己置身于一部有趣的纪录片之中。

这次会议最吸引人的部分是对一位误入歧途的参与者的讨论，他在前一次会议中赢得了梦寐以求的金星。在这完美的“刺激-反应式”应变建设世界里，这些前囚犯认为一颗金星的价值高于金钱、烟或其他现实奖励物。这颗金星之所以有价值，是因为它可以用来换取两次非常有价值的经历—— 一是他会被认可是在做积极的决策和行动，二是与法官一同享用烧烤午餐。项目参与者的应变基础设施似乎正在发生变化，从有形的实时奖励到增强无形资产（如自尊和自豪感）的经验。

这位前一周的金星得主承认他没有参加就业会议。相反，他伪造了主管的签名。他告诉大家，在赢得了这颗金星之后，看到法官为他而骄傲，他感到非常内疚，因为他欺骗了每个人。尽管他的谎言很可能不会被拆穿，但他还是在明白后果的情况下，承认了自己的错误。当我看着弗朗西斯法官听这个故事时，我可以告诉你，他对这位参与者的责任感印象深刻。这个人的确要承受后果，但他知道自己最终做出了正确的决定。

我不得不停下来重新组织头脑。一位曾经欺骗整整 27 人、包括法官的小组的前罪犯，因为被罪恶感的折磨，所以赌上了自己所有的荣誉。这名参与者的价值观和他想要的反应结果发生了一些变化。应变规则正在重新调整，它不再是关于眼前的结果，而是关于围绕着结果或奖励的环境。朋友之间的信任和诚实是很重要的。对自己的行为负责成为当务之急，而这足以颠覆一个人的应变计算。即使作为成年人，也并不晚。我的脑海里飞快地想象着大脑的哪些区域正在发生变化……哪个神经网络负责建立责任、自豪感和正直？

工作会议一结束，就该开庭了。当弗朗西斯法官进来时，参与者鱼贯而入，在木凳上找到了自己的座位。弗朗西斯法官穿着牛仔裤、扣式衬衫和他标志性的靴子——没有正式的黑色长袍，没有令人费解的法律言论，也没有傲慢的态度。法官叫了每一个参与者的名字，并以一种饶有兴趣的语气问他们做得如何，面试怎么样，和家庭成员的会面进行得如何，上周末派对上发生了什么……这些问题与满怀着爱的父母询问子女的生活时所提的问题并无多大区别……这部想象中的纪录片越来越好了。

一位新参加这个项目的参与者做了自我介绍。他的话让我意识到，无论一个人过去的应变情况如何，他始终在寻找希望——即使是在毫无希望的情况下。他说他十年级就辍学了，在街上闲晃，还做了各种错事。从那以后，他就一直进出监狱，错过了两个儿子的出生。他说，他一生中从未完成任何事情，他希望这个项目成为他一生中第一件成功完成的事情。

完成这一项目的结果是什么？一个毕业典礼，还有音乐、长袍以及一场仪式。家人和朋友都会到场；法官会宣布每一个人就此毕业；大家会接受自己的毕业证书，并聆听法官鼓舞人心的话语，脸上的微笑反映出内心的骄傲。

为了更多地了解参与者的个人经历，我采访了该项目的毕业生拉尼卡·皮特曼。2011 年，拉尼卡在法庭上面临盗窃罪的指控，被判 25 年有期徒刑。她得到了一个接受为期六个月的药物滥用重罪惩罚计划的机会，这一计划被她形容为“带有心理咨询的监狱”。其后，她进入了弗朗西斯法官的课程。在迈出这一步之前，她告诉我，她无法控制自己的生活……除了吃饭、睡觉、寻找毒品，她没有其他的事做。如果她要成功地完成法官的课程，她就必须改变现状。她告诉我，她 35 岁了，这个项目教给了她面对日常挑战的生活技能，她不再沉湎于可怕的生活状况，而是努力寻找“希望”。上了两年课程之后，她仍然怀抱着这份希望，并将这份希望投入到完成她在化学物质依赖咨询方面的学士学位上。她说监狱生活已是过去。“我不想再穿别人的脏衣服；我不想再吃救济食物；我不再想让别人告诉我我能做什么，不能做什么；我不再想喝脏水！这样的生活结束了。我做出了这个决定，而法官所做的工作就是帮助我做了这个决定。”[49] 她过去的应变计算已经过去，取而代之的是更新的反应-结果可能性。她对未来的生活产生了一种控制感。

拉尼卡和其他几个参与者将弗朗西斯法官形容为“父亲”。之后，弗朗西斯法官和两名工作人员抽出时间和我共进午餐，我们继续讨论了毒品法庭的课程。弗朗西斯法官说，大多数参与者都没有好的父母，也没有被家人善待过。现在，给他们一点儿严厉的爱还不太晚。此外，他还提醒参与者，他们也要为自己的孩子做一个有爱的、负责的家长。弗朗西斯法官拿出手机，分享了他侄女的照片，他称她为“饺子公主”。他给参与者看了这张照片，并提醒他们，如果他们继续吸毒或又进了监狱，那么他们将会失去什么。[50]

这位严厉的法官选择了温柔的关心、警惕的监控、公平的奖励，还有“饺子公主”的故事作为人性最有价值的一面的范本。那天，在弗朗西斯法官的法庭教室，我学到了很多。这次得克萨斯州的实地考察提醒我，尽管培养社会互动有重要的关键期，但做加法永远不会太晚。就弗朗西斯法官的毒品法庭的初步结果而言，他是在更有效的应变计算里做重大的修改。

如本章所述，养育过程的各个方面同时改变了养育者与被养育者的应变计算。除了养育过程和童年条件带来的改变，一些个体带着易发展出扭曲心理功能的倾向来到这个世界。精神疾病（如精神分裂症、抑郁症和强迫症）毁灭性地改变了大脑建立有效应变计算的能力。下一章的主题就是，精神疾病对个体合理决策能力的不幸影响。

第 8 章

计算有效应变策略，治疗精神疾病

当个体不幸遭遇精神疾病时，其思想与情绪的扭曲会以扭曲现实的大脑泡沫的形式出现。例如，被诊断为精神分裂症的病人会经历一种以幻觉（特别是幻听）的形式呈现出来的虚构现实，而这些幻觉对病人来说是万分真实的。这些幻觉和随之而来的被称为“妄想”的错误理念似乎是由错误的大脑加工过程所引起的。而对于强迫症患者来说，现实的扭曲放大了微小的风险，继而损害其正常生活的能力。例如，对细菌有害性的错误信念（又称“强迫观念”）可能会导致强迫症患者强迫洗手数小时。抑郁症患者的现实扭曲往往是消极性的，并且伴随对风险和不确定性的回避，而由此产生的大脑泡沫将损害患者朝现有目标努力的动机。

大脑泡沫通过扭曲一个人的思想、情绪和行为以扭曲现实，而精神分裂症、强迫症和抑郁症只是与之相关的精神疾病的三个例子。这种对现实世界的应变计算能力的受损使人愈发难以面对生活中每一天的起伏。随着人们越来越清楚保持准确的应变计算对做出最佳反应的重要性，最为有效的治疗策略应集中于打破大脑泡沫上，这样大脑才能再一次恢复从外在和内在环境中过滤有效信息的能力。如果个体能够获得或者说重新获得进行现实决策与有效应变计算的能力，那么更为现实的大脑过滤器对于缓和精神疾病会有很大帮助。

传记电影《美丽心灵》的原型、诺贝尔奖获奖者约翰·纳什在确诊为精神分裂症后的数年里一直在研究数学公式，他在普林斯顿大学数学系里重建了自己的认知资本。[1]在精神分裂症症状开始影响他的学术生产力之前，他创造了前文提过的“纳什均衡”理论。这是一种适用于经济学和决策制定的博弈论——它还适用于应变计算！比起最初看病时医生所推荐的精神药物和诱导性昏迷疗法，纳什更倾向于自己设计的“问题解决治疗策略”。他出席诺贝尔奖颁奖典礼，领取奖项，证明了他在与这种威胁特定脑区的疾病的斗争中所取得的成效威胁。[2]

重建应变回路以对抗精神疾病的方法目前尚未推广开来。事实上，在描述许多流行的精神疾病疗法时，使用“策略”一词都是牵强的。我们当下运用的许多方法是基于偶然而非战略性的、深思熟虑的策略。美国精神疾病病例数量没有如预期般出现下降——这一事实证明我们在这方面的进展甚微。约有 1 150 万美国成年人患有消耗性精神疾病，这些疾病影响了他们的个人幸福和谋生能力。改善的进展一直很缓慢，这一点无人质疑。据估计，美国人花费的精神健康成本，包括医疗费用、工资损失和提供必要支持的社会服务所耗的费用每年接近 5 000 亿美元。[3] 我在每个学期都对学生说，这些患者理应得到更好的治疗。他们需要能够缓解症状且能帮助他们走上长期康复道路的更具战略性的治疗方案。虽然精神疾病的起源相当广泛，从遗传到环境，到介于两者之间的所有因素，但研究人员和临床医生仍然满怀希望地认为，患有各种精神疾病的人能够恢复到正常功能水平。

这一章，我们会探讨过去和现在的精神疾病治疗流派，并考虑准确的应变计算功能在此过程中的作用。首先，我会介绍一个极端的案例，在这个案例中，精神科医生过度削弱了患者处理应变计算的能力。随着这位患者越来越依赖她的治疗师，她丧失了与周遭世界互动的能力。

谢里的应变切除术

几年前，我收到了谢里 · 斯托姆的电子邮件，她是在威斯康星州密尔沃基市实习的精神科医生肯尼思 · 奥尔森的患者。我曾在一本临床神经学教科书中介绍过奥尔森的另一位病人纳迪安 · 库尔，将其作为一个例子，以显示没有经过充分研究确认有效性的所谓精神治疗可能带来多大的破坏性。我是通过阅读报纸并观看电视节目《60 分钟》关于奥尔森针对纳迪安的治疗的报道，从而了解到纳迪安的案例的。

我联系了纳迪安。她对我说，她曾经去奥尔森那里治疗焦虑症，她的病源于她女儿所遭受的创伤。她无从得知她将要经历的噩梦——她被诊断为患有多重人格障碍，并被告知拥有两百多个人格（包括撒旦的新娘和一两只动物），她接受了催眠和一系列精神活性药物的“治疗”，以及超出医保额度的住院治疗——其中还包括一次驱魔仪式，过程中有人还拿着灭火器，以防她自燃。这种治疗策略的荒谬之处最终显而易见，纳迪安提起诉讼并于其后同意以 240 万美元与奥尔森达成和解。[4]

至于谢里，她为一件事感到沮丧不安，那就是纳迪安在奥尔森的辩护小组长达几周的侵扰性讯问后（奥尔森接受了同样的质询），做出了漫长的、充满屈辱性的证词，案件就此了结。对谢里来说，最重要的是，和解意味着奥尔森不会为他的行为承担法律责任，而她希望看到审判和有罪判决。谢里曾读过一篇我在《本科神经学教育杂志》上发表的文章，文章中提到了我那本涉及纳迪安案件的教科书，而她注意到了一个错误——我提到纳迪安接受了法院提出的和解，但和解其实发生于法庭之外。[5]谢里对于我失准的法律报告感到沮丧是可以理解的。我对这一问责感到失落，但我紧接着了解到谢里也是奥尔森的病人之一。我重新看了纳迪安那一期《60 分钟》，果然，谢里也在里面。她作为奥尔森的另一位病人接受了采访（和其他三位有类似经历的病人一起）。我的心沉了下来——又一个受那种假疗法所害的人。我告诉谢里，我对她所遭受的经历感到非常遗憾，并希望她能告诉我更多关于她的故事。我告诉她，我是一名神经科学家，不是临床医师，但是我可以认真倾听，并分享一些关于创伤反应及创伤对神经功能和心理健康的影响的知识。

谢里同意了，然后她的故事深深地唤起了我的共情。当我更多地了解到她的经历时，我感受到了厌恶和愤怒。我对有人会提供那么没有根据的"治疗"而感到遗憾，并对我从未明确谴责过那么轻率的治疗策略而深觉悔恨——毕竟，精神治疗领域与我所在的领域密切相关。但我正在超越我自己……让我从谢里的故事开始……

当谢里试图同时应对压力很大的无线电销售工作和十三年婚姻的破裂时，她经历了焦虑和失眠。她起初通过与心理咨询师交谈以应对这些人生考验。心理咨询师说，谢里当时的状况并非不同寻常，她的应变计算系统还在运行，她可以寻找最适合的帮助，降低焦虑，继续生活。即使如此，她还是被建议去看精神科医生，不同于心理咨询师，医生可以开药以改善她的睡眠。于是她进了肯尼思·奥尔森的办公室。初见时，谢里对他的学术背景深感钦佩——他的书架上有来自大学和医学院的毕业文凭，还有众多的医学图书。所有证据表明，这是一名受过高等训练的专业人士。而且，他还在当地医院享有盛誉。她确定他会治好她的病，她觉得很安心。

当奥尔森诊断她患有多重人格障碍并开始进行"恢复记忆疗

法”时，两人的会面变得有点儿混乱。治疗包括过度的催眠治疗，并配合含有几种精神活性药物的处方。催眠期间，谢里会被注入阿米妥钠（“吐真剂”），然后受到询问。奥尔森建议谢里在治疗期间与家人隔离，并为了方便让她多次在精神病房住院。

之后，谢里怀疑起奥尔森对催眠过程中发生的事情的描述，于是奥尔森开始录像。谢里发给了我其中一些录像（她从她的律师那里得来的）。看这些录像对我来说很艰难。谢里被药性支配，当奥尔森问她一些奇怪的问题，例如澄清他在和谁说话时，她不得不寻求护士的帮助。视频中，尽管没有任何证据表明谢里是除自己以外的任何人，奥尔森还是“辨认”出了某种“次人格”（栖息在一个人身上的另一种人格），并就此提出问题。除非我错过了一些心理学或生物学课程，否则我不明白为什么另一个人（人格）能够栖息在一个人身上。这些“精神小伙伴”会住在大脑的哪个部位？我意识到这听起来更像小说，而非20世纪的精神病学案例研究，但不幸的是，它发生在谢里和许多其他病人身上。我从其中一个视频上记录下了下面的内容，它可以呈现注射阿米妥钠后的治疗情况：[6]

谢里·斯托姆（SS）：这个药（阿米妥钠）对脑的作用是什么？就像酒精那样吗？

肯尼斯·奥尔森（KO）：是的，我想是的。

SS：所以，这是不是意味着，我不会记得这部分？

KO:（听不清）

SS：录下来了，哦。

KO: 我认为谢里想问的第一个问题，可能也是最重要的问题是，它真的发生了吗？

SS:（听不清）

KO: 它真的发生了吗？现在我鼓励你对着镜头说话，就像你曾经对着谢里说话一样。

SS: 到底发生了什么？

KO: 她想知道她是否真的被虐待了。她很困惑，认为这些都是她编出来的……有人愿意站出来回答这个问题吗？为了谢里？嗨，谁来了？

SS: 我不知道。

KO: 在这的人叫“我不知道”？

SS: 可能吧。

谢里说，奥尔森告诉她，在第一次这样的会面中，她身上出现了一个 5 岁大的人格（这部分没有录像），并声称自己遭受了性虐待。谢里反驳说，她不相信这样的事情发生过。她告诉我，奥尔森反复告诉她，我们的大脑就像一台能够将生命中所有的记忆都以原始且完整的形式保存的电脑。本章的初步陈述和本书的主题都在强调大脑需要大剂量的“现实”，以便进行有效的应变计算并达到最高运作能力。基于这一点，我很难理解这种“恢复记忆疗法”背后的原理。相对而言，以认知和经验资本建设活动的形式将真实世界经验带入心理治疗，为重新激活应变计算能力提供了能量。我让你判断一下，使用“吐真剂”和其他精神活性药物，并外加催眠疗法和具指向性的问题，是不是建立导向长期恢复的有意义应变计算的适当方式？就像你不能用止痛药恢复紧张的肌肉一样，让大脑昏昏欲睡并将其引入幻觉世界，并不能恢复它的功能回路。肌肉恢复需要实际的锻炼，而大脑恢复需要人们对信息进行适当的收集和处理，以维持神经网络的正常运行，并使其再次进入正确的决策模式。

如果应变计算对心理健康确实很重要，那么在谢里的治疗中，其主治精神病学家就创造了一种环境，使她甚至无法控制由“谁”占据她的精神空间，而这使她的功能水平受到严重影响。事情也确实如此。虽然她最初反对奥尔森下的诊断，但他持续的治疗让她接受了“如果她不继续记忆恢复疗法，她的情况会变得更糟”这一想法。奥尔森使用了终极的恐惧诱导策略——他告诉她，如果她停止治疗，她的次人格最终会伤害她的孩子。一天早晨，当她坐在快餐店，打开《密尔沃基哨兵报》看到上面的头条——《渎职诉讼：原告诉说恐怖记忆》时，她已不断削弱的现实世界过滤器与由治疗引发的大脑泡沫之间发生了冲突。一个看似难以置信的巧合是，当地医院的另一名病人（纳迪安）在接受与谢里同一位精神科医生治疗时，也有同样正在恢复的童年受虐记忆、两百多个次人格和多重人格障碍的诊断。（也是在这一次，美国精神病学会废弃了多重人格障碍的诊断类别，取而代之的是略有不同的分离性身份障碍这一诊断。）

埃默里大学临床心理学家斯科特·利林菲尔德和我一起为《科学美国人·脑科学》写了一篇名为“大脑伤痕”的文章，讲述了谢里的案例。[7] 标题指的是在谢里“治疗”结束数年后其大脑中仍留着奥尔森的治疗印记这一事实。大脑伤痕是那一系列治疗诱发的恐惧的结果——包括她对儿时被虐的恐惧和伤害她孩子（她从未做过）的恐惧。我邀请了谢里和斯科特来向我的学生讲述基于实证的疗法在精神卫生领域里的重要性。整个课堂都被谢里的故事吸引住了，同时学生们也对在 20 世纪末美国的一位医学专家为何能如此糟糕地处理个案而感到困惑不解。

慢慢地，谢里从“应变能力切除术”中恢复过来。她通过工作与人际关系获得经验，但进展缓慢。她的大脑伤痕仍在，而她因为这个伤痕一直对别人的意图保持高度警惕。如果一个曾经值得信赖的精神病医生颠覆了你的世界，其他人又会对你做什么呢？这是她的大脑在奥尔森的“治疗”里所学到的最强有力的应变反应，她发现自己现在很难相信他人。但是生活还在继续。她最近给我发了一条短信，附了一张有关她新疗法的照片。照片里，她正抱着她可爱的小狗提图斯（图 8.1）。我问她小狗疗法和她过去的治疗方案比起来怎么样。她回答说："没有可比性。你的狗可能偶尔会对你的财产造成一点儿损失，但是它会通过无条件的爱、轻松搞笑和忠诚使你忘记你曾经的伤痛。"[8] 多么棒的反应！很明显，谢里正在对自己

图 8.1 条件性宠物治疗

在忍受了对"多重人格障碍"的误导性治疗，包括多种精神活性药物和长期催眠治疗后，谢里报告说，照顾她的宠物狗提图斯所带来的应变计算能力，比精神病医生奥尔森所采用的疗法更积极、更有效。（照片由谢里·J. 斯托姆提供。）

的经历、反应结果和情绪逐渐夺回控制权……太棒了，提图斯！

我认为，多重人格障碍恢复记忆疗法是一种无效的治疗方法，而且，纵观历史，很多其他治疗方法也同样缺乏逻辑。目前只有少数几种疗法能增强应变计算功能，以防止新出现的大脑泡沫。在大多数情况下，修复被削弱的现实处理能力并不是精神疾病疗法的焦点。

精神疗法中的应变空白

我喜欢和学生分享科学或医学的案例，把这些案例告诉下一代的医生、研究人员、咨询师、教师和父母是很重要的。毫无疑问，对于成千上万正遭受着精神疾病痛苦的个体来说，如果现有的治疗方法几乎没有什么作用，那就说明，他们需要更有效的治疗方法。

过去的精神疾病疗法有一个致命的特点，那就是在确定各类精神疾病病因的过程中明显缺乏理论指导。这些治疗方法包括在头盖骨钻洞以破坏脑组织（前额叶白质切除术），以及让病人习得是潜意识里的冲动影响了他们的思想和感情（精神分析疗法）。当代最流行的治疗方法是精神药理学疗法，在这种疗法中，医生会使用一种特定的药物治疗所谓的“化学失衡”。

今天存在的数种疗法都是意外发现的产物。[9] 例如，在 1930 年，以煤焦油为原料合成的一种紫色染料在被发现具有抗组胺特性后，其专利权被一家制药公司收购。在法国一家医院对这种抗组胺药进行的早期临床试验中，研究中使用的患者包括部分被诊断为精神分裂症的患者。医务人员报告说，接受药物治疗的患者的精神分裂症症状（妄想和幻觉）有所减轻，其效果类似于接受脑叶切除术。因此，这种药物及作用与其类似的药物有时被称为“化学脑叶切除术”，这种药物在英语中也被称为“neuroleptic drug”（常译为“神经安定药”。在希腊语中，“leptic”有癫痫的意思），因为它治疗大脑失灵的方法类似于通过诱发癫痫（例如电休克疗法）来治疗癫痫的方法。这种药物的变种——氯丙嗪在 21 世纪被人们继续使用，而氯丙嗪有较低的成功率和较大的副作用。[10] 神经安定药促使人们接受了精神分裂症的多巴胺理论，即如果一种阻止神经化学物质多巴胺活性的药物能减轻精神分裂症患者的症状，那么，精神分裂症一定是由多巴胺过多引起的。阿尔维德 · 卡尔森的一项研究描述了多巴胺在健康和不健康大脑功能中的作用，研究澄清了神经安定药的神经生物学效应，这使他赢得了诺贝尔奖。但今天的研究表明，多巴胺在精神分裂症症状表达中的作用其实更复杂得多。以和氯丙嗪药效理论一样的逻辑，我们会问出这样的问题：如果自家的鸡汤能让我在感冒中感觉好些，那么我的感冒是因为缺乏鸡汤吗？

在治疗抑郁症的过程中，一种用于治疗肺结核症状的药物引起了护士们的注意。护士们注意到，患者的情绪似乎在服用这种药物后得到了缓解，这种药物就是异烟酰异丙肼。另一种用于治疗抑郁症的药物丙咪嗪，最初是用作抗组胺药。结果，人们发现这些药物增加了突触中存在于神经元之间微小间隙里的单胺类神经化学物质的水平。对于抑郁症来说，因为当一种药物增加了突触间的神经化学物质时，抑郁就会减轻，所以抑郁症中的化学失衡被描述为一种匮乏，而这产生了抑郁症的单胺理论。几十年后，治疗用药变得更加特化，因为它们只针对一种神经化学物质——5–羟色胺。新药与旧药同样有效，而且副作用较少。这种 5–羟色胺选择性受体抑制剂的早期形式之一就是广泛流行的药物——百忧解。[11]

虽然药物治疗在更可怕的治疗方式（如在精神病院接受诱发性昏迷疗法、休克疗法等）盛行的背景下出现，这使其看上去是较好的方案，但在为症状提供长期缓解和恢复方面，药物治疗并没有取得真正的进展。例如，追踪服用神经安定药的精神分裂症患者的长期结果的研究表明，经过 20 年的药物治疗后，患者病情没有任何改善。有趣的是，尽管在不同文化之间很难控制必要的变量，但有研究表明，在一些不发达地区（如尼日利亚），精神分裂症治疗的长期结果更好，而这些地区通常不使用药物进行治疗。[12] 这一结果悖论——最富有、最发达的国家与不发达的国家相比，精神疾病（例如精神分裂症）的治愈效果较差——可能是有由多种因素造成，例如，印度的高复原率可能是因为他们对家庭和社会支持的依赖程度更高，而这些都能帮助患者康复。[13]

我的学生往往并不怎么在乎以缺乏有效治疗精神疾病的知识为特征的杂乱无章的治疗过程。当他们得知自己听闻和信任的药物治疗在效率 / 成功率方面其实很低，并且有时具有令人难以接受的高副作用概率时，他们会感到担心。事实上，许多学生自己都服用过这些与焦虑、睡眠、学习、注意力等问题有关的药物。在弗吉尼亚举行的大学辅导员会议上，理海大学咨询服务主任艾拉·伯基读了一封学生来信。这位学生在信中讲述了她的精神疾病。她说，她需要多读一年才能从大学毕业，并且对自己做出导致与恋人分手的行为感到内疚，即酗酒、不努力学习、十分消极。与精神科医生约谈后，她得知，她的情况容易导致化学失衡，并患上抑郁症。医生告诉她注定要面临一场精神崩溃。之后，医生开了含有四种精神药物的处方——抗抑郁药勒克西普、安眠药思瑞康、心境稳定剂 / 抗癫痫药拉米托和抗多动症药物福卡林。[14] 我不知道这么多药物对一个人现有的神经化学和神经生理的影响有多大。

既然我们已经考虑了那些不太有效的治疗方法，那么现在让我们来做一个关于治疗抑郁症、精神分裂症、焦虑症等精神疾病的最佳治疗策略的思想实验。让我们从本书中强调的总体理论开始，这个理论就是当我们的大脑收集经验资本并实时地接收、过滤和处理来自环境的相关信号时，我们的功能处于最佳水平。根据这条推理路线，这些能力对于强化我们的应变计算，以做出最好的选择并达到健康的、理想的结果而言，至关重要。考虑到这一理论，被诊断患有精神疾病的大脑应该远离可能产生大脑泡沫的治疗方法，因为大脑泡沫会损害对有价值的信息的处理，所谓有价值的信息是指对让我们做出最明智的人生决定而言必需的信息。由于没有明确的证据表明存在与抑郁症等精神疾病相关的化学失衡，所以给患者开一些可能干扰必要功能的药物或化学品有些可怕。正如神经可塑性研究先驱迈克尔·默策尼希和他的同事最近所写："在行为主义的临床医生眼里，这些方法是近似于野蛮的……用化学方法再次扭曲一个病人受伤或功能失调的大脑，以此来治疗他？当数百种化学功能因为大脑受伤或疾病而被改变时，这种方法怎么可能纠正造成紊乱的关键性不足呢？"[15]

为找到化学治疗策略的替代物，迈克尔·默策尼希开展了神经可塑性研究，并将研究对象从啮齿类动物和猴子扩展到人类。研究取得了十分有趣的结果。默策尼希是波斯特科学公司的联合创始人兼首席科学官。该公司主要开发认知训练软件，以提高感官、认知和决策技能，最终目的是增强和维持心理健康。基于针对精神分裂症患者的成功的临床前研究，这种治疗方法目前正在接受美国食品药品监督管理局的试验，以保证其有效性和安全性。[16] 最终的结果还需要一段时间，但是在没有传统药物和手术的情况下建立应变系统这一构想，是非常令人兴奋的。

如果使用上述有效的理论结构来恢复精确的应变计算，那么当不存在已知的特定结构异常时，诸如外科手术这样破坏大脑结构的疗法以及可能会使神经化学物质失去平衡的药理学方法，就应被排除于最为有效的治疗方法之外。额叶切除术是过去的事情了——谢天谢地！在20世纪60年代，它被视为更精密的药物疗法取代。不幸的是，尽管从20世纪90年代中期到其后五年，抗抑郁药的使用量增加了近两倍，但抑郁症的发病率仍在继续上升。[17] 的确，有些人在过了一段时间后会好起来，但是治疗成功率有时低到20%~30%，安慰剂的效果和这些治疗的成功率没有太大的差距（关于安慰剂效应这一迷人的领域，更多的信息会在第10章介绍）。即使抗抑郁药取得了一定的成功，副作用有时也比这种疾病本身造成的问题更多，而且在坚持药物治疗的患者身上，复发率也高得令人无法接受。[18]

虽然可以简单地通过追溯既往来排除无效的疗法，但我们很难确定最具潜力的疗法。然而，如果使用“改进的应变计算”这一标准，一些治疗战略可以成为潜在的候选者。这些治疗方法强调让患者恢复应变回路、充实经验和认知库存的能力，从而使他们的大脑更接近正常的功能状态。有趣的是，最有效的心理治疗，例如暴露疗法或系统脱敏疗法，就是这样做的。暴露疗法通过将患者暴露于一种会让他们产生恐惧的、对他们造成障碍的刺激（例如蜘蛛），以此来建立患者准确的应变计算。有足够的证据证明这种方法对于治疗恐惧症等精神疾病是有效的。在一项研究中，大约90%的患者在这一短期治疗后的四年内仍然受益于这种疗法。[19] 对于患者来说，这种应变反应结果是很简单的，即使需要患者直面自己最大恐惧的疗法并非总受到患者的欢迎。患者会逐渐学习到，与蜘蛛接触没有负面结果（以蜘蛛恐惧症为例）。因此，反复的“反应-结果式”试验最终会使患者摆脱对蜘蛛的恐惧。当然，对暴露于如公开演讲、考试或者高处等的恐惧也可以通过暴露疗法来治疗。

另一种治疗形式——认知行为疗法（CBT），尽管也对其他疾病有效，但它主要用于治疗抑郁症。这种治疗的前提是，抑郁的症状是由于错误的认知或想法所引起。换句话说，这种疗法认为大脑泡沫是由不同形式的错误推理干扰了真实信息的处理而造成的。CBT 涉及在治疗师的指导和干预下重新塑造患者的认知框架，以便使其能够再次获得理想的生活。其重点更多地放在减少症状从而使病情缓解上面，而没有放在疾病确切的神经生物学原因上面。在 CBT 中，患者除了评估他们关于如何获得理想行为的新想法，还必须发挥积极的作用，以测试其现有想法和信念的有效性。鉴于研究参与者寻求和接受治疗的丰富个人历史，只用这些技术中的任何一种进行一项完美的研究以获得成功率，都是不可能的，但 CBT 具有包括较低复发率、较轻副作用和较低成本在内的治疗结果，似乎比抗抑郁药物疗法更有效。[20]

目前的行为疗法具有创新性和发展潜力，但它们并非第一种需要患者积极参与的非侵入性疗法（在这里，非侵入性指的是不以工具往体内引入任何治疗剂）。在 19 世纪初，贵格会的治疗策略是以尊重的态度对待精神疾病病患，并提供一个有课堂和花园的环境，以吸引病人积极参与其中。记录显示，在宾夕法尼亚医院研究所里由贵格会医生托马斯·柯克布赖德治疗的病人的复原率是50%，这是至今为止最优的疗效记录（若不计暴露疗法）——这还是在一个几乎对大脑或精神疾病的原因一无所知的时代。从17世纪“疯子”被麻木不仁地公开展览，到19世纪病人在保护其尊严的医院接受人道的治疗，这一过渡标志着精神病患者的治疗发生了巨大变化。在1813年，由费城贵格会支持的第一家私人医院取了一个很棒的名字——“为被剥夺理智的人提供的友谊庇护所”。[21] 令人遗憾的是，在21世纪，除了治疗领域里几种稍微有希望的方法（下文讨论），几乎没有任何可与19世纪早期方法相媲美的进展。我们必须做得更好。

综上所述，我们的思维实验表明，不以患者积极参与为特征的治疗（如手术和药物）使患者大脑恢复的可能性低于更积极、更具参与性的治疗策略。在下一节中，我们将重点讨论抑郁症治疗，这是我们实验室的一个研究领域，我在这个领域中已经思考和写作了几十年。这些年来我了解到，随着新信息不断产生，我们必须不断修改对这种疾病及其治疗的想法。因此，我不断地更新关于抑郁症的最佳治疗方法的应变计算。就目前而言，一种被称为“行为激活疗法”的治疗方式通过了对于确定治疗有效性万分重要的理论和实证的检验。

以防万一：蓝色线索

即使在女儿们还小的时候，我也不是儿童电视节目的超级粉丝——它们看起来和现实生活很不一样，我觉得有点儿烦人。不过，当时有一个叫“蓝色线索”（又译“蓝色斑点狗”）的节目似乎很有趣，但即使如此，我也并没有把这个节目和我对另一种“蓝”[①]（也就是抑郁）的专业兴趣联系到一起。多年来，我对这个电视节目的尊重持续增强，我认为制片人通过这个节目为学龄前观众的思维发展奠定了基础，以使他们在未来更容易成为应变计算冠军。此时，回想起来，《蓝色线索》提供了如何建立对抗抑郁情绪的复原力的线索。

那么，《蓝色线索》为学生们提供的复原力建设是什么呢？制片人对儿童教育研究文献进行了研究，并决定在儿童观看节目时，采用吸引他们积极参与的形式。这与我们在情绪复原方面的最佳做法是一致的。因此，这个节目更像是一个娱乐版的认知行为疗法。此外，有一次，该节目发现一位学龄前儿童想要反复观看某一集试播集，于是建立了连续五天重播同一集的创新策略。该节目每一集都首先呈现一个关于一只名叫“蓝色”的狗的谜团，然后由节目中唯一的真人角色史蒂夫指导收集线索的全过程。一旦

① “Blue”（蓝色）在英语里也有忧郁的意思。——译者注

所有的信息被收集，并记录在手边一个时髦的笔记本上，史蒂夫就邀请孩子们来帮助解决那一天的问题。是的——学龄前儿童的应变计算！

这个节目对观众有积极的影响吗？一项研究表明重播同一集提高了观众的理解和问题解决策略。随着时间的推移，《蓝色线索》的观众也发展出更强的信息收集技能，使他们在解决问题方面更有效率。[22] 尽管这项研究是由该节目的有线电视频道尼克国际儿童频道所赞助的，因此里面可能有点儿自利的成分，但这结果仍是充满希望的，它强化了一个观念——对于童年早期来说大脑应该被训练为最有效的应变计算器。

我们没有针对成年人的《蓝色线索》版本，但有一套作为认知行为疗法的延伸的治疗方案，它为治疗抑郁症提供了有价值的线索。前面提到的行为激活疗法（BAT）是在 1990 年由华盛顿大学的尼尔·雅各布森正式提出的。BAT 拓展了积极参与治疗过程的概念，比电视节目能够做到的要更多得多。[23] 他把这种疗法从更传统的认知行为疗法当中梳理出来，以确定它是否和更广泛的疗法一样有效。BAT 要求患者与其治疗师 / 教练合作以确定激活策略，而这些策略会将他们一次又一次引向积极结果。在我看来，基于这一领域的研究来说，与预期结果相关的积极情绪是大自然最纯粹的抗抑郁治疗形式。在这种类型的治疗中，只会加剧消极结果、助长抑郁症状的导向回避、被动和撤退的现有模式会被识别出来，继而被削弱。因此，BAT 代表的是从“个人疾病模式”当中转移出来（在个人疾病模式中，焦点是个体内部的某些功能障碍），转换到重点关注生物体如何建立行为与环境之间联系的“功能模式”。这一策略能让患者更好地控制他们的反应结果。然而不可否认的是，了解与最佳的环境互动模式相关的神经生物学机制也很重要——这正是我们在实验室中通过研究基于努力的奖励式应变建设所做的。当一个人获得对自己所处的环境的更多控制并变得更有能力做出最优的决定，从而达到预期的反应结果时，大脑发生了什么变化？当然，我们的患者是大鼠，不是人类，但是它们也同样有着复杂的行为。因此，这是个探索能够适用于人类的战略性治疗方式的好起点。

正如之前所述，基于努力的奖励模型鼓励大鼠们通过学习如何挖掘玉米芯干片的小丘来“赢得”它们的甜麦圈奖品。在训练后，当它们无法找到它们期望的回报时，便表现出灵活的行为，具体体现为多种搜索策略。在这些大鼠版本的 BAT 上，我们看到了搜索能力提升、韧性变强的结果，而这意味着当谈到大脑的经验资本时，大鼠和人类并没有太大的不同。

当令人垂涎的甜麦圈被移走时，在啮齿类动物行为任务中以预测误差的形式呈现的不确定性，可能是理解对焦虑和抑郁的易感性的关键。正如本书中所讨论的，不确定性常常会引起焦虑。当我们反应选项的结果不明确时，我们中的一些人可能会因为害怕做出错误的决定而延迟反应。根据我们的啮齿类动物模型，通过获得经验资本（这也是 BAT 的目标），可以减少这种应变计算焦虑。事实上，这几种不同的精神疾病有一个共同的特点，那就是对不确定性的零容忍。[24] 因此，能够建立对不确定性的控制感的生活经验和治疗方法将是有效的解决方案。这不足为奇，因为它符合我们关于应变计算在维持健康大脑中的关键作用的理论方法。据此，我很有兴趣听听加拿大研究者及作家斯蒂芬妮·韦斯特隆德是怎么说的，她报告的初步证据表明，户外活动，如园艺和农耕，在传统疗法效果不佳的情况下可以有效地减少创伤后应激障碍的症状。[25]

那么，更常被归类为神经学范围的脑部疾病，即伴有明显神经解剖学改变的脑肿瘤或阿尔茨海默病等疾病呢？应变建设理论也适用于这些疾病吗？在这一领域还有更多研究工作要做，但最近利用前面所提到的脑训练所进行的研究显示，这种虚拟的应变建设提高了决策技巧，而这是应变计算受到影响的证据。例如，最近南佛罗里达大学的耶里·爱德华兹在一项研究中，通过一个名为“双重决策”的大脑训练计算机练习，得出了该练习降低了个体对阿尔茨海默病的易感性的结论。该练习的软件由波斯特科学公司提供。练习中有两种类型的车辆，如一辆卡车和一辆汽车。两类车辆的图像在屏幕中央随机交替出现，参与者被要求识别这些图像。随着车辆在屏幕上的停留时间越来越短，而且两者越来越相似，直至难以区分的地步，“游戏”的节奏也越来越快。更难的还在后头——参与者还必须确认，在视线周围的哪个位置出现了 66 号路的路标，而设计者还加上一个容易分散注意力的背景。现在你知道这个练习需要多少的专注力。在这种治疗中没有药片、针剂、手术工具或电极。这项研究追踪了大约 2 900 名健康参与者，年龄从 65 岁到 94 岁，为期 10 年——这是疾病预防研究所需的最低参与量。在 5 周内完成一次一小时、共计 10 次的治疗后，在随后的 10 年中，参与者患阿尔茨海默病的概率降低了 33%；在第一年和第四年各增加了一场增强练习之后，患病率降低了 49%。[26] 考虑到其低成本，以及实施治疗的人未经过必要的医学训练，这一结果更加令人震惊。

因此，我们在很难回顾精神疗法的历史后，声称已经取得重大进展。回想起来，在所有早期疗法中，似乎贵格派所使用的疗法是最有希望的。虽然，我们需要复杂的研究来梳理这一涉及多项因素的疗法里最为有效的方面。为患者提供宜人环境所带来的好处背后的确切机制是什么？啮齿类动物的应变训练已经确定了情绪复原力与和环境之间更为积极的相互作用有关，这或许能说明 BAT 的成功。CBT 和 BAT，以及新的充满前景的通过计算机进行的脑干预训练，正在提供更正规的实验室方法，让我们了解更多形式的脑活动与能够以健康方式处理信息的大脑之间的联系。从某种意义上说，我们在围绕这些以患者为主导的方法兜圈子。最近的发现证实了拥有一个不强调症状也不剥夺理智的环境的重要性——在那里，患者基于现实的应变回路会得到调整，以便能够进行有效的应变计算。

合并磁场和应变能力建设场

尽管在确定有效的精神疾病治疗方法上，人们进展缓慢，但研究一直在稳步推进，并且很大一部分是在令人兴奋、充满创新的领域。人们正在探索遗传标记，以及各种形式的脑治疗——从脑深部电刺激到光遗传学（见第 4 章）。我在课堂上声明，随着所有这些令人兴奋的研究的展开，我们早该得到变革性的治疗方法。

在我看来，在行为疗法之外，最有希望的脑部治疗方法之一是用外力温和地扰乱大脑的电磁场——外力即非常大、非常强力的磁体。这种疗法被称为“重复经颅磁刺激”（rTMS），它疗效较好且损害较小。rTMS 可以有效治疗对药物治疗反应不佳的抑郁症患者，这类患者被称为“治疗耐受患者”或“药物耐受患者”。这些耐药患者中大约有一半对 rTMS 有反应，其中约 33% 的患者症状减轻。[27] 由于磁体可以作用于大脑的各个部位，临床神经学家乔纳森·唐纳和他在多伦多大学的团队正致力于为这种治疗寻找最相关的脑靶点。确定最有效的大脑位置将最大限度地提高治疗的有效性，使治疗产生最快的反应、最大的缓解率和最小的副作用。

前额叶皮层作为情绪和认知功能的纽带，一直是 rTMS 的靶点之一。最近，唐纳和他的同事将注意力集中在背内侧前额叶皮层，这是与这项技术的改进密切相关的一个特定区域。当这一区域受损后，可观察到 80% 的抑郁风险。而当 rTMS 最受欢迎的靶点背外侧前额叶皮层被损害时，观察到的风险则较小。[28] 研究人员正在进行广泛的研究，以确保这一程序的安全性，并确定相关参数，如刺激持续时间和治疗次数、副作用、与这种特定治疗相关的时间。如前所述，到目前为止，这种无创治疗是一种有效的治疗策略，尤其是对耐药抑郁症患者而言。有趣的是，这些改进与提高注意力、提高处理速度有关。嗯……听起来很熟悉。也许大脑训练和 rTMS 法是在以非常不同的方式刺激相似的大脑回路并且影响相似的反应结果。[29]

你可能会认为，根据我们强调患者积极作用的治疗标准来说，rTMS 有一个局限性，那就是患者的角色非常被动。这也正是我所考虑的。无论如何，如果 rTMS 能够调整患者在治疗环境外面对现实生活时处理应变计算的脑区，那么它就是有帮助的。但是，如果更积极的认知行为疗法能在某种程度上与 rTMS 结合呢？我们或许可以更为精密地调整大脑的注意和应变计算回路。这一策略被用于治疗一位患者——患有抑郁症的 26 岁已婚女性，各种抗抑郁药物对她近乎没有效果。治疗时，她戴了耳机，以便治疗师可以与她就她的想法和相关反应进行交流。这位病人表示，与只接受 rTMS 相比，这种综合疗法使她能够及时意识到自己有害的、消极的想法，以消除它们。[30]像这样的辅助疗法让人充满希望。正如医生在以处方药物改善医学状况的同时也需要教育患者进行生活方式的改变，与真实世界互动对于戳破可能导致精神衰弱的大脑泡沫至关重要。

我期待看到更多结合非侵入性治疗的研究。因为大脑需要真实的经验来调整应变计算回路，因而一种积极的疗法，如 CBT 或 BAT，在心理健康方面是非常有价值的。而其他的治疗方法，如脑训练、rTMS 甚至自己设定的活动计划（例如新的爱好或工作），可以进一步加强必要回路的激活，将病人从大脑泡沫的迷雾中拉出来，让现实更加清晰。

虽然本章的大部分研究都集中在疾病出现之后的治疗上，但更重要的问题是，精神疾病出现的可能性是否可以降低？是否有预防策略可以保护我们免受精神疾病的困扰？

大脑的低语

传统的神经科学研究方法是利用过去的研究和经验产生一个假设，该假设指向与特定问题相关的特定脑区。当预期的奖励不在应有的位置时，动物哪些脑区的活动会增强？哪些脑区会在慢性压力中产生有效的应对措施，会在不确定的条件下产生更积极、更具战略性的反应？查阅文献，将我们实验室过去的发现纳入考虑，之后，进行研究，探索大脑，以确认假说的准确性——这是我实验室里年复一年的情景。慢慢地，我们收集到明显的证据，它们指向有趣的理论，比如战略性应变计算是大脑的一个重要功能。我总是对这些研究的结果翘首以盼，以确定我们的假设是否有证据支持——就像在看一部悬疑惊悚片。此外，在每一项研究中，我都忍不住反复查看显微镜切片（每个切片里都固定着一片非常薄的脑组织横断面），然后检查所有的组织，观察是否有什么突显了出来。就像病理学家进行尸检以寻找揭示一个人死亡原因的线索一样，我迫不及待地想要检查大脑的所有角落和缝隙，以检测任何可能在啮齿类动物大脑中发挥关键作用的细胞或神经化学物质。我和学生将其称为“大脑的低语”，它引领我们走向设计下一个有趣研究的发现之路。

在最近的一系列研究中，我们发现了可能有助于避免大鼠产生抑郁症状的复原力的神经生物学标记。我听到了两个脑区的低语——外侧缰核和脑岛（图 8.2）。它们在遇到情绪威胁时出现的激活模式勾起了我的兴趣，我想要针对它们如何参与情绪恢复、有效应变计算建设了解得更多。结果，我们在大鼠的大脑里发现了一些非常有趣的东西，而我们的研究现在也更集中于这两个脑区。这些区域其实早已是临床研究的对象，并且可能是发展新的精神疾病疗法的关键。我并不是指，它们单独与受多种精神疾病困扰的应变混乱的大脑相关；我是指，它们是与心理健康关联极大的神经网络的重要组成部分。

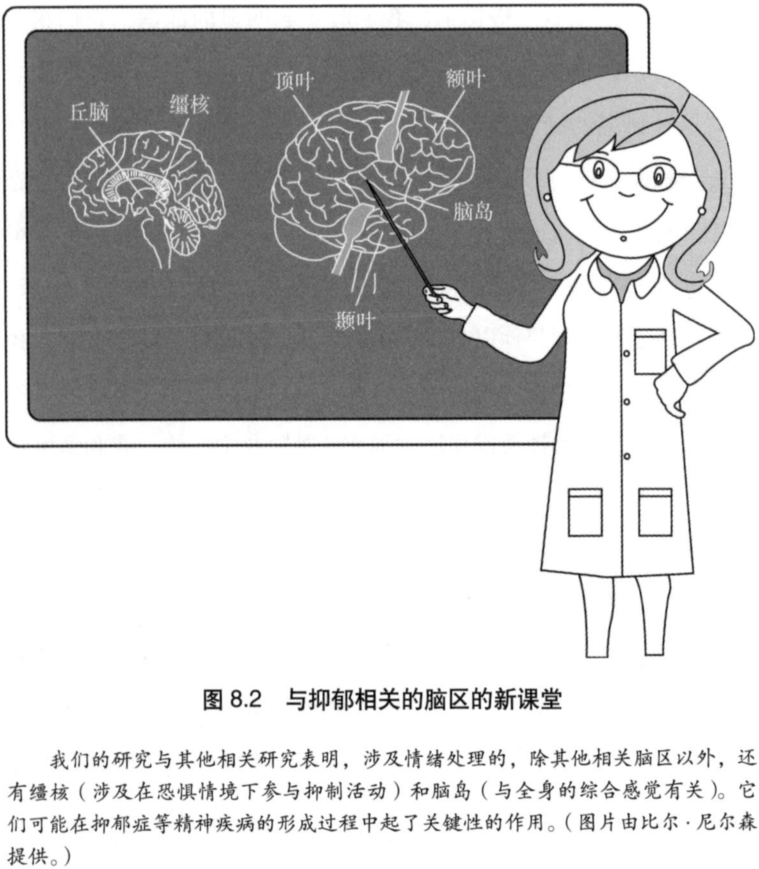

图 8.2 与抑郁相关的脑区的新课堂

我们的研究与其他相关研究表明，涉及情绪处理的，除其他相关脑区以外，还有缰核（涉及在恐惧情境下参与抑制活动）和脑岛（与全身的综合感觉有关）。它们可能在抑郁症等精神疾病的形成过程中起了关键性的作用。（图片由比尔·尼尔森提供。）

让我们从外侧缰核开始。在我的注意力转移到这个区域之后，我们就将其纳入了情绪调节研究。在最易受攻击的动物中，这一区域有明显的加速活动。在此，我提供一些大脑背景知识：外侧缰核是一个小结构，它可以调节对压力、焦虑、睡眠、奖励和疼痛的反应，而且，在与它有关的脑区中，有脑区对某类神经化学回路有影响，这类神经化学回路利用与情绪和抑郁症有关的单胺类神经递质（例如，5-羟色胺、去甲肾上腺素和多巴胺）。虽然我们通常认为更多的活动是好的，但在这种情况下，外侧缰核的过度活动与动物样本和人类的抑郁症状有关。当动物模型身上这一区域被破坏时，就会观察到抗抑郁的效果。也就是说，这些动物的活动更难以被情绪阻挠。[31] 进一步的研究表明，外侧缰核与对行为的潜在厌恶性结果密切相关。因此，它可能会使应变计算偏向于指导个体避免不确定的境遇，以减少不理想结果发生的可能性。[32] 我们还发现，一种被称为“脑源性神经营养因子”的神经因子在没有经过应变训练的动物（应变能力缺陷组）的外侧缰核里更多。在其他实验室里，这一脑区活动的增加与无助，也就是被视为“放弃”的行为有关。这些动物就像认为自己对环境什么改变也做不了那样接受了环境。因此，外侧缰核似乎在评估威胁情境并判断最好的反应就是没有反应上，发挥了作用。[33]

是的，有时候没有反应是最好的反应——一只动物最好安静地待在巢穴里，而不是活跃地四处跑来跑去，引起其他动物（尤其是食肉动物）的注意。然而，动物们应该静静等待的时间也是有限度的。当动物处于压力所致的静止状态时，其他动物不仅得到了食物和其他资源，还得到了配偶。因此，如果外侧缰核的过度活动与习得性无助和抑郁状态有关，那么应该将这一区域作为不同类型的脑治疗的对象，如脑深部电刺激（一种需要将电极置入特定脑区的侵入性技术）。可能非侵入性的方式也能同样有效地抑制外侧缰核的过度活动。[34]

在我们的研究之中，另一个脑区——脑岛又如何呢？神经解剖学家巴德·克雷格在菲尼克斯的巴罗神经研究所进行研究，他对这个脑区的发现最多。他的探索使他将这一区域与他称为“内感受”的感受性联系起来。内感受是与身体相关的信息的一种处理类型。温度感受监测身体的温度，本体感受监测肢体的位置和运动，内感受监控发生于身体内部的感觉。当有人问你“你感觉如何”时，脑岛可能会参与随后的内感受，以提供一个回答。脑岛也与神经经济学，或者说与生存或成功相关的战略决策有关，因为这个脑区监控与多种潜在反应相关的身体支出。克雷格认为，针对这一脑区的研究表明，大脑使用内感受来计算相关能量支出和各种反应收益。因此，内感受的过程会激发我们特定的感受或情绪，从而指导我们做出最为有效的反应。厌恶性情绪和感受（悲伤、恐惧）代表着不成比例的高能源成本（或者说生理价格），而这会促使我们避免相关情境，而积极情绪（快乐、幸福）则会引导我们做出可能产生预期效果的反应。按照克雷格的说法，这种针对具体行动的评估对于帮助我们做出决定以及不超出能源支出安全区的反应至关重要。[35]克雷格这句话的言下之意是，脑岛能帮助我们决定一项特定行动是否值得执行，其结果是否值得身体和情绪方面的努力。这在我听来就像应变计算！

研究表明，脑岛对于与被称为“厌恶”的情绪反应有关的神经过程是十分重要的。厌恶通常会迫使一个人避免引起该反应的任何人事物，这种行为有可能代价过高或过于危险。抑郁症患者对于呈现厌恶反应的面部表情的认知能力受损，并且相应地，他们脑岛的灰质有所减少。这表明他们的脑岛可能无法敏感地做出最合适的决定，从而损害应变计算。[36]另一方面，在我们的啮齿类动物模型中，当灵活应对型大鼠面对预测误差时，它们的脑区的神经激活较少。看来，灵活应对的大鼠不像其他应对策略的大鼠那样受到不确定性的严重影响。[37]

脑岛被认为是抑郁症治疗的靶点。在一项吸引人的研究中，对药物治疗和认知行为疗法有不同反应率的抑郁症患者接受了脑部扫描（正电子发射断层扫描）。成像显示他们的脑岛呈现出了值得注意的差异。这一脑区反应较低的患者对认知行为疗法的反应更积极，而呈现出过度反应的患者对抗抑郁药的反应更积极。这一结果表明，对于内部功能的过度的自我意识可以通过药物降低，而认知行为疗法似乎为低活动组的脑岛提供了必要的帮助。[38]在另一项利用不同的脑部扫描方式 fMRI 的研究中，研究人员向参与者展示了一幅刺激脑岛活动的威胁性图片，然后，参与者根据他们所受的训练，能够适当地提高脑岛的激活程度来处理威胁，并评估自己的反应。[39]因此，这个大脑区域可以通过基本的学习 / 行为干预而受到影响。

正如你可能已经总结的，我们不太可能找到与抑郁症等精神疾病的发病相关的单一脑区。无论如何，外侧缰核和脑岛都应纳入我们的关键脑区库存——其余是执行功能的前额叶皮层、如海马区等对神经可塑性敏感的大脑结构，以及其他情绪区域，如杏仁核（和恐惧相关）。所有这些脑区都可能是相关神经回路的组成部分，由神经化学物质推动并调整；它们使我们能够日复一日地进行最明智的决定。

根据几种方法有别的研究，大量证据表明，旨在精细调整大脑接收、处理相关信息并以有效方式做出反应的能力的治疗策略，是精神疾病治疗领域值得期待的一个发展方向。试图替换不存在的化学缺陷或毁坏没有明显损伤的神经回路的日子已经过去。即使如此，精神病学行业接受如行为激活疗法和脑／认知训练等非传统医学方法的速度依旧缓慢，这一点值得关注。正如迈克尔·默策尼希所说，这是因为它们都是颠覆性疗法。从某种意义上说，它们与业界当前的思维模式——吃药、接受心理咨询、准备做手术相冲突。不可否认，从这些更为传统的医学方法中可以赚到很多钱，而金钱在决定哪些方法最受关注上是很重要的。然而，现在是精神卫生行业重新评估这些传统治疗方法的效果的时候了，我们可以提供最为有效的疗法，让那些患有消耗性精神疾病的个体回到应变计算游戏中来——回到他们有认知与情绪资本、可以信任自身决定的状态，并因此再一次对自己与周围世界的互动感到满意。

预防精神卫生问题的应变路径

在精神卫生领域，有效的治疗策略并没有像其他疾病领域来得那么快。这是为什么？美国国立精神卫生研究所所长汤姆·因塞尔说，精神卫生的重点一直都是治疗症状。这听起来并不是什么糟糕的策略，只是如果行为已然被改写并产生了症状，那么，从神经生物学的层面而言，病程已经到了相当后期的时间点。想想看，如果我们不得不等到一个人心脏病发作后才考虑治疗，那么我们在心血管疾病的治疗上会落后多远。在心血管医学领域，正如许多其他医学领域一样，人们把重点放在了危险因素上，如高血压、心跳不规律或高胆固醇水平，以便在心脏病发作之前就能解决这些危险因素。[40] 因此，我们需要把关注更多放在预防精神疾病上，即确认精神疾病相关的生物标志并在精神疾病全面发作之前处理它们。

失灵的大脑需要实时反应来校正有疾病发展趋势的神经网络结构，对此，我们了解得并不少，那为什么这么长时间过去了，我们却还未能将这些发现转化为减轻人类痛苦的真正疗法呢？默策尼希说，这些新方法代表了一种颠覆性技术，新的治疗法可能以一种非传统的方式，例如通过电脑或在智能设备上的应用程序，而不是通过药物或手术来提供。新的治疗策略（如行为激活疗法）并不一定要求治疗者有医学学位，这也是社会迟迟不能接受新方法的另一个原因。值得关注的是，因塞尔这位精神疾病领域的世界级权威人士从美国国立精神卫生研究所辞职后，加入了谷歌的“阿尔法生命科学”部门。他对精神疾病治疗领域的缓慢步伐感到沮丧。在最近的一次采访中，他评论道：“尽管美国国立精神卫生研究所以每年15亿的经费作为补助金和研究花费，但生物科学在对抗抑郁症或精神分裂症方面并不怎么成功。最近几十年，精神类药物并没有得到多大改进，常见精神疾病的遗传原因也没有确定……在未来，当我们想到私营部门和健康研究时，比起礼来与辉瑞（制药公司），我们可能更容易想到苹果公司和IBM公司。”[41]

当然，随着我们越来越多地了解危险因素和生物标志，对精神状况的追踪可以以类似对其他疾病（例如糖尿病和心血管疾病）的追踪的方式展开。此外，随着越来越多的人了解人类神经网络的可塑性，以及如何不通过侵入性技术就将它们调节至更理想的功能状态，我们的生活方式会得到调整，以避免增加对精神疾病的易感性。我相信，我们都同意，当涉及精神疾病时，我们不太可能在不久的将来研发出万能药。而与有明确的神经化学异常和神经解剖异常有关的神经疾病，比如帕金森病和多发性硬化症，对传统的医学治疗更容易有反应，但即使如此，体验疗法也可以作为对现有医学疗法的重要补充。

尽管精神疾病影响着我们中的许多人，但幸运的是，还有更多人是健康的。下一章的主题，将转向大多数人的生活主题——工作！我们将考虑如何运用我们对大脑应变计算功能的知识，使我们的职业生涯更有意义、更有成效。

第 9 章

应变计算器的应用

如果现实的观点对我们大脑管理我们与周遭世界的互动至关重要，那么，对于在不同商业组织当中工作的个体来说也是如此吗？扭曲现实的大脑泡沫的出现，会否损害雇员、管理者和企业领导的职业表现？

工作的世界更接近我丈夫加里的领域，他是一位工业组织心理学家。他曾试图教会我通过执行测验（例如著名的迈尔斯-布里格斯人格测验）来评估一位求职者是否适合其应聘的工作岗位。作为"教育"的一部分，多年来他一直招募我参加这些他准备用作任务工具的测试。当我被迫选出哪个反应选项最适合我的时候，我总想发牢骚……因为没有任何选择能准确地捕捉到我的想法。"别想太多，凯莉。"加里多次这么跟我说。我认为过度思考是对我所谓人格的最到位的描述，这使我成为这些评估的反面教材。

我真正感兴趣的不是我个人的人格特质或缺点，而是一个更大的问题——特定商业系统中所有参与者都具有现实的反馈这件事的重要性。与我过去的研究之旅相一致，我更愿意在实验室的受控环境中研究这个课题。但我并不能雇用大鼠雇员或大鼠经理，以在实验室良好的受控环境中研究它们对年度评估或管理危机的神经生物反应。我曾在非常有限的程度上尝试过一项关于工作场所训练的研究。我训练大鼠为甜麦圈“工作”，并发现这项工作带来了神经生物层面的益处。这种对大鼠职业训练的尝试表明，工作有助于产生自我效能感或自我能动性。

为了了解在商业世界中避免大脑泡沫的重要性，我被迫将我的实验室观察范围扩展到人类研究的世界，以及相关的案例研究和调查研究，以便更全面地了解真实信息在促进商业成功中的作用。

通夜运输创始人哈伍德·科克伦的成功案例

20 世纪 30 年代初，当年轻的哈伍德·科克伦驾着马车送牛奶到里士满联邦俱乐部——一个 19 世纪创建的私人绅士俱乐部时，他还无法想象他有一天会从正门进入同一家建筑，享受富有的同龄人的陪伴，这些人的财富与他最终自己赚得的财富相形见绌。对于一个殴打校长而被开除出高中的人来说，这听上去并不可能。他的第一份工作经历也平平无奇，他被雇为机械师，但很快就被解雇了——管理层显然对在没有要求付款的情况下将一辆维修过的车辆交还车主表示不满。[1]

最终，哈伍德找到了送牛奶（和冰块）的工作。作为一项未经授权的福利，当他没有足够的钱吃午饭的时候，他会喝掉一些冷牛奶，然后告诉他的老板有一瓶牛奶在路上打碎了。一份自带午餐的工作——这就是哈伍德商业之旅的开始。[2]

在他的送奶路线上，哈伍德发现了运输货物的价值，并决定在他的乳制品工作外，运输其他的物品。他和他的兄弟存了点钱，买了几辆卡车。他的目标是比那个时代的货运巨头——铁路公司更快地运送货物。尽管车路崎岖，汽车维修工匮乏，而且沿途没有货车停靠站，但当时间紧迫的时候，卡车总是会比火车更灵活。哈伍德似乎发现了什么……快速交货可能导致付款日来得更快。在早期，他运送家庭用品和化肥，甚至用干草车运送当地的里士满人。[3]

数年后，哈伍德扩展业务，开始在东海岸沿岸运输糖和书写板（纸张而非电脑）。早期，卡车司机基本上就是公路上的牛仔，这是一个令人不舒服的工作——司机们从来不知道他们可以在哪里睡觉，在哪里吃饭，而艰难的路况意味着车可能随时抛锚。哈伍德和其他司机会随身携带工具，这样如果车出故障了，他们自己就能修理轮胎、车轴、电池……这个名单还可以延长。这一行业当然需要大量的卡车修理经验资本。从罗阿诺克到弗吉尼亚州布里斯托尔的一条路线还要求司机开车穿过河床。这种冒险的早期运输充满了不断的挑战、失败和困惑。但哈伍德一直盯着他的目标——克服这些挑战，这样他才能把货物交给顾客。很明显，哈伍德从一开始就是个结果型的人。[4]

哈伍德的经历使他在1935年创办了自己的公司——通夜运输。显然，一家名为“通宵运输”的公司已经成立，所以他们对用词进行了一些修改。对哈伍德来说，他面对的最大挑战显然不是上一章所讨论的抑郁情绪，而是经济大萧条。这肯定不是创业的理想时期。即使如此，哈伍德也没有感到不安。在千万条道路上的千万种磨难里，只有一条道路和一种磨难，是他需要克服的。[5]

随着业务的发展，哈伍德不得不承担许多新的责任——雇用员工并令他们保持情绪愉快，与卡车行业快速更新的相关立法保持同步，甚至要更超前。这些都是一路上的挑战，尽管哈伍德缺乏名校文凭甚至高中文凭，但是他通过驾驶汽车、在码头工作获得了他需要了解的经营运输公司的经验资本，这些经验资本帮助哈伍德形成现实的应变计算，并保持业务增长。或许哈伍德这一路上最长期的挑战是他坚持避免公会化。他认为加入公会会降低他的灵活性，从而降低他的商业优势。他最珍贵的财产之一，是通夜公司成功地以骚扰罪诉霍法卡车工会后从吉米·霍法那里获得的支票。[6]

随着公司的增长，哈伍德致力于立足现实，尽一切可能策略性地节省开支。例如，在他的职业生涯后期，有一次，某一条路线出现问题，他与通夜的一名主管一起通过实际驾驶探查了这条路线。当他们需要在一个简陋的假日旅店过夜时，哈伍德和他的主管住在同一间房。按照这位企业家的逻辑，如果你们可以一起坐在一个五英尺①长的驾驶室里一整天，那你们就可以睡在同一个房间。这只是哈伍德公司管理层节俭文化的一个例子。他的商业节俭增加了公司的价值，而且，在他看来，他的投资回报也应当延伸到员工。为了避免工会化，哈伍德给员工支付的工资低于标准工资。他认为非工会化带来的灵活性能让生意更长久，所以工资低也是正当的。当时，他们是唯一一个到那么大规模还没加入公会的卡车公司，公司内部似乎由此而产生了一种团结性。他还找到了其他让员工满意的方法，比如在他们职业发展的重要阶段，邀请他们的配偶到办公室参观，并允许他们入股。因此，他的公司被描述为“人性化的公司”。[7]

哈伍德的卡车公司究竟有多成功呢？在 20 世纪 80 年代，美国联合太平洋公司看到了增加一家货运公司的价值，特别是一家从运输低于载重量的货物的需求中谋利的公司（运输低于载重量的货物可以提升交付速度和运输流程的灵活性）。虽有抵抗，哈伍德后来还是同意将生意以 12 亿美元的价格出售给联合太平洋公司，而太平洋公司稍后将它出售给了联合货运公司（现在被称为“UPS 货运公司”）——从一匹马和一辆马车的卑微开端来看，这结果很不错。[8]

我住在弗吉尼亚州西部汉诺威郡一个叫作“洛克维尔”的小地方。我知道哈伍德的故事是因为在 20 世纪 50 年代，他在这个地区

---

① 1 英尺 =30.42 厘米。——编者注

建造了华贵的庄园住宅，而且，虽然他在生意上很节俭，但他在慈善事业上十分慷慨。由于他的慷慨捐赠，洛克维尔有了一个漂亮的图书馆、一个社区中心，还有里士满地区的一些机构，包括弗吉尼亚美术博物馆——他慈善捐赠的最大受益者。

根据到目前为止在本书中介绍的神经生物学信息，你可能会看到一些在幕后支持哈伍德成功的应变计算策略。他通过参与业务的方方面面而建立了经验与认知资本，并且从未与每日的新挑战脱离联系。这一经验资本使他能够做出明智的应变计算，包括选择在哪里建造新的终点站，选择在新兴州际公路沿线的哪里购买房产，以及制定如何管理员工的最佳策略。他面对工会不断提出的威胁和挑战始终保持坚韧，这也使他能够对不断变化的业务细节保持警觉。虽然他变得非常富有，但他仍然脚踏实地，牢牢地抓紧雇员们所经历的现实。如前所述，特权阶层和名人通常在维持这种现实感和避免现实扭曲上面临重大挑战。在某种程度上，一个富人的现实是不一样的，但哈伍德和他的妻子路易丝一起努力保持真实。他告诉他的传记作者："有一天，我们忽然意识到我们买得起任何人想要的任何东西。从那以后，我们不得不以一种严格的目光审视自己，这是非常重要的……要脚踏实地，记住我们从哪里来。我们从未忘记……我们也从不后悔曾经一无所有。"[9]

因此，我并不需要看得太远，我在家乡绵延的青丘之内就能找到一个例子，证明健康的应变计算如何导向商业成功。而且，正如我们稍后将在这一章里看到的，那些促成哈伍德商业成功的因素，可能也促成了他的健康和幸福感。在我写本章的时候，哈伍德于 103 岁高龄去世，比他挚爱的妻子路易丝迟了七个月——路易丝在她 100 岁生日前的一个月去世。从我的研究来看，这对夫妇一生过得非常愉快——他们共同抚养三个孩子，与社会分享他们的财富，并在他们的庄园以盛大的宴会招待朋友和家人。他们的婚姻延续了 81 年。根据维基百科的说法，他们的婚姻相当长久，在美国夫妻之中排行第二十五名。所有这些都发生在弗吉尼亚州小小的的洛克维尔！

对商业成功进行民意调查

关于有效管理的最大研究是由著名的盖洛普调查机构进行的，这项研究最初是由马库斯·白金汉和柯特·科夫曼在他们的畅销书《首先，打破一切常规》中提出的。研究覆盖了 80 000 名管理人员，他们属于不同岗位层次，来自各种不同规模的组织。其中，通过多种客观结果而非主观意见判定的最强大的组织拥有一些重要的特征，这些特征反映出这些组织拥有一个能够磨炼员工的技能和工作表现的工作环境（一个对管理者和员工都会有积极影响的正面环境）。这些特征是什么呢？正如你将在下面的清单所看到的，强大的组织通过建立员工与工作相关的应变资本，使其产生最有效的反应，从而提高员工发挥最佳表现的可能性。

1. 我知道公司对我的工作有什么期望吗？
2. 我拥有需要的设备和材料，来完成工作吗？
3. 在工作中，我有机会每天都做自己最擅长的事情吗？
4. 在过去的七天，我是否曾因出色的表现而受到表扬？
5. 我的上司或者工作中的其他人关心作为一个个体的我吗？
6. 在工作中有没有人关心我的发展？[10]

“等一下”，你可能会想，“那最具竞争力的薪资表呢？津贴？发展所有雇员技术和才能的培训计划？”这些确实是对成功组织的旧的行业标准。而新标准触及了一些在第2章提到过的有可能会使行为主义先驱高兴得鼓掌的环境/行为要点。环境资源、对最佳绩效的明确期望、对绩效的实时反馈以及个性化的发展，这些都属于工作场所中的应变建设这一行为主义领域。

另一条被广泛接受的规则是，当涉及商业领导人想要为一个岗位雇用被视为“天才”的人时，这个调查结果就会失效。读到这里，我感到畏缩。我对“天才”这个词一直很反感，因为我在亚拉巴马州佩尔市的中学上学时，我没被允许参与“天才计划”——老师认为我太努力了。这似乎在暗示，我的学术能力不是自然而然的……我需要努力才会显得聪明。虽然我的学习成绩确实是通过努力获得的，但我从来不觉得这是件坏事。无论如何，这种情况剥夺了我觉得自己还有点儿学术才能的想法。当然，这样的信息会迫使一个孩子怀疑自己的能力——就像发生在我身上的那样。从中学时代起，我就没接纳过任何形式的学术标签或认知标签，而是专注于自己手头的事情，并成功地获得了硕士学位。即使在一些额外评估之后，我被允许参加了那个天才项目，我也不愿意让我的孩子们接触到这种散漫的学术分类和标签化。

然而，对管理人员的分析中所用的“人才”定义实在令人耳目一新。它没有被定义为在没有训练和练习的情况下浮现的一种能力，相反，它是“一种反复出现的思维、感觉或行为模式，可被有效地加以应用”。[11] 因此，对于成就、耐力、能力、纪律或创造力等特征的倾向，代表了调研公司研究人员所强调的人才类型。这些才能代表了更广泛的关注，因为人们相信，与某一特定工作相关的更平凡的技能和知识很容易传授。另一方面，强烈的自律意识（或者说毅力）是很难教的。因此，如果创造力对于一份特定的工作很重要的话，那么面试应聘者的时候，你应该更多关注相关特征，并且不要认为你可以教会他们这些核心的个人特征。

根据盖洛普的调查结果，另一个需要打破的规则是管理者需要对每个人都一视同仁，并训练每个人都以同样的方式行事。认识到不同的个体有不同的长处并采取相应行动，这样才是对的。最后一点，社交环境比为一个特定公司工作可获得的长期利益更重要。同志情谊、被接受和被培养的感觉，更胜于一个强大的、由股票期权和晋升机会所构成的未来。没有什么长期的好处能够压倒每天去工作的时候都不想看见同事们的感觉。

在我们的案例研究中，哈伍德·科克伦有远见地打破了专注于提供最高工资等许多惯例。相对地，他对雇员的幸福感很感兴趣，并将他的机构称为“通夜大家庭”。他强调要花时间了解雇员及其配偶。他对业务成功的衡量标准是明确的——在预测时间与预测成本内成功交付卡车内的货物。当被问及公司的成功时，科克伦拿出了数据表——他强调电子表格中的硬现实而非模糊的概念与观点。关于他的成功标准或公司成就，几乎没有什么神秘性可言。

盖洛普组织的大规模研究项目揭示了对成功的管理者-员工关系的有趣见解。考虑到记述这项调查的书是畅销书，这个信息应该是现在的管理人员所熟悉的。对于大脑来说，管理个人的大部分事务是很复杂的过程。同样，经理和公司领导必须管理很多（通常是几百个）不同的人——所有这些人都为公司的生存做出了贡献，这也是个复杂的过程。无论对人体还是对组织来说，是否能维持生存，是否能成功，都往往与应变计算的产生有关。

当积累了宝贵经验的人试图将知识传递给第二代人以延续自己的家族事业时，又会发生什么呢？在这些情况下，取得成功并非必然。

将应变资本传给下一代

从理论上讲，如果一生中积累的经验有助于一个人在商业上取得成功，那么将所有这些信息传递给第二代和第三代应该会带来更多的成功。但果真如此吗？许多商业巨头的确是家族控制的企业，举几个例子：沃尔玛、现代、三星和福特。[12] 但有些时候，在家族企业系统里也会出现漏洞。

在大多数情况下，这些漏洞对于亚历山大的罗林斯家族是有好处的。在 20 世纪 60 年代中期，当韦恩·罗林斯得知奥托·奥尔金有意出售他的害虫防治公司时，罗林斯在这家能赚钱的老牌公司上看到了很大的潜力。他认为，女人讨厌蟑螂，每个月都愿意付钱杀虫。收购奥尔金时，它的年销售额是 4 000 万美元，对罗林斯来说，这次收购牵扯的数额不小，他需要争取投资者。到了 2014 年，其年收入约 6.8 亿元——这是一个很好的、稳步的增长。韦恩的两个儿子加里和兰德尔曾与他们的父亲一起工作，并被任命为公司的下一任领导人。当韦恩于 91 岁离开人世时，他觉得他将公司留给了可靠的人，走得很安详。

我们发现，韦恩·罗林斯曾犯过几个严重的错误，足以威胁到他的家庭和公司。对于其价值 8 亿美元的商业帝国，他制定了分配家庭资金的指导方针，试图在坟墓里统治家族。他的孙辈们必须提供证据证明他们正在做“有意义的”工作，才能获得每年的分红。

这一做法在罗林斯家族的家长去世后更进一步。第二代的罗林斯强调个人责任，声称会找私家侦探调查孙辈并提供他们的个人生活报告，而且还会不定期进行毒品测试，以确定他们是否值得每年从家族企业中得到分红。这对包括格林·罗林斯——罗林斯公司的首席执行官在内的一些后辈来说太过分了。他和兄弟姐妹们起诉了他们的父亲和叔叔，以致加里从害虫防治公司被解雇。在此之后，一场巨大的家庭混乱接踵而至。[13]

亡者和活着的亲戚试图插手干预，损害了后人作为家族企业管理者的能力——这大概不足为奇。尽管人们可能会想象，在最好的情况下，一个人可能很早就在为肯定会进入的家族企业积累经验资本，但现实是，大约 70% 的家族企业并没有延续到第二代。只有大约 10% 作为第三代家族企业生存下来，只有大约 3% 活到了第四代。家族企业失败的一个原因是家族企业的首任首席执行官任期过长——大约 25 年的时间，而相比之下，非家族企业的 CEO 平均任期更短 6 年。长期的领导可能导致灵活性的缺乏，难以进行变革，特别是在技术和商业模式日新月异的情况下。[14]

延长的领导，也在剥夺下一代领导者获取必需知识的机会，这些知识是家庭成员中的创始者通过工作经验和对商业失败的反应而获得的。如果第二代自信加入家族企业始终是一个可选项，那么这个选择就更像是后备计划，而且不会将严格的训练视为首要因素。在没有适当的培训和经验的情况下进入企业，当然会威胁到企业的生存能力。认识到这些问题后，一些家族强调在家族企业工作并不是应得权益。如果一个家族成员正在考虑这个选择，他 / 她需要获得适合这份工作的大学学位，在家族企业以外的相关工作环境中获得足够的经验。并且，当家族企业出现职位空缺时，他们必须与合格的候选人竞争。[15]

当然，即使一个家族找到了如何将家族企业成功传给下一代的方法，此企业也几乎不可能增长得足够快，以容纳一个繁衍迅速的家族。如果创始家族有 3 个孩子，他们结婚并最终有了自己的孩子，那么第三代人就可能轻易地从 2 人增加到 25 人甚至更多。显而易见，为所有这些家族成员提供工作是很困难的！[16]

然而，幸存下来的家族企业在全球经济中起了至关重要的作用。仅仅是在美国，家族控制的企业就雇用了 60% 的工人。家族成员通常继续拥有公司股权的很大一部分，法国和德国前 250 家公司中约有 40% 的公司是这样的情况。[17]

因此，对于家族企业来说，其后人可能比其他人更有优势获得特定商业领域所需的经验资本。然而，这一可能性经常被与执掌企业的一代有关的特权、权益和有限的管理机会所干扰。这使得后代很难直接进入企业中，并通过体会失败和成功来学会应变计算。当这种情况发生时，第二代与第三代就会因缺乏应变建设机会而被扼杀，这是一个可能导致扭曲现实的大脑泡沫出现的不利因素，而这种大脑泡沫与一个人的弹性和管理能力有关。托马斯 · 爱迪生非常明白在职业生涯里建立专业经验的过程中经历失败的价值。当他试图制造电灯泡时，他多次失败，并注意到："我并没有失败 1 000 次——我是成功找到了 1 000 种无效的方式。"[18] 另一家有创新力的成功公司谷歌 X，则奖励那些在过高资金投入之前就在提案当中发现失败的团队——与大多数只奖励成功的企业相比，这是一种完全不同的文化。[19] 毫无疑问，爱迪生和谷歌 X 在建立经验资本方面十分重视拥抱失败的作用。只有拥抱失败，才能获得对于成功而言至关重要的应变计算器。对于多代的家族企业来说，其后代很难有机会从具有高价值的失败当中获益。

打造商业头脑

如果将玩转迷宫视为实验室大鼠的商业模式，那么在工作环境中对于最佳状态构成巨大威胁的因素之一就是压力。例如，在俄亥俄州州立大学神经学家乔纳森·戈德布特的研究当中，作为标准实验室工作环境的一部分，小白鼠们了解到，在迷宫中奔跑时会遇到战略性放置的鼠洞出口，以防迷宫中出现危机。小白鼠很容易就学会了这种迷宫应变计算，并会在威胁来临的第一个迹象出现时跑到最近的出口。[20] 然而，当更大、更好斗的小白鼠出现之后，这些较小的小白鼠感觉到了心理压力，它们丧失了立足现实思考的能力，忘记出口策略训练，在迷宫里乱转。显然，压力造就了大脑泡沫——影响了大脑对过去有价值的应变计算经验的使用。这对大多数神经科学家来说并不奇怪，因为压力会极大地损害执行思维的前额叶皮层和海马区（涉及空间记忆），甚至重建广阔的神经网络之间必要的联系。[21]

虽然我们还不清楚戈德布特的小白鼠员工们应该被归类为管理者还是非管理者，但对人类决策的调查提供了有趣的证据，证明如果那些小白鼠是管理者的话，面对更大的小白鼠的霸凌，它们可能会做得更好一些。当人类参与者处于熟悉的决策任务中（被迫选择特定的单词）时，管理人员皮层下脑区一个被称为“尾状核”的区域显示出激活。你也许还记得在第 3 章之中，这个脑区与习惯性学习有关，而且，在管理者中，该脑区的激活可能暗示着对特定反应的更为牢固的基础神经回路。这些基本和熟悉的反应可能更不容易受到压力的影响——这使人类和小白鼠在危机情况下能找到合适的逃生路线。[22]

在人类身上，在情绪危机之中做出决策的一个版本，就是作为雇员在工作场所中做出“热”决策。当每个人都很平静、没有情绪卷入的时候，做出正确的决策是很容易的。这种情况被剑桥大学的芭芭拉·萨哈基安称为“冷”决策。但是，在涉及很大的风险、情境变得情绪化的热决策场景下呢？萨哈基安和她的团队为了解决这个问题，在智力和年龄相配的商业人员身上探索了他们在情绪重负下做出的决策。他们的职业经验各不相同，其中一半人可归类为具有创业经验的，而另一半人没有创业经验。一个冷决策的例子可能是为公司设计一个新的分支，而该公司有足够时间和资源来推行该计划。一个热决策可能意味着终止一项价值数十亿美元的商业活动以削减公司的损失，然后在适当的时机再启动该活动以避免公司的财政崩溃。

萨哈基安发现了什么呢？企业家和非企业家的管理者在冷决策任务上的得分都是一致的，但是在热决策上，这两组之间的差异很明显。经理们的决定更为保守，而企业家们则更为冒险。对于一群51岁的人来说，这一发现相当令人惊讶，因为随着年龄的增长，人们通常会越来越厌恶风险。当然，商业游戏的重点不是在逆境中冒险，而是在逆境中做出最好的决策。在当今的商业环境中，拥有一个无论涉及什么风险都能够在热决策中自我调节的大脑是至关重要的。或许将最成功的创业者描述为“有计划的风险承担者”是最准确的，他们会将适当的应变计算纳入每一个决策。[23]

当企业家和经理接受fMRI对大脑的扫描时，我们可以看到他们在大脑操作系统上的不同。在一项研究中，参与者面临着两类创新任务——开发任务要求参与者寻找新的方法来优化现有工作的绩效，而探索任务要求参与者将自己从当前的事态中抽离出来，考虑实现现有目标的其他可选方式。在这两种类型的任务中，企业家与经理必须表现出思考的灵活性，因为他们被要求走出工作的舒适区。有趣的是，当管理者执行这些创新任务，尤其是探索任务时，他们主要使用负责解决问题的前额叶皮层的左半球区域。你也许记得这个半球被称为“逻辑的、理性的决策半球”。企业家的大脑还显示出左半球前额叶皮层右侧部分激活增加，以及右半球前额叶皮层激活——右半球前额叶皮层是一个与创造力和高级执行功能更密切相关的前额区域。因此，在本研究中，企业家将逻辑和创新结合到了他们的决策能力中——这可能就是创建并经营企业与管理现有业务之间的能力差异所在。[24]

多巴胺是一种可能与工作相关的脑区有关的神经化学物质。这一神经递质已在本书之前的一些段落里讨论过——它可能涉及注意力、与奖励相关的监测，甚至与精神分裂症有关的精神症状。一般来说，多巴胺系统激起反应，使一个人能够忍受挑战，包括忍受失败，继而以最具适应性的方式实现目标。当目标在很远的未来时，多巴胺能够帮助我们缩短心理距离，使我们认识到这一目标确实在我们力所能及的范围之内。[25] 多巴胺的角色从更为经典而过时的“喜欢奖励”提升到了“想要奖励”。[26] 在这种情况下，多巴胺是否参与制造或减少大脑泡沫还尚不清楚，不管怎样，它让我们继续朝着自己的目标努力。

对啮齿类动物的研究表明，大脑奖励区周围多巴胺的减少改变了大鼠为更多奖励而工作的动机。当多巴胺活动水平更低时，它们减少了努力，获得的食物更普通，不再为了获得好吃的甜美食物而努力工作。[27] 在最近的研究中，斯坦 · 弗洛雷斯科和他在不列颠哥伦比亚大学的同事发现，中脑腹侧被盖区多巴胺的时相反应增加促使动物在选择任务时倾向于高风险的选择，而非确定的事物，即倾向于选择不确定的高回报，而非肯定的低回报。[28]企业家对风险的更高的耐受性表明，多巴胺确实有可能在与成功创业相关的潜在大脑因素中占有一席之地。

工作的演变

如何区分管理者、非管理者和企业家是个有趣的课题，而与之同样有趣的一个更基本的相关问题是，人脑是否天生就能工作？与其他物种相比，人类的大脑更倾向于工作吗？如果工作对每个物种都很重要，那么长时间脱离工作是否有影响？

任何追踪动物行为的人都知道，工作并非人类独有的。海狸花费大量时间来像生态工程师一般建造水坝，以创造对它们的幸福生活而言必需的池塘。在一个案例中，一只受伤的海狸在康复期间被关在笼子里。据说每次听到冲水马桶的流水声，它都试图从笼子里逃出来。[29]浣熊则似乎有在水中工作的倾向，[30]它们经常运动它们的前爪，沿着溪底或其他可接近的水源来觅食。当浣熊被关在笼子里，只被给予食物时，它们会把食物扔到水缸里，就好像它们想要恢复为食物而工作的习惯一样。正如第2章中关于本能漂移的讨论中所描述的，在水里寻找食物与把水和食物联系在一起的倾向会导致它们在仅仅得到食物而不必为之工作的时候想要回到水里。[31] 在我看来，最佳工作表现奖应颁给雄性园丁鸟，它花费数小时建造的不仅是一个功能性的巢穴，而且是一个复杂且具有创新性的巢穴——这个巢穴配有主题装饰，例如蓝色的花与贝壳，这样会让雌性园丁鸟更容易注意到它。即使在建造完之后，雄鸟的工作也没有完成，它还需要给“女士们”跳舞以吸引其注意。[32]

那么人类呢？一天也不需要工作，这难道不是我们的终极梦想吗？美国劳工统计局称，美国人每天大概需要外出工作 8 小时，在家工作 2 小时。因此，工作占我们清醒时间的很大一部分。这是人类的天性，还是仅仅为了生存所必需的努力？

如果我对信托基金组大鼠的研究揭示了任何人类真相，那么在失去操纵环境、获取资源的机会（例如工作）时，我们可能会丧失应对压力伤害的缓冲。这项啮齿类动物研究表明，在环境中工作以产生预期的结果，对健康的神经活动是有益的——或许这种工作在没有生存保证的混乱世界里，创造了一种自我能动性与自我控制感。

在《大西洋月刊》上，一篇名为“不需要工作的世界”的文章总结说，人类创造一个不再需要工作的世界的可能性是存在的。在过去，当劳动力变革的时候，例如，从农业社会到工业社会，工作的数量并未改变，改变的只是工作性质。然而，伴随着我们目前经历的技术革命，人类正在成功地让自己“失业”。由于我们过去成功的应变计算，我们现在在杂货店有了结账机以代替结账员；有无人机代替飞行员来巡查；无人驾驶汽车相比人类更不可能引发事故；而与笨拙地爬上梯子、寻找有特定商品号的箱子的人类相比，小型机器人在仓库里的工作效率更高。我们可能成功地终结了工作。

如果工作确实被“高估”了，那么从生活中缓慢地删除它应该是一个值得欢迎的改变。毕竟，2014 年盖洛普的一项调查显示，多达 70% 的美国人不想工作。如果是这样的话，也许是时候抛开工作，更有效地利用我们的时间——抚养孩子、照顾病人、投入新的爱好、保护我们的星球。然而，目前的研究表明，没有工作的人通常不会发现投入这些有价值的事务，相反，他们每天都在看电视和睡觉。[33]

正如我在本章前面提到的，并没有严格的实验室研究表明工作性质的巨大变化可能会对我们的大脑和幸福感产生多大的改变。然而，在我看来，当将多种人类研究与动物研究结合起来考虑时，我们有理由停下来，重新考虑一下从日常生活里删除工作这一最终的应变计算会带来什么。工作通过成就、有意义的参与、技能和知识的掌握等形式带来了多方面的个体强化，而社会合作带来了一种使人类留在工作当中的强大动力。我们并没有被训练成对流动的水或五颜六色的贝壳做出反应，但我们复杂而灵活的大脑似乎被调整得适合通过最佳的方式操控环境，以获得生存所需的资源。我认为，当这种环境互动受到损害时，我们的大脑也可能会受到损害，导致抑郁或焦虑等状况，因为我们似乎正在失去对周遭世界的掌握。[34]

根据政治哲学家和摩托车维修工马特·克劳福德所说，失去对周遭世界的掌握——以不再需要以双手来工作的形式呈现，可能导致可怕的后果。马特写过他获得高等学位、变成一个知识工作者的理想之路。在获得政治哲学博士学位后，他找到了一份科学写作的工作，并最终获得在华盛顿特区一个专家小组中工作的机会。进入最好的大学并获得一份白领工作代表了典型的美国梦，但这一职业生涯并没有使马特觉得更为充实。具有讽刺意味的是，与他之前的工作相比，他觉得自己的认知参与在新工作中被抹杀了，因为他认为自己失去了进行有意义的工作和问题解决的那种满足感。于是，他在弗吉尼亚州的里士满开了一家摩托车店，而在他的书《摩托车修理店的未来工作哲学》中，他发现用双手工作并看到顾客骄傲地驾驶他修好的摩托车离开这一积极结果，似乎为发动他自己的神经动力引擎提供了必要的神经化学物质。[35] 考虑到美国的制造业岗位从 2000 年起减少了 500 万（30%），马特的故事显得更加引人关注。[36]

随着 21 世纪以后工作在行为与认知方面发生的本质变化，我们需要意识到工作对维持生理和心理健康能力的影响（图 9.1）。马特的故事意味着，大脑需要与周围的世界互动以维持心理与身体的康宁。也就是说，大脑需要从事工作才能继续工作！即便如此，在维持我们大脑运转的工作类型上，很可能存在很大的个体差异。

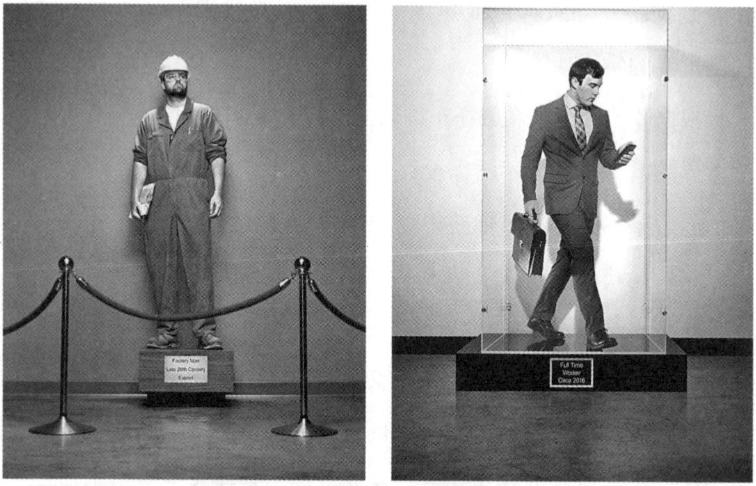

图 9.1　不断演变的工作场所之门

随着人类通过自己的应变计算而变得越来越有效率，我们已创造出不再需要传统人力的技术。因此，对工厂工人的需求大幅度减少（左图），而办公室不断变化的办公方式正在改变办公室工作人员的传统概念（右图）。（图片由亚当·利维提供。）

间课：大脑泡沫的逆向工程

作为一名家长，我花了相当长的时间为我的孩子们（包括一名目前正在上大学的女儿和一名刚刚从大学毕业并已进入就业市场的女儿）考虑完美的职业生涯或者说生活方式。哪些职业是有价值的、有挑战的、有吸引力的……拥有你对孩子们的未来所期望的一切？对于大多数父母来说，最有声望的职业，比如医生或律师，通常都排在第一位。那些在网上读过以与最高收入相关的大学专业为主题的文章的人都知道，“工程师”这个词是一个不错的选择。此外，我经常思考什么是最好的应变计算职业训练，这种训练可以让我相信我的女儿们已经准备好迎接生活挑战，相信她们能照顾好自己，即使我不在人世。

数年间，我一直被一个职业所吸引，这个职业似乎产生出了最强壮、最自足的个体，那就是——间谍！能够比其他人都更快地读懂一种情况、预料到一种结果，身体强壮、灵巧，并培养出敏锐、灵活的思想，这一定能确保我的女儿们处理好生活抛给她们的任何事件。当然，这份工作也涉及危险和社会孤立的问题。如果这些缺点能够从图景里删除，间谍这个职业肯定会在我孩子们的最佳职业清单中占据很高的位置。

因为这些缺点，我从来没有建议过女儿们把间谍作为一种严肃的职业选择，而我继续倾心于间谍训练的优点，在脑内各种假想。然而，随着我越来越多地考虑到扭曲现实的大脑泡沫的危害和现实应变建设的重要性，我之所以觉得间谍生涯如此有吸引力的原因变得越来越明显。正如 20 世纪 40 年代美国战略服务局创作的卧底间谍训练影片里所生动描述的那样，一个训练有素的间谍具备超人一般的应变能力，绝对没有犯错的空间，也没有出现大脑泡沫的空间。[37]

这一经典电影描述了两个间谍的训练。随着任务的到来，他们之间差异开始显现。间谍A充满自信和冲动，也许与理想中的间谍詹姆斯·邦德没有太大区别。然而，与院线电影不同的是，间谍A的信心损害了他作为一个成功特工的能力。例如，由于过于自信，他无法完成任务所必需的背景训练。他认为，作为一名卧底特工，他可以处理任何情况。他不知道，如果没有适合他的测试任务的应变建设，他是不会成功的。在任务期间，他在渔船上工作，他需要知道在特定文化中，怎么样去绑绳结能绑得像典型的渔民在着急时候绑的，好让当地人相信他是他们中的一员。间谍A在投入任务之前缺乏训练，最终暴露了，使他的生命和他的使命同时玩完了。

而间谍B自信通过适当的研究和培训后能够成功地渗透到目标群体中并被视为成员之一。他积极参与到训练过程中，了解到应该只穿有本地制造标签的衣服，了解到适合的发型、预期目标文化里的常用手势，并且编造了一个流畅的生活故事，以解释他为何突然出现在目标区域。他还要学习机械技能以获得一份当地工作来完成进一步的伪装。因此，一份间谍职业需要从业人员为每一个新任务重新学习一切——如何讲话、做手势、思考、感受。每一项新任务都需要进行一次应变改造。这需要超级灵活的大脑！此外，终身记忆被重组，它们会暂时被虚构的童年、家庭和生活经历所取代。即使是像哼歌这样的习惯，也必须被重新组织——哼唱一首来自间谍本人的本土文化的歌曲会证明此人确实是个冒名顶替者。通过训练，通过适当的自信，间谍B保持着大脑的高度警觉，直到成功完成任务。

在这部间谍培训影片中，成功的一个关键因素是学员有能力考虑所有可能的情况，以避免不想要的、可能致命的结果。间谍这一职业要求受训人员警惕应变事件——他们在任务期间并没有放松的空间。口袋里有一张在受训者家乡举行的音乐会的票根忘了丢？暴露了！没有为你手上的伤疤建立一个与任务相一致的故事？头发上留着一些在目标文化环境中不存在的残留物？对该文化中常见俚语的含义一无所知？暴露，暴露，暴露！想象一下可能在未来的任务中发挥作用的应变计算，培训对间谍的职业生涯来说是非常必要的。随着应变计算被解构和重建，以与新任务相协调，受训人员在应变事件中的生存率也随之提高。

即使如此，最终我也并没有把女儿们推到间谍事业上，但我相信，一个高功能的间谍可能确实拥有这个星球上最惊人的应变计算能力。回想起来，给我的女儿们安排一些间谍夏令营可能是个好主意！对于绝大多数的雇员而言，即使错过了关键性的应变计算，也不用担心身份暴露，但如果每个雇员、管理人和总经理都能更多关注其职业生涯中的应变预告，那么他们在随后的商业之路上会更容易获得成功。

无论我们选择的职业是什么，不同的工作以及相应的应变能力要求似乎都为神经引擎提供了重要的燃料。当未来职业性质发生改变时，确定这些改变对我们集体精神卫生的影响将会是一个有趣的课题。本书至今已充分强调准确和真实的应变计算，因此下一章会稍微放松一点儿。有时，降低对准确的应变计算的期望可能会大大拓展我们大脑的潜力！

第 10 章

拓展应变计算的限制

在进行了一番必须进行真实应变计算以建立经验资本、掌握更好生活的长篇大论之后，我不得不坦白，偶尔进行非传统的甚至不真实的应变计算也是有价值的。有时候，并非完美根植于经验的应变计算，或者说，突破我们所熟知的现实极限的应变计算，正是面对生活挑战时所需要的。在生活中，策略性地引入善意的大脑泡沫，可以产生与我们讨论的扭曲现实的大脑泡沫截然不同的结果。童年时候陪伴我们的想象中的朋友，可能促进了真实世界里的社会交往。对于这个世界之外的创造性想象，可能引导我们去往这个世界之外的目的地，例如月球。对于一个仅仅在学自行车过程中擦破膝盖的孩子来说，在没有真实药物的情况下，来自妈妈的一个吻可以神奇地减轻他的痛苦。这种对现实的轻轻妨碍可能产生积极的生活体验，这种生活体验与由成瘾、精神疾病或极端特权造成的更为普遍和持久的现实扭曲远远不同——后者会导致扭曲的大脑泡沫和功能障碍。

这些想象的、天真的应变计算为何不会导致扭曲的大脑泡沫、影响我们未来的应变计算？本章，我们将讨论一些源于幻想世界或未知世界的反应，这些反应会促成健康的结果，甚至可能保护人们免遭迫在眉睫的情绪崩溃。安慰剂、游戏和好奇心——这些应变事件都涉及大量想象和创造性。它们就像有医疗作用的大脑泡沫，往往会促成对我们幸福至关重要的现实结果。首先，让我们回到行为调节中，这一次会有一个奇怪的新玩家加入。

教科书之外的神经免疫应变事件

二十年前，我母亲开始抱怨她身上出现的恼人症状——白天发烧、夜间出汗，这使她彻夜不眠，甚至出现慢性疲劳。考虑到她大约50岁，医生认为这与更年期有关。但激素替代疗法和其他补救措施未能缓解她的症状，而慢性发热表明她的身体正在抵抗比更年期更严重的疾病。最终，她被诊断为非霍奇金氏淋巴瘤。尽管我们都对这种病的严重性感到震惊，但我们相信她能够通过有效的治疗来战胜病魔。获知诊断结果之后，我通过以往在未知领域处理大多数挑战的方式对此进行了处理，即查阅科学文献。已知的治疗方法有什么？治愈率有多高？实验性治疗有哪些？在这个庞大且混乱的研究领域，还存在哪些希望？当时（20世纪90年代中期），针对非霍奇金氏淋巴瘤的治疗结果都很令人失望。我的弟弟当时是一名年轻的医生。他翻阅了大量医学书籍，咨询了他的同事。我们都相信一定存在有效的治疗手段。

从许多方面而言，我们当时选择的治疗手段甚至比疾病本身更糟糕。我母亲选择了自体干细胞移植，这种治疗需要在她接受大剂量化疗的同时，从她血液中获取干细胞，然后冷冻保存好。本质上，医生想要用有毒药物杀死她体内的肿瘤细胞，同时又不破坏她的免疫系统。在化疗药物的使用过程中，这就像是一种微妙的舞蹈。一旦治疗完成，干细胞就会被解冻，并注入她的血液中。目的是让干细胞就此在体内安居，并产生急需的免疫细胞，以保持健康。

看着母亲遭受这样的治疗简直是折磨。今天，这些治疗的副作用可以得到更有效的控制，但在那时候，我看到的治疗方法是那么野蛮，对她身体其他部分造成了严重的破坏。即使如此，治疗的好处（缓解的希望）似乎超过了成本。她经常恶心、疲劳、口腔水肿、脱发、意识模糊、恐惧和焦虑。所有这一切都被认为是康复过程的一部分。因此，母亲忍受下了过山车般的副作用，带着一线希望来面对未来的不确定性。我坐在她床边的时候，常常感到无助。当然，在这段时间里，她得到了我的爱和关注，但为了使她的生活恢复如常，我还能做些什么呢？

她的许多症状直接与免疫系统受损有关——她的免疫系统很快就会成为一个全新的免疫系统，需要经过时间和训练才能恢复正常运转。我们怎么才能让她的免疫系统尽快恢复到战斗状态呢？在那段脆弱的时间里，我母亲的探访者非常小心地“装备”上无菌口罩、婴儿袜，每次来都要好好洗手。在免疫抑制期，如果细菌通过鞋或手传播到她身上，那么这些不受欢迎的病原体可能直接致死。此外，如果化疗不能根除肿瘤，她还需要有效的免疫系统来帮助对抗肿瘤。出于上述种种，她需要那些免疫细胞。

那时，我正在读关于一个新兴研究领域的文献，这一领域叫作精神神经免疫学。罗伯特·阿德是罗切斯特大学的一位实验心理学家，他在 20 世纪 70 年代偶然获得了一个与免疫意外有关的有趣发现。阿德和他的同事免疫学家尼古拉斯·科恩一起对大鼠进行了一项非常直接的免疫研究。这些大鼠被注射了一种免疫抑制剂。这种药物最终会损害免疫系统，使它们生病。免疫抑制剂和大鼠的饮用水混在一起。为了使水更有吸引力，他们还加了一些糖。在吃药这个问题上，糖对大鼠也是有效的。实验按计划进行，阿德和科恩观察了大鼠并记录下了数据。这项研究本应就此结束，但令人兴奋的部分尚未到来。

当阿德和科恩给大鼠单纯加糖而没有放免疫抑制剂的水时，发生了一些疯狂的事情——大鼠们生病了。而在大鼠饮用这些水一段时间后，它们死了。但是，等一下！大鼠这一次并没有摄入免疫抑制剂，只是饮用了糖水。对于大鼠来说，为何糖水会变成一种有毒的物质呢？如果你回顾一下第 2 章中对行为主义历史的快速介绍，你可能会明白这一点。阿德这位受过行为主义训练的心理学研究者给出的解释是，糖水与免疫抑制剂导致的恶心已产生关联，正如巴甫洛夫的狗将照料者的脚步声与食物的投递关联了起来一样。因此，类似于产生关联后在没有食物投递的情况下，脚步声也可以令狗产生唾液分泌一样，在没有实际药物的情况下，糖水也会令大鼠产生免疫抑制反应。

但是，对于大鼠生病的解释比狗的情况要复杂一些。照料者的脚步声和食物的视觉、味觉信息是进入大脑的感官信号，可以轻易在脑中配对，从而产生有效的条件反射，使狗为食物出现做好准备。而水的甜味通过味觉接收器和相关的神经进入大脑，它如何与免疫抑制产生关联呢？在这一令人惊讶的发现中，阿德和科恩注意到，并没有正式证据表明神经系统与免疫系统有任何联系。当时医科生上的神经系统和免疫系统课程中并没有提到两者之间的相互影响。然而，根据阿德和科恩的数据，两者确实相互影响。[1]怎么影响？在哪里影响？在什么样的环境下影响？我们在这里讨论的不仅仅是扭曲的大脑泡沫，还包括并不应存在于两个系统间的应变计算。这两个系统看上去并不相通——这就好像抓着你的胳膊就能发动你的车一样。

当阿德和科恩试图向医学界展示他们迷人的发现时，围绕这些数据的谜团给他们带来了挑战。在一直认为这些系统互不相关的临床医生和研究人员眼中，这更像是魔法，而不是科学。因此，看起来这一新发现会被科学避而不谈。但是，阿德和科恩没有退却。相反，他们正式提出创造一个新学科的倡议，以研究神经和免疫系统之间的联系。当时也在罗切斯特大学供职的大卫·费尔滕的一项意外研究也为这一迷人的发现提供了支持。费尔滕发现，神经纤维可延伸至脾脏、淋巴结、骨髓等免疫器官。后来证实，指导大脑活动的神经化学物质也在人体免疫器官中发挥作用。当费尔滕做出这些初步观察之后，大脑和身体之间的界限似乎变得更模糊了一些。[2]

逐渐地，精神神经免疫学的思想被临床医生和科学家接受。与利用条件作用来抑制免疫系统的观点相反，在我看来，更为重要的问题，是如何利用这个信息来增强免疫系统以对抗疾病，例如对抗我母亲所患的疾病。这些新的发现会促成免疫增强疗法而非免疫抑制疗法吗？

我向治疗我母亲的肿瘤学家提到了我对免疫系统的兴趣。我难以相信自己居然是世上为数不多的探索这个问题的人之一。亚拉巴马大学伯明翰分校的治疗团队曾经发现，将樟脑的独特气味与增强白细胞产量的一种药物相互配对，可以增加小白鼠植入肿瘤后的存活天数——比单纯给药的存活时间更长。在条件性免疫应变事件的古怪世界中，樟脑及其心理关联具有一定的医用价值。当樟脑在不含药物的情况下出现时，它也能增加小白鼠的免疫反应，因此，在给药抑或给樟脑的时候，小白鼠都经历了免疫增强——樟脑还可增加药物影响。低成本、无副作用……这支团队似乎发现了什么。事实上，俄国的研究人员在巴甫洛夫获得诺贝尔奖后对这一问题就进行了研究。如果巴甫洛夫的研究表明，神经系统可以将其学习与调节的能力拓展到消化系统，那么它为什么不能拓展到免疫系统呢？俄国的早期研究支持了神经免疫关联这一结果，然而，这些令人兴奋的发现当时未能对科学界产生影响。[3]

俄国科学家所做的研究是什么呢？20 世纪 20 年代，谢尔盖·梅尼科夫着手研究是否能够以巴甫洛夫的方式促进免疫系统。在一项针对天竺鼠的研究项目中，他在给天竺鼠注射小剂量的细菌之前，先给它们的皮肤加热，从而激活免疫系统，以抵御病原体的入侵。然后，他巧妙地在加热条件组天竺鼠和非条件组天竺鼠的同时，向它们注射了一剂致命性细菌（霍乱弧菌）。非条件组在 8 小时内死亡，而条件组挺到了 36 小时，有一些甚至痊愈。在这个案例中，温度实实在在地拯救了天竺鼠的生命。[4]

我听够了。哪里可以让母亲接受免疫增强疗法？当时还没有人体试验。但是，既然这项研究看上去并没有任何风险，谁会需要经过认可的人体试验？她继续接受更为传统的治疗方法，所以在治疗方面，她并不需要做出什么妥协。我了解到，母亲每天都会服用一种名为“非格司亭”（优保津牌）的药物。这种药物常用于免疫系统受损的化疗患者，可以激活白细胞的产生——白细胞就是在即将到来的感染战争中的免疫士兵。这种药物需要每天注射一次，非常痛苦，而且非常昂贵。我能借用几十年前研究天竺鼠的俄国科学家的一些见解来扩大这种药物的作用吗？或者，离我们更近点儿，借用在亚拉巴马大学伯明翰分校里与小白鼠一起工作的肿瘤学研究人员的研究？我向母亲的医生简要地提了我设想的情境，然后跑去药店买了一些柠檬汁。我所需要的只是一种明显的感官体验，味道可以起到这个效果（至少我这么认为）。我注意到母亲之前并不常喝柠檬汁，因此可以确保这个体验是独特且新颖的，并且很容易与同时发生的免疫修饰相配对。

第二天，在母亲接受非格司亭注射前大概一分钟，我给了她一杯柠檬汁。在她感觉到柠檬水的苦味时，她的免疫细胞正在被药物激活。第二天，重复柠檬水与非格司亭的组合。然后，从第三天开始，在早上的非格司亭注射过程中，她继续摄入柠檬水，但在每天下午也饮用柠檬水。我想把非格司亭的剂量加倍——一份是实际剂量，一份是想象剂量。当然，这只是一个案例研究，但是她的医生激动地告知我们，从我们开始柠檬水调理起，她每天的白细胞计数有所上升。我不知道母亲认为我是疯子还是天才，但是我们都发现了一丝希望……一种在恐惧和不确定中的积极体验。

尽管她的白细胞计数令人鼓舞，这在治疗期间保证了她的健康——但对于肿瘤来说，这些白细胞还是不够。几个月后，我母亲遭受了干细胞移植的折磨，肿瘤变得比她的免疫系统更为强壮。其后，1996 年 8 月下旬的一个晚上，我刚从弗吉尼亚过来，和她一起乘救护车回到她接受干细胞移植的那家医院。她一直坚持到我到达，这是我永远感激的事情。在一场英勇的战斗后，她的免疫系统被击败了。那天晚上，母亲的去世击垮了我的世界，我立即重新计算了生命里的每一种我所知的应变事件。[5]

我个人的精神神经免疫学实验虽然有着一个令人鼓舞的开端，但最终还是抵达了一个悲剧性的结局。然而，作为科学家，我清楚神经和免疫系统之间的交流打开了一扇令人兴奋的医学进步之门。尽管如此，二十年来，这方面的进展一直很缓慢，因为这种方法仍然被认为离主流医学太远，因此无法被接受。可以肯定地说，柠檬水疗法尚未在主流医学中被采用。这种情况与精神疾病的行为主义疗法所遇到的挑战并无不同。我们口服药物或者接受药物注射后会舒服很多。服药-感觉更好这一应变事件比做出-个行为-感觉更好这一应变事件更容易被我们的神经网络所接受。我们需要在医学上解决这种应变方式的扭曲。

20 世纪 90 年代中期，当德国研究人员曼弗雷德·施德洛夫斯基开始他的条件性免疫研究时，他被告知，这种方法更像是艺术而不是科学。他的研究出现了一个有趣的意外进展——他最大限度地发挥了环磷酰胺的免疫抑制剂作用。一些病人的免疫系统过度活跃，以至于阻止症状缓解。例如，有极端过敏反应或关节炎的病人就有过度活跃的免疫系统。此外，移植患者需要服用免疫抑制剂以尽量减少排异的可能性。与阿德和科恩的研究相似，施德洛夫斯基将这种药物与糖水配对后，在大鼠的腹部植入了另一颗心脏，并给大鼠注射了不含免疫抑制剂的糖水。条件组动物的存活时间比在移植前没有糖水配对的对照组长三天。低剂量的药物被添加到每日的糖水中时，大鼠的存活时间趋向于一个月，在整个实验过程中有20% 的存活率。[6] 这一方法显示，免疫条件作用可以作为传统免疫药物的辅助治疗方法使用。

与条件性免疫反应一样有趣的是另一个与健康相关的扭曲应变事件，它是在安慰剂反应中被观察到的。与条件性免疫反应相比，安慰剂反应的应变界限更加令人困惑，因为我们是在没有使用药物的情况下，观察到了改善效果。

安慰剂的危险与希望：预期的应变反应

条件反应是利用过去的经验来预测未来的结果，而安慰剂则依赖于可能从没经历过的预期结果。安慰剂挑战了建立实时应变资本以辨别未来结果的观念。在这个案例中，想象中的应变事件成了反应–结果算式里的明星球员。虽然一些研究人员认为在动物和人类中观察到的条件性免疫是安慰剂的一种形式，但我认为，真正的安慰剂反应是人类独有的——它需要与特定的、可感知的治疗方法相关的期待和希望。

从经典意义上讲，安慰剂效应发生的背景是患者被给予一粒糖丸或其他惰性物质，然后被告知自己所摄入的是一种活性药物（在对照组中，则为被告知“可能”是一种活性药物）。医生或其他值得信赖的人会告诉患者，这种治疗会改善病情。这会给患者带来康复的期望。正如下面所描述的，无论事实上有没有服用药物，大脑都不会丧失这种期望。

“安慰剂”一词于 18 世纪中后期被正式引入医学文献。使用安慰剂是终极绝望之举。当一个孩子不断地问同样的问题时，其父母可能会感到非常沮丧，以至于他们会说出任何让孩子安静下来的话。同样，当医生对于患者不停抱怨的症状不知道用什么药物来治疗时，医生会撒点小谎，以摆脱他的滋扰。给患者一种惰性物质，并告诉他们这能够减轻症状，会有什么害处呢？患者往往对这种虚假的治疗感到完全满意。1807 年，托马斯·杰弗逊总统写道：“我认识的最成功的医生之一向我保证，他使用的面包药丸、彩色水滴、山核桃灰粉末，比所有其他药物加在一起的量更多。这无疑是一个善意的骗局。”[7]

今天令研究人员和临床医生着迷的问题是，这种治疗是一种欺诈，还是一种真正的交易？安慰剂使生病的个体康复的轶事令人印象深刻。想想“赖特先生”。他当时正处于癌症的最后阶段，橘子大小的肿瘤位于他全身的淋巴结中。现有的治疗方法都没有办法完全攻克癌症。1957 年，赖特先生的案例报告中称，赖特先生发现了一种新的抗癌药物“克力生物素”，并确信这种药物可以治好他。

虽然在第一次注射这种药物时，他还卧床不起，但仅仅三天后，他就在病房里活蹦乱跳，还和护士们开玩笑。测试结果表明肿瘤已经缩小了一半，而听到这个消息后他就出了院。赖特先生其后在一张报纸上读到克力生物素没有达到其作为抗癌药物的期望时，他向医生表达了他的担忧。医生向他撒谎，告诉他医院已经收到了改良版的克力生物素。医生给他注射了不含任何药物的针剂。赖特先生病情再次好转。两个月后，他读到了一份报告，报告说这种药物毫无价值。于是，他在几天后去世了。[8]

当然，我们很难确切地知道赖特先生究竟是怎么回事，以及如果他从未得知这些药物是无效的，他的肿瘤是否也可能复发。然而，在缺乏对某些疾病的有效治疗手段的情况下，与安慰剂相关的希望无疑是耐人寻味的。很明显，干细胞移植并没有根除我母亲的癌症。我那时经常琢磨一个精细的方案，其中，医生和我会告诉她，一种神奇的新药已经被用于治疗非霍奇金淋巴瘤。这会救她的命吗？会给她更多时间吗？会比柠檬水免疫调节更有效地增强她的免疫系统吗？我永远不会知道了，因为我没有允许自己去骗我挚爱的母亲。今日，我仍质疑自己的决定。

安慰剂的作用机制尚不清楚，但支持神经和免疫系统之间联系的条件性免疫，也是安慰剂效应的关键因素。此外，当安慰剂用于神经和精神疾病时，它们的有效性可能更普遍，因为大脑是恢复的关键。在帕金森病患者身上发现的安慰剂威力令人着迷。患上帕金森病后，大脑中被称为“黑质”的区域的细胞会开始死亡，由这些细胞产生的神经递质多巴胺也会随之减少。帕金森病的症状包括肌肉僵硬和震颤，以及无法发起运动。虽然有药物可替代多巴胺，缓解症状，但是治疗窗口往往是很有限的，因为产生多巴胺这种神经化学物质的细胞会持续减少。

在 20 世纪 80 年代，加利福尼亚的许多年轻人注射一种“定制版”海洛因。这些海洛因以某种方式混合在一起，可破坏黑质细胞。用药者的症状与在帕金森病患者中所观察到的症状类似。然而，这种方式产生的症状比帕金森病的症状来得更快，而且有些使用这种毒品的人会立即被“冻结”，完全无法移动或说话。神经学家比尔·兰斯顿既是他们的医生，也是一名医学研究者。他在寻找使这些活跃的年轻人变成人类雕塑的原因。他很快就追溯到有毒的海洛因上。瑞典神经学家安德斯·比约克兰德研究了一种新的治疗方案，即将胎儿黑质神经元移植到成人大脑中。这种治疗已经在啮齿类动物身上进行，并取得了振奋人心的结果，但是将手术应用于人类是一件困难的事情。年龄最大的受害者之一，乔治·卡里洛，在 52 岁时接受手术（吸毒十年后），病情得到了十分惊人的改善，效果极好，以至其他几个病人也进行了该手术。[9] 胎儿细胞移植手术似乎是人们期待已久的治疗帕金森病的良方。但紧接着安慰剂效应来了。

在美国，胎儿组织使用方面一直存在伦理问题，因此政府限制了这一治疗手段的发展。有趣的是，这些担忧促使人们发现了不同类型的细胞。例如，泰坦制药公司推出了一种名为“Spheramine”的实验疗法，绕过了对胎儿细胞的需求。具体来说，这种治疗包括植入人类视网膜细胞。这种细胞可产生一种化学前体，弥补缺失的神经递质多巴胺。

佩吉 · 威洛克斯被诊断患有帕金森病时只有 44 岁，病情进展很快，迫使她在四年后退休。对佩吉来说，这种新疗法的承诺是非常吸引人的。2000 年，她成了第二个接受这种治疗的病人。效果缓慢，但令人印象深刻。大约六个月后，她开始感觉到一些改善。在大约九个月后，她的平衡出现了改善。在接受治疗一年后，她的运动能力得到了 48% 的改善，这一结果持续到了四年后的随访！看上去，这种治疗是有效的，这给患者带来了希望。

作为胎儿和视网膜细胞治疗的实验研究的一部分，一个假手术组也被包括在内。这一重要的对照组由随机分配的患者组成，旨在控制患者期望对治疗效果的影响。假手术组患者接受了包括麻醉、颅骨钻孔等所有程序性步骤，但用惰性物质代替了细胞。不可思议的是，这种假手术居然能改善神经系统疾病的症状和随之而来的脑组织萎缩。对假手术组而言，并没有细胞被注入他们的黑质……研究人员没有对他们采取任何明显的方法来促进多巴胺的产生以治疗运动障碍。然而，颇有前途的 Spheramine 疗法实验于 2008 年停止，当时假手术组的反应与真手术组十分类似。[10] 药物能起作用的期望（记住，病人并不知道他们是否在接受真的治疗，所以每个人都会期望他们是在接受细胞疗法的那一组）是否刺激了多巴胺系统，并真的产生了更多的细胞？

在服用抗抑郁药的患者身上，类似的安慰剂效应也被描述过。由于抑郁症的特定症状之一是希望感减弱，期望也可以改变神经化学物质，以对抗抑郁症的特定症状。事实上，欧文·基尔希的研究表明，给抑郁症患者任何药物后，都可观察到症状的改善——糖丸、抗抑郁药、甲状腺药物，你随意列举。[11] 基尔希提出了一个有趣的观点，即在药物临床实验中必须使用活性安慰剂。尽管人们认为患者并不知道他们所服用的药物类型（真药或安慰剂），但他们会注意到一种实际的药物可能对他们的身体产生的任何副作用。这样的效果即使与抑郁症状无关，也会证实他们确实在服用一种药物——这就会提高患者对治疗的期望。活性安慰剂并不包含药物中的靶向化学物质，但确实会产生类似的副作用。类似于帕金森病治疗中的情况，无论是药物还是安慰剂，只要治疗增加了期待和希望，就可以减轻抑郁症状，影响神经化学物质。考虑到第 8 章中关于抑郁症认知和行为治疗的讨论，安慰剂也应该被认为是一种非药物性的抑郁症治疗方法。

鉴于这些观察结果，科学家和临床医生在思考安慰剂对照组的问题时总是头疼不已。什么样的安慰剂对照组才是有效的？如果以假手术来研究安慰剂效应，那么让患者接受这种侵入性技术是否合乎道德？[12] 这些问题肯定不会在这里得到回答，但我希望我已经证明，想象中的应变计算可以影响实际的大脑反应，并对我们的健康产生有意义的影响。如果我们对影响健康后果的真实的应变计算和想象的应变计算都有着充分的理解，我们也许能够提供更好的医疗服务。

游戏的应变计算

转向一个比较轻松的话题——孩子们在精彩的游戏里引入的想象的应变事件。当孩子们在确定要以多大力气推别人不至于把对方弄哭，或者找寻他们能安全跳下来的最高的树枝时，他们就在建立以现实为基础的应变资本。这种粗糙而野蛮的游戏可以看作根植于类固醇的应变计算——在大脑的关键发育期，它们是大脑的养料。此外，孩子们在游戏中也发挥着极大的想象力，他们认为自己是超级英雄，或者他们的小狗是一匹获胜的赛马。事实证明，基于现实或基于想象力的游戏，都有利于渐渐长大的孩子们积累经验与认知方面的应变计算存货。

有趣的是，基于现实的粗野游戏并非人类独有。正如我在《实验鼠志》中所描述的，大鼠的游戏行为是我最喜欢的啮齿类动物行为之一。我的学生曾分别饲养两只幼鼠，然后在一个特定时间，把两只幼鼠放进同一个笼子。两只幼鼠立刻跑向彼此，追逐、扭打、拖对方的尾巴，好像它们在弥补失去的娱乐时光（图10.1）。[13] 它们看上去非常快乐。这时，两个人类小孩的形象总是会浮现在我脑海里——他们追逐彼此，扭打在一起，用拉衬衫代替拉尾巴。

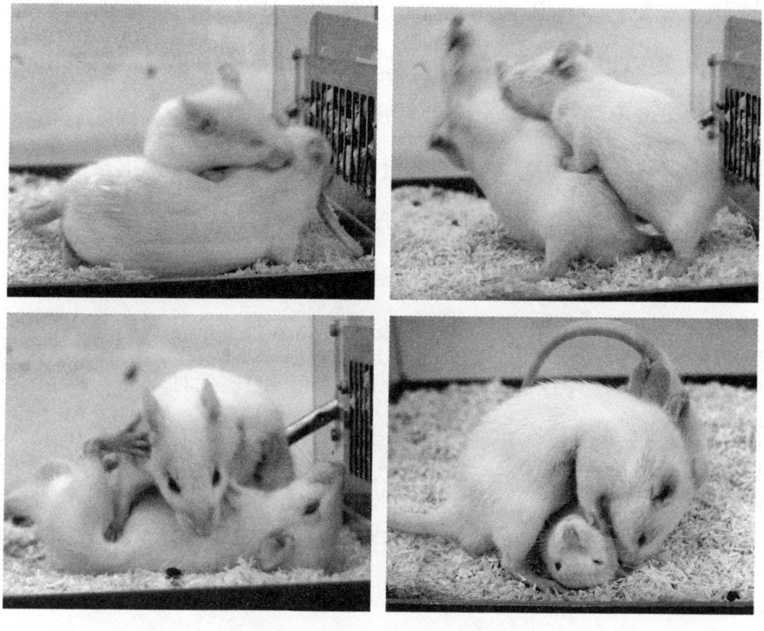

图 10.1 游戏带来的经验资本

在许多不同的哺乳动物物种中，游戏行为看起来很相似，这表明它在塑造适应性神经网络中起了重要的作用。正如这些来自密歇根州州立大学亚历克莎·维内玛的社会神经科学实验室的图片所示，在啮齿类动物中，游戏行为是一种复杂的行为，是研究人类游戏的一个有价值的模型。（图片由亚历克莎·H. 维内玛提供。）

如果说游戏是我最喜欢的大鼠行为，那我最喜欢的大鼠研究员必须是雅克·潘克塞普。他也许是世界上最重要的哺乳动物玩耍价值研究者，但他在本书的编辑期间不幸去世。在受控的实验室环境中，潘克塞普和他同事收集的数据表明，玩耍对于大脑发育是至关重要的。他还表示，在孩子的生活中（特别是在学校的时间里），游戏已被系统地消除，他们心理成熟并将注意力集中在有意义的变量上的能力因此受到了损害。在被称为“注意缺陷多动障碍”（ADHD）的病症中，这种效应是否已清楚地显现出来——这是个很有趣的问题。[14] 考虑到多动症的发病率自 2003 年以来增加了 43%，值得对这种疾病的所有潜在因素进行仔细考量。[15] 无论原因如何，对于儿童来说，当他们发现自己很难专注于最有意义的刺激–反应关联，并预测它们的结果时，他们的应变计算就可能会受到损害。甚至柏拉图也意识到了无组织的、自由的游戏于孩子有益。在《理想国》一书中，他写道：“我们的孩子从小必须参加适度的游戏，因为如果他们不被这种气氛所包围，他们就永远不可能成长为有教养、有道德的公民。”[16]

无论是实际的游戏还是想象的游戏，它们的特点是，相较诸如觅食、寻求社会接触或建立庇护所等其他行为，它们对于现实结果的重视更低。这就是进化生物学家感到迷惑的方面。游戏服务于什么目的？游戏消耗了能量，包含风险，但目的是什么？我们知道涉及其中的反应有什么——跑、跳、藏、推，但其结果是什么呢？

我们还不清楚游戏真正的结果是什么，除了收集可能会促成未来幸福生活的生活经验。我想将其视为更开放结果式的应变能力训练策略，甚或大脑的应变能力训练营。孩子们重复看似愚蠢而毫无价值的行为，而这些行为并没有立即产生明显的结果，就像青少年和成年人重复仰卧起坐，却没有立即取得明显可觉的结果。虽然随着思维的成熟，我们已经意识到了锻炼的好处，但一个观察我们物种的局外人肯定会困惑于为什么人类会花那么多时间在大型的体育馆里消耗能量。无论如何，游戏可被视为哺乳动物大脑形式的应变健美操。

虽然缺乏与游戏相关的可感知的有形结果，这种复杂的行为可能伴随着更直接的大脑结果。虽然在游戏的动物身上，没有观察到特定的神经元效应，但研究发现了一些新的现象。当追踪一种被称为“fos”的蛋白质（它标志着活跃的大脑区域）时，最近玩过游戏的大鼠在大脑皮层和皮层下的许多区域（包括处理涉及运动、期望和目标的神经化学物质——多巴胺活动的区域）表现出更多的神经活动。更进一步来说，游戏似乎会激活大脑的生长因子，如脑源性神经生长因子（BDNF）。BDNF 可增强神经可塑性，而这对于大脑的发育至关重要。因此，游戏引起的大脑效应，似乎与游戏本身一样无所不在。尽管如此，因为动物在社会剥夺之后会补偿它们失去的玩耍时间，所以，看来，玩耍是大脑健康发育的一个重要因素。[17] 此外，由于压力和玩耍之间存在一种相对的关系，当游戏频率增加时，压力水平会变得较低。一些小小的游戏可能正是医生可以为成年人开具的稀释慢性压力毒性的良方，而慢性压力在成年人的世界里处处可见。[18]

虽然我们在爬行动物和鸟类身上也观察到了某种程度的游戏，但在哺乳动物中，游戏要常见得多。狗、猫、大象和水獭都展示了美丽的嬉戏场面。[19]因为哺乳动物的大脑是自然界中最复杂的大脑，游戏可以执行一个重要的角色——启动大脑的所有复杂回路，为更灵活的学习和更自发的反应做好准备，而这些与更为传统的关联习得、习惯习得和反射习得一样为生存所必需。莱斯布里奇大学的神经科学家，包括塞尔希奥·佩利斯、维维安·佩利斯、希瑟·贝尔和布莱恩·科尔布在内，都发现游戏可以重塑前额皮层内神经元的形状，甚至作为大鼠生命后期神经可塑性的导火索。[20]因此，以扭打和翻滚为特征的肢体游戏可能为动物为在以后的生活中不可避免的扭打与翻滚做好准备。[21]你可以回忆一下在第7章中介绍的相关内容——保罗·麦克莱恩这位美国神经科学先驱在他的书《三位一体的大脑》里写到，有三种行为将哺乳动物与其他动物分割开来——养育、母子联系以及玩耍。[22]

虽然从行为反应-结果式应变事件的角度考虑游戏的时候，有些令人迷茫，但考虑到创造力的时候，所有与行为和认知相关联的传统因素都可以扔出门外了。创造力的过程与结果都是独特而新颖的，虽然经典行为主义者对创造性努力感到困惑，但不可否认，在人类的文化中，我们花费了大量时间来培养好奇心。

好奇心驱动的创造性应变事件

从某种意义上说，动物的探索可以被认为是一种好奇心驱动的反应。这块石头后面是什么？从树上掉下来的水果是什么？为什么这只动物在这条小径上跳跃？这条小径通向何方？尽管有风险、有昂贵的能量代价，但对环境的探索为未来的应变计算提供了更新的信息和更丰富的资本。回想一下在《谁动了我的奶酪》一书中，在奶酪转移后幸存下来的两只老鼠。虽然很难客观地定义创造力，但这两只老鼠的大脑似乎从考虑“是什么”，过渡到了与之相关的好奇心——“如果……呢？”

创造力通常被描述为一种新颖的反应，它产生了一种被认为具有某种价值的想法或产品。一种创造性的产品可能具有实用价值（一种帮助老年人打开泡菜罐的创新装置）或艺术价值（使用一种新颖的粉刷技术进行漂亮的涂漆作业）。虽然在经验的真空中并不存在任何行为，但以过往经验去衡量，创造性反应似乎是随心所欲、无拘无束的。当然，过去的互动有助于产生创造性的解决方案，但是当涉及创造性努力时，获得适当经验以产生精确的应变计算这一由巴甫洛夫、斯金纳和华生描绘出的直线弹道就没有那么明确了。

当我在啮齿类动物实验室的时候，我可以展开研究，确定大鼠们在冒险进入新的领地或调查新的目标时，什么时候会问："是什么？"但是我还没有在实验室见过它们用找到的积木创造出一条新的逃生路线，或者把玩具咬成工具将鼠粮从它们的笼顶敲下来。我还没有动用自己的创造力储备，成功地设计出一种评估啮齿类动物创造力的方式。没有令人信服的证据表明，这些实验室大鼠进入了我们通常与创造性联系在一起的"如果……呢"的阶段。这可能是因为最具创造性的努力需要产生一种想法，动物或人类必须将这种想法保持在其神经网络的某个地方，用于执行创造性反应。我写了这么多关于聪明的大鼠的文章，但我不知道，它们能否在它们啮齿类动物的大脑或思考中保存想法。

一个多世纪以前，沃尔特·亨特进行了一场关于动物是否有思考能力的研究。亨特的导师是哈维·卡尔，他是在华生离开约翰斯霍普金斯大学之后，接管了芝加哥大学动物实验室的科学家。在亨特的对比智力研究中，他把重点放在老鼠、浣熊、狗和孩子身上。在被试观看了一个带有三个灯泡的三面板之后，他 / 它们的任务是注意到唯一点亮的灯泡，在特定的延迟之后，如果他 / 它们接近那一个灯泡，便能得到美味的食物。大鼠仅能够保留信息 1 秒，而浣熊则可以在 25 秒后成功地完成任务。然而，狗和孩子可以轻松地处理 5 分钟的延迟，浣熊的表现则相形见绌。值得注意的是，随后的研究涉及了更多的培训和复杂的任务，例如延迟匹配样本任务。这些研究表明，大鼠确实可以将信息保存在记忆中（工作记忆中）超过 1 秒。我们熟知的内侧前额叶皮层可能有助于这种能力。[23] 然而，作为一个行为研究者，亨利在这些早期比较研究的动物身上注意到了一些其他事情：在延迟阶段，狗和大鼠保持朝向先前点亮的灯泡的姿势，所以它们要做的就是在延迟期结束时向它走去。然而，浣熊和孩子们四处走来走去，做着其他事情。当时机到来时，他 / 它们很容易就接近了目标刺激物。浣熊和孩子们在做其他事情时，是否在他 / 它们的神经网络中保留了任务的图像？这一任务图像能被认为是一种想法吗？[24] 此外，当一只浣熊接近野鸟喂食器的时候（喂食器悬挂在树上，远离动物们能够接触到的范围），浣熊是否形成了一个想法，让它能够实施一项计划，并轻易获得鸟食？也许这些浣熊能够想到，要接近远离人类的那些喂食器，因为人类试图把它们从喂食器旁赶开。

事实证明，浣熊形成和维持想法的潜力，可能是它们在 20 世纪早期被踢出模范实验室动物候选名单的原因。赫伯特·戴维斯写道，有一天，他的浣熊在实验室“爆发了”。他在实验室的通风系统里发现了它们，显然是逃跑了。也许浣熊去了上一章提到的间谍营——我真希望我能把自己的孩子送到那里去！事实证明，把这些动物关在实验室太难了，也许是因为它们的好奇心和创造性的想法。后来人们宣布浣熊的学习能力有很大的个体差异，使得在实验研究中难以达到统计学意义。浣熊就此被正式逐出实验室。著名的比较心理学家罗伯特·耶基斯引入了下一种能用于实验室研究的哺乳动物——小白鼠。小白鼠体积小、性格温驯、持续活跃、容易照料，跟浣熊有很大不同，而且，在多个方面，它们和它们被设计用来模仿的人类也有很大不同。[25] 据估计，现代生物医学研究中，85% 用的是小白鼠和大鼠。[26]

除浣熊之外，在其他动物甚至无脊椎动物中，也观察到了好奇心和创造力的迹象。人们观察到，章鱼把椰子壳变成了居所，甚至还发展出一种奇特的走路方式（“高跷步行”），用于把它们的新家搬到最终目的地。[27] 如前文所述，园丁鸟会创造复杂新奇的巢穴，用以吸引雌鸟。[28] 然而，没有物种利用其创造力来改变其居所外观的程度能达到人类的高度。海狸可能是最接近人类水平的，但即使对比海狸，人类也是明显的赢家。这一案例说明，“是什么”在人类大脑里肯定置换成了“如果……呢”。

神经科学家曾研究一种被称为“自由说唱”的极端创造性行为。在嘻哈风格的音乐中，艺术家随着乐器节拍的指引，即兴创作有节奏的歌词。是的，产生新歌词，同时还要押韵——这并无前例可循。在我看来，这似乎是不可能的。哪一个神经区域或网络能让一个人产生这样自由的反应？在一项研究中，说唱歌手被放置在 fMRI 扫描仪里，比较他在自由说唱与简单背诵歌词情况下的区别。结果是，为了即兴创作，大脑必须降低被称为“背外侧前额叶皮层”的大脑皮层的活动，以此让另一个参与动机和激励的脑区——内侧前额叶皮层获得控制权。关闭大脑的一个重要门户可以令大脑的另一些部分做到自由说唱，但是，对于重要的人生决策，比如决定最佳的职业选择或终身伴侣，这可能是不可取的。[29]

另一种解构大脑全面运作状态以增强创造力的方法，是在思考创意之前，以具有分散注意力功能的活动放松神经注意回路。这种注意力分散是一项研究的重点，该研究使用的方法是在要求两个小组的参与者提出意见之前，让其中一个小组有意识地思考一个想法，而分散另一个小组对想法的思考。虽然这两组人都轻易产生了创意，但那些有意识思考的参与者比分心的群体对其创意质量的满意度更低。[30]因此，仅仅是对想法的思考，就会让大脑的过滤器忙乱起来，可能使大脑否决那些看起来并不特别相关的思考方向——在创意的世界里，没有空间给这些理性的过滤和应变计算。

人们也在探索创造力的神经化学物质。特拉维夫大学的研究人员进行过一项研究，以评估六十几岁人群的创造性。部分参与者服用一种用于治疗帕金森病的可以增强多巴胺的药物。结果很有趣。那些服用这种药物的人即使在他们有神经疾病的情况下也比大脑健康的参与者表现出更多的创造性活动。[31]额外的多巴胺可以增强动力、驱动力以及冲动性，这些都是刺激创造力的有效因素。但它们的作用范围是有限的。精神分裂症与多巴胺能活性增强有关，患者会被转变为幻觉和妄想的创造性想法所困扰。此外，还有能增强多巴胺回路的娱乐性药物（例如苯丙胺和可卡因）——我们都知道这些药物会产生对冲动控制的挑战和扭曲的现实。在健康的、导向创造性经验的应变放松式的思想冒险与全然的精神混乱之间，存在着一条界线。

人类似乎比地球上其他任何生物更有好奇心和创造力。这种行为和认知的灵活性使我们能够离开内在的舒适区，开拓新领土，并使其成为我们的领地。它还提供了启动大脑中与动机和动力有关的区域的方法，从而帮助我们实现目标。还有诗歌、雕塑和音乐——我们的大脑一直不愿意透露这些努力的特定目的。虽然这些创造性应变事件的确切本质仍然是个谜，但不可否认的是，它们使我们的人生更加快乐。也许在前一章里，我的丈夫加里关于人格评估测试的建议，也同样适用于我分析创造力的微弱尝试——“别想太多，凯莉。”

本章讨论的主题——条件性神经免疫、安慰剂、游戏和创造力，所有这些都以不同的方式突破了应变建设的极限。走出我们的应变舒适区，会产生有趣和迷人的反应，在许多方面提高我们的生活质量。然而，一切都得是适度的。最健康的大脑需要在更立足现实的应变建设和偶尔放松的应变弯路之间建立一个平衡。在《后记》中，我们将回顾让我们的生活方式保持在适当的应变建设区域内，对于保护我们免于与物质世界和社交世界之间失去实时的、真实的联系有多么重要，而这些联系是极为重要的。如果我们走了太多捷径，我们的应变计算就会短路。如果这些捷径走到了极致，我们就会与周围的世界失去联系，最终，我们在这世上的生命线——我们的大脑也会被损耗殆尽。

后记

重新定义繁荣

我在本书的开头讨论了房地产泡沫。如果任其增长，这些泡沫可能导致经济崩溃，就像我们在 2008 年所看到的那样。2008 年，房地产市场崩盘的原因正如艾伦·格林斯潘所描述的，是因为房屋的真实价值被扭曲了，市场陷入非理性繁荣。当我们接近本书的结尾时，我想让你更为全面地觉察到真实人生中那些策略性地放在正确地方的大脑泡沫。正如前一章中所描述的，谨慎地将大脑泡沫放置在游戏、希望和创造性思维中，可为大脑的应变计算神经结构添加一种非凡的质感。但是，对于占据我们神经领土的大脑泡沫，我们是否还有一些额外的课程需要学习呢？

在借用房地产文献为例来反对扭曲生活的大脑泡沫后，我现在转向香槟泡沫的世界。具有创新精神的物理学家和海洋学家海伦·切尔斯基，可能是这世上最具见地的“泡沫物理学家”。在伦敦大学学院，她揭示了一杯香槟的感知价值和其中的香槟泡沫之间的微妙关系。切尔斯基指出，当香槟倒入玻璃杯时，气泡不会自动出现。当气体被释放出来时，微粗糙的玻璃表面会引发气泡的形成。理想情况下，泡泡会从杯底的一个很小的表面开始它们的旅程，以一种美丽且有序的方式逐渐冒到玻璃杯表面，为客人带来沁人心脾的香味和嘶嘶的声音。[1]然而，如果香槟酒杯有零散的瑕疵，例如有积尘或刻痕，气泡就会不断形成，从玻璃杯顶部喷涌而出，让人心烦。不断爆炸的泡沫流会扭曲精美的香槟酒杯中温和气泡的预期美感。即使是夏威夷歌手（或许还是生活哲学家）唐·霍也知道位置正确的小泡沫的价值（虽然他指的是葡萄酒），正如他在他那首流行于20世纪60年代的歌曲中所唱的："酒中的小泡沫，让我开心，叫我感到欢愉。"谢天谢地，他对泡沫的适当尺寸进行了限定，最终促成了情绪上的健康。

虽然我们通常用香槟来庆祝生活事件——婚礼、职业成就、喜迎新年，但香槟似乎也提供了在健康的心理生活中正确放置泡沫的经验教训。以适当的速率产生泡沫，并有策略地放置它们，可以提升香槟祝酒的体验。但如果玻璃扭曲，在所有错误的地方产生太多的气泡，这种体验就会受到影响——至少对于香槟爱好者来说如此。因此，以香槟酒杯的形式呈现的健康环境对于将祝贺人生重大成就的敬酒时刻变成最大化的情绪体验而言，是十分重要的。同样，与环境的真实互动也会使我们的情绪体验最大化——至少对于爱好生活的人来说如此。来自例如成瘾、贫穷或名望等错误地方的情绪高潮或低潮，会损害大脑与现实保持一致并生成真实的应变计算以产生有望导向庆祝活动的反应的能力。

虽然有证据表明我们的神经回路能够承受适度的、小型的大脑泡沫，但精神健康和成功的最关键的标准，是保持与环境的直接联系，从而对周围的环境产生准确的认识。这种做法帮助我们建立经验资本，使我们能够产生准确的应变计算，做出明智的决策。正如本书通篇所强调的，当生活经历的价值被破坏性的大脑泡沫的形式扭曲时，我们很难以最适当的方式做出回应。就像我们的免疫系统需要 T 细胞和 B 细胞来保护身体免受病原体的侵袭一样，我们的大脑需要真实的经验来保护我们的神经网络，使其免受各种有损情绪回报并导致精神疾病的因素的侵害。正如前几章所描述的，贫困、压力和特权，只是这些入侵我们大脑、威胁我们心理健康的潜在因素中已知的几个。

实验心理学家詹姆斯·吉布森引入了“affordances”（功能可供性）这一自造术语，拓展了早期行为主义者的启蒙工作。我们都知道“afford”（提供、能承担）这个词，并经常在例如考虑“自己是否能够买得起喜欢的新车”这样的情况中联想到它。但吉布森所说的功能可供性是什么意思呢？他将这一术语定义为环境的某些方面允许人采取某种具体行动的可能性。茶壶上的把手可以让你拿起茶壶，把热水倒进杯子里；同事脸上的微笑给人一种发展友谊的可能；后院开阔的空间提供了一个潜在的花园和以新鲜蔬菜为形式的所有美味。[2]

吉布森还提出，在人生之中，我们会不断对周围的“不变量”获得更多洞察力。不变量是指在变化和不可预测的结果的背景中，于某种程度上，保持稳定及可预测的变量。对许多人来说，他们珍惜的人际关系、爱好、有意义的事业和精神信仰代表着不变量。在最好的情况下，这些东西都能让我们立足现实，而非扭曲现实。通过提供安全的港湾，这些不变量也能在我们面对生活中不可避免的挑战时减少我们的压力和焦虑。当然，生活中没有什么是绝对不变的。在某一时刻，我们生活中的不变量会转变为变量。失去一个所爱的人、一段友谊或一份工作，会使大脑的应变计算器处于混乱状态，需要进行大量的重新校准。这和在赛马过程中重新计算赌金揭示牌上的赔率没有什么不同——在一段时间内，所有的回报都发生了变化。[3]

我们的储蓄账户余额从财务角度决定了我们买得起什么，而我们的经验投资与积累的认知和社会资本决定了在我们一生当中感知上的功能可供性。准确的应变计算可以使我们不断扩大我们的功能可供性，确保我们避开本书中所描述的有害的、扭曲生活的大脑泡沫，并使我们能够利用出现在生活当中的新机会。具有讽刺意味的是，这些应变计算器成功地创造了一个新世界。对于我们这些生活在技术发达的社会中的人来说，这个新世界的特征是与外界环境的交互减少。我们可以轻易按下按钮来获取食物、衣物或任何我们想要的东西。当我们越来越不需要通过工作获得宝贵的物质资源时，我们将体验到一个应变难题，那就是大脑最终失去为我们的情绪健康产生最具适应性的反应选择的能力。虽然通过捷径获得想要的资源听起来在各个层面上都很有吸引力，但这样一个世界损害了对于引导我们做出最令人满意的反应而言至关重要的神经网络。因此，我们的大脑对于繁荣的解释，可能与我们技术发达的社会中出现的当代世界观不一致。在西方当下的繁荣观中，有限的经验资本增加了情绪崩溃的可能性。

詹姆斯·吉布森的妻子埃莉诺也是一位实验心理学家。她在传记中写道："每天都带来新的功能可供性。感知到它们会让一切不同，特别是可以采取的行动不止一个时，我们必须做出选择。"[4] 正如我们现在所知的，我们在一生中都必须储存应变资本以做出能够获得最高精神回报的最明智决策。若无经验资本，生活中的功能可供性就会被忽视和误读。

虽然当年人类基因组测序完成时，要是大脑和思想的奥秘也能随之破解，无疑会是件好事，但我们也应该预期到决定生命结果的事远超出核苷酸碱基的序列。遗传序列对大脑的运作是至关重要的，然而，行为和环境变量对于构成个体生命经验的有益反应和结果也是至关重要的决定因素。如果我们不忘第 3 章中功能最强的大脑更像是蛋奶酥而不像砂锅的比喻，那么我们应当继续看重我们以生命体验的形式放入大脑的事物，并且重视这些关键信息在生命的各个阶段是如何被管理和监控的。

尽管行为主义先驱斯金纳的评论——“人类行为也许是科学方法从未应用于中的最难的研究命题”确实有一定道理，但随后神经科学、实验心理学和进化生物学等各个学科的研究证实，人类大脑和行为输出的奥秘正开始显现原形。[5]成为这些学科里聪明的学生，会为我们面对诸多选择时大脑如何持续泵出健康的应变计算提供更多的信息。健康、真实的应变计算，可以保证我们感知到并获益于生活中的启示，最大限度地提高情绪回报并减少情绪崩溃的可能性。

致谢

本书的内容是对无数神经科学家迷人的研究的综合。这些神经科学家为科学文献领域做出了积极贡献，他们在不同的环境下工作，并为我们提供了不同领域的科学信息。而这些科学信息为神经科学这一关于进化与适应的学科，以及大脑的健康运行机制提供了背景资料。这些科学故事是非常复杂和充满活力的，因此，我要感谢行为神经科学领域里的两位巨人——布莱恩·科尔布（莱斯布里奇大学）和唐·斯坦（埃默里大学）对我的慷慨帮助，他们充满智慧且富有洞察力的言论令我获益颇深。虽然，毫无疑问，本书里会有一些无法避免的错误，但他们的评论非常有价值，把我从不必要的迂回和误解中拯救了出来。在特定神经化学物质的部分，约翰·萨拉蒙（康涅狄格大学）也提供了宝贵的反馈。

我还要感谢以下几位拨冗接受我的采访，包括但不限于：潘妮·切纳里、罗伯特·弗朗西斯法官、朱迪丝·科克伦·吉尔曼–海因斯、迈克·莱西、谢里·斯托姆和凯特·特委迪。还有我过去和现在的学生们，他们也为本书章节中介绍的那些科学故事做出了重要的贡献。在过去的30年里，我十分荣幸与这些学生共事，并深深地获益于此。多年来，我还有幸在几个不同的机构与诸多出色的同事一起工作。我从兰道夫-麦肯学院心理学和生物学系的前同事及其他教职员工身上得到了许多支持，如今在里士满大学也受到了诸多关照。在梅肯和琼·布洛克神经科学教授职位上，我得到了许多帮助。佩珀和斯图尔特·劳恩，以及兰道夫-麦肯学院的其他人也为这项写作提供了经验资本上的帮助。此外，我还要感谢美国国立精神卫生研究所和美国国家科学基金会给予的研究支持。

无疑，这本书需要我花费的时间超出了我作为一个教授的工作时间。我要感谢我的家人，他们理解这种必需的长时间工作，特别是周末我仍然在做这个项目的时候。我的女儿罗拉和斯凯拉已经接受了她们的妈妈喜欢大鼠和大脑，和别的妈妈有一点儿不一样。由于有她们在我的生活里，我自己的大脑确凿无疑地得到了丰富与重建。我将我们之间的冒险经历写到了本书当中！而我的丈夫加里十分支持我。他花费了数个小时来听我关于大脑泡沫和应变计算的各种观点——他的洞察力和我们之间的诸多“编辑会议”对这份手稿的形成至关重要。

我对扭曲的大脑泡沫的观点能够转变为一本真实存在的书，是杰出的出版界同事们的共同成果。我将永远感激凯瑟琳·埃里森，她是一位有才华的作家，也是一位珍贵的朋友。几年前，她使我相信，我能够写出一本面向主流受众的书——她让我有机会走出我的教室，面向更多的受众。我也想感谢我的经纪人，米歇尔·特斯勒，她又一次做出了出色的工作。她倾听了我的想法，并为我提出了宝贵的反馈意见，将这些想法变成了可行的方案。同样感谢我在耶鲁大学出版社的编辑让·汤姆森·布莱克。他以极大的耐心让我在面对诸多挑战时能够调整步伐，以完成这一神经科学作品。同时，他还为我提供了有效的反馈，让我能够朝着终点持续前进。感谢迈尔克·迪宁。他作为编辑助理，完成了十分困难的工作——将手稿按顺序整理妥当。感谢他在帮助我完成作品时展现出的专业和耐心。

最后，如果我忘记感谢我经验资本的核心来源，那就是我的过失了。我很感激我有一个自由的童年，在亚拉巴马州我家的后院与灌木丛中，我跟随我好奇心的指引，它让我的神经得到了充分的发育。同样感激我的家人们。他们鼓励我追随自己内心的热忱，去探索人类的大脑和行为，学习更多相关的知识，尽管在高等教育界和学术界工作，远非他们眼中的正常人生规划。我还要感谢我遇到过的许多教授，他们为我的神经科学事业建造地基，为我播下了好奇的种子。在离开他们多年以后，这些种子依旧让我对神经科学深深着迷。最后，当我提交这份手稿的时候，我想起来我的实验室中还有一批新的神经组织，它们已被染上美丽的颜色。我等不及要和我的同事博士后茉莉·肯特以及我现在的学生们一起去探索更多关于大脑如何适应生活中诸多挑战的问题。

注释

引言

1. R. Dale, *The First Crash: Lessons from the South Sea Bubble* (Princeton, NJ: Princeton University Press, 2004).
2. M. Udland, "On This Day in 1996, Alan Greenspan Made His Famous Speech About 'Irrational Exuberance,' " *Business Insider*, December 5, 2014, http://www.businessinsider.com/alan-greenspan-irrational-exuberance-2014-12.
3. A. Sachs, "Morgan Freeman, down home," *Washington Post*, November 13, 2005, http://www.washingtonpost.com/wp-dyn/content/article/2005/11/11/AR2005111100606.html.
4. *Rolling Stone India*, "Triumph & Tragedy: The Life of Michael Jackson," August 25, 2009, http://rollingstoneindia.com/triumph-tragedy-the-life-of-michael-jackson/, accessed March 6, 2016.
5. N. Metha, "Mind-body dualism: a critique from a health perspective," *Mens Sana Monographs* 9 (2011): 202–209.
6. L. Mudrik and U. Maoz, "Me and my brain: exposing neuroscience' s closet dualism," *Journal of Cognitive Neuroscience* 27 (2014): 211–221.

第 1 章

1. *Online English Oxford Living Dictionary*, s.v. "contingency (*n*)," https://en.oxford-

dictionaries.com/definition/contingency, accessed September 27, 2017.

2. J. Sangalang, "Viera Teen Lands Deal on "Shark Tank,"" *Florida Today,* February 19, 2016.
3. The White House Office of the Press Secretary, "June 2000 White House Event—National Human Genome Research Institute (NHGRI)," June 26, 2000, https://www.genome.gov/10001356.
4. Hippocrates, *On the Sacred Disease,* in *Great Books of the Western World,* vol. 10: *Hippocrates and Galen* (Chicago: Benton, 1952), 69.
5. D. Ribatti, "William Harvey and the discovery of the circulation of the blood," *Journal of Angiogenesis Research* (2009), available at https:doi.org/10.1186/2040-2384-1-3.
6. S. M. Schneider and E. K. Morris, "A history of the term radical behaviorism: from Watson to Skinner," *Behavior Analyst* 10 (1987): 27–39; A. C. Catania, "B.F. Skinner, organism," *American Psychologist* 47 (1992): 1521–1530.
7. T. Insel, "Toward a New Understanding of Mental Illness," filmed January 2013 at TEDxCaltech, https://www.ted.com/talks/thomas_insel_toward_a_new_understanding_of_mental_illness?language=en; T. R. Insel and E. M. Scolnick, "Cure therapeutics and strategic prevention: raising the bar for mental health research," *Molecular Psychiatry* 11 (2006): 11–17.
8. World Health Organization, "Depression," http://www.who.int/mediacentre/factsheets/fs369/en/, accessed October 2015.
9. M. J. Hawrylycz et al., "An anatomically comprehensive atlas of the adult human brain transcriptome," *Nature* 489 (2012), https:doi.org/10.1038/nature11405; M. E. Raichle and D. A. Gusnard, "Appraising the brain' s energy budget," *Proceedings of the National Academy of Sciences* 99 (2002):10237–10239.
10. K. G. Lambert, "Rising rates of depression in today' s society: consideration for the roles of effort-based rewards and enhanced resilience in day to day functioning," *Neuroscience and Biobehavioral Reviews* 30 (2006): 497–510; K. G. Lambert et al., "Contingency-based emotional resilience: effort-based reward

training and flexible coping lead to adaptive responses to uncertainty in male rats," *Frontiers in Behavioral Neuroscience* (2014):https:doi.org/10.3389/fnbeh.2014.00124.

11. J. E. Lunshof et al., "Personal genomes in progress: from the human genome project to the personal genome project," *Dialogues in Clinical Neuroscience* 12 (2010): 47–60.
12. D. S. Reisman, H. McLean, J. Keller, K. A. Danks, and A. J. Bastian, "Repeated split-belt treadmill training improves poststroke step length asymmetry," *Neurorehabilitation and Neural Repair* 27 (2013): 460–468; Amy Bastian, personal communication via email, December 8, 2014; Amy Bastian, "Learning and Relearning Movement," (Society for Neuroscience Meeting, November 18, 2014).
13. S. Nasar, *A Beautiful Mind* (New York: Simon and Schuster, 1998).
14. K. Sterelny, *The Evolved Apprentice: How Evolution Made Humans Unique* (Boston, MA: MIT Press, 2012).
15. M. Koerth-Baker, "Boredom gets interesting," *Nature* 529 (2016): 146–148.

第2章

1. P. Glimcher, *Decisions, Uncertainty and the Brain* (Cambridge, MA: MIT Press, 2004).
2. I. P. Pavlov, "The reply of a physiologist to psychologists," *Psychological Review* 39 (1932): 91–127.
3. W. James, *Principles of Psychology* (New York: Henry Holt and Company, 1890).
4. D. Hothersall, *History of Psychology* (3rd ed.) (New York: McGraw-Hill, 1995).
5. J. B. Watson, "Psychology as the behaviorist views it," *Psychological Review* (reprinted 1994):101, 248–277.
6. R. J. Herrnstein, "On the law of effect," *Journal of the Experimental Analysis of Behavior* 13 (1970): 243–266.
7. S. M. Schneider and E. K. Morris, "A history of the term Radical Behaviorism: from Watson to Skinner," *Behavior Analyst* 10 (1987): 27–39.

8. W. Timberlake, "Is the operant contingency enough for a science of purposive behavior?," *Behavior and Philosophy* 32 (2003): 197–229.

9. B. F. Skinner, "How to teach animals," *Scientific American* 185 (1951): 26–29; B. F. Skinner, "A case history in scientific method," *American Psychologist* 11 (1955): 221–233.

10. F. A. Beach, *Karl Spencer Lashley* (Washington, DC: National Academy of Sciences, 1961).

11. J. Garcia, D. J. Kimeldorf, and R. A. Koelling, "Conditioned aversion to saccharin resulting from exposure to gamma radiation," *Science* 122 (1955): 157–158.

12. K. Breland and B. Breland, "The misbehavior of organisms," *American Psychologist* 16 (1961): 681–684.

13. D. Hothersall, *History of Psychology* (3rd ed.) (New York: McGraw-Hill, 1995).

14. I. P. Pavlov, "Conditioned reflexes: An investigation of the physiological activity of the cerebral cortex," *Annals of Neuroscience* 17 (1927, republished 2010): https:doi.org/10.5214/ans.0972-7531.1017309.

15. F. C. P. Van der Horst and R. van der Veer, "Loneliness in infancy: Harry Harlow, John Bowlby and issues of separation," *Integrative Psychological and Behavior Science* 42 (2008): 325–335.

16. W. M. Baum, *Understanding Behaviorism: Behavior, Culture and Evolution* (Malden, MA: Blackwell Publications, 2005).

17. D. Kahneman, *Thinking, Fast and Slow* (New York: Farrar, Straus, and Giroux, 2011).

18. S. Finger, *Minds Behind the Brain* (New York: Oxford University Press, 2000).

19. Glimcher, *Decisions, Uncertainty and the Brain.*

20. Ibid.

21. S. M. McClure, J. Li, D. Tomlin, et al., "Neural correlates of behavioral preference for culturally familiar drinks," *Neuron* 44 (2004): 379–387.

22. A. M. Graybiel and K. S. Smith, "Good habits, bad habits," *Scientific American* 310 (2014): 38–43.

23. L. D. Loukopoulos and R. K. Dismukes, *The Multitasking Myth* (New York: Ashgate Publishing, 2009).

24. J. Saarikko, "Foraging behaviour of shrews," *Annales Zoologici Fennici* 26 (1989): 411–423.

25. C. J. Barnard and C. A. J. Brown, "Risk-sensitive foraging in common shrews," *Behavioral Ecology & Sociobiology* 16 (1985): 161–164.

26. Pavlov, "Conditioned reflexes," 291.

27. A. Troisi, "Displacement activities as a behavioral measure of stress in nonhuman primates and human subjected," *Stress* 5 (2002): 47–54.

28. Baum, *Understanding Behaviorism.*

第3章

1. R. T. Knight and H. J. Heinze, "The human brain: the final journey," *Frontiers in Neuroscience* 2 (2008): 1:15–16, https:doi.org/10.3389/neuro01.020.2008.

2. P. Mazzarello, *Golgi: A Biography of the Founder of Modern Neuroscience* (New York: Oxford University Press, 2010).

3. J. B. Tuke, *The Insanity of Over-Exertion of the Brain* (Edinburgh: Oliver and Boyd, 1894).

4. S. Finger, *Minds Behind the Brain: A History of the Pioneers and Their Discoveries* (New York: Oxford University Press, 2000).

5. A. L. Alexander, J. E. Lee, M. Lazar, and A. S. Field, "Diffusion tensor imaging of the brain," *Neurotherapeutics* 4 (2007): 316–329; C. Zimmer, "Secrets of the Brain," *National Geographic* (February 2014): 28–57.

6. Zimmer, "Secrets of the Brain," 28–57.

7. B. Burrell, *Postcards from the Brain Museum* (New York: Broadway Books, 2004).

8. Finger, *Minds Behind the Brain*; M. Piccolino, "Luigi Galvani and animal electricity: two centuries after the foundation of electrophysiology," *Trends in Neuroscience* 20 (1997): 443–447.

9. Finger, *Minds Behind the Brain.*

10. M. Shelley, *Frankenstein* (London: Henry Colburn and Richard Bentley, 1831), 57.

11. E. S. Valenstein, *The War of the Soups and the Sparks* (New York: Columbia University Press, 2005).

12. M. C. Fishman, "Sir Henry Hallett Dale and the acetylcholine story," *Yale Journal of Biology and Medicine* 45 (1972): 104–118.

13. E. M. Tansey, "Henry Dale and the discovery of acetylcholine," *C.R. Biologies* 329 (2006): 419–425.

14. S. Ochs, *A History of Nerve Functions: From Animal Spirits to Molecular Mechanisms* (New York: Cambridge University Press, 2004).

15. E. Gould and C. G. Gross, "Neurogenesis in adult mammals: Some progress and Problems," *Journal of Neuroscience* 22 (2002): 619–623.

16. S. Sorrells et al., "Human hippocampal neurogenesis drops sharply in children to undetectable levels in adults," *Nature* (2018): doi: 10.1038/nature25975.

17. G. Kempermann, H. G. Kuhn, and F. H. Gage, "More hippocampal neurons in adult mice living in an enriched environment," *Nature* 386 (1997):493–495.

18. G. Kempermann, "New neurons for 'survival of the fittest,'" *Nature Reviews Neuroscience* 13 (2012): 727–736.

19. Kempermann, "New neurons for 'survival of the fittest,'" 729.

20. C. C. Sherwood, A. L. Bauernfeind, S. Bianchi, M. A. Raghanti, and P. R. Hof, "Human brain evolution writ large and small," *Progress in Brain Research* 195 (2012): 237–254.

21. S. Herculano-Houzel, "The remarkable, yet not extraordinary, human brain as a scaled-up primate brain and its associated cost," *Proceedings of the National Academy of Sciences* 109 (2012): 10661–10668.

22. O. Cairo, "External measures of cognition," *Frontiers in Human Neuroscience* 5 (2011): https:doi.org/10.3389/fnhum.2011.00108.

23. B. Anderson and T. Harvey, "Alterations in cortical thickness and neural density in the frontal cortex of Albert Einstein," *Neuroscience Letters* 210

(1996): 161–164.

24. R. O. Deaner, K. Isler, J. Burkart, and C. Schaik, "Overall brain size, and not encephalization quotient, best predicts cognitive ability across nonhuman primates," *Brain, Behavior and Evolution* 70 (2007): 115–124.
25. C. C. Hilgetag and H. Barbas, "Are there ten times more glia than neurons in the brain?," *Brain Structure and Function* 213 (2009): 365–366.
26. S. Herculano-Houzel, "The human brain in numbers: a linearly scaled-up primate brain," *Frontiers in Human Neuroscience* (2009): https:doi.org/10.3389/neuro.09.031.2009.
27. S. Herculano-Houzel, "Brains matter, bodies maybe not: the case for examining neuron numbers irrespective of body size," *Annals of the New York Academy of Sciences* 1225 (2009): 191–199.
28. R. Wrangham, *Catching Fire: How Cooking Made Us Human* (New York: Basic Books, 2009).
29. D. Jardin-Messedu, K. Lambert, et al., "Dogs have the most neurons, though not the largest brain: trade-off between body mass and number of neurons in the cerebral cortex of large carnivoran species," *Frontiers in Neuroanatomy* (December 12, 2017), http://doi.org/10.3389/fnana.2017.00118.
30. Herculano-Houzel, "The human brain in numbers."
31. Herculano-Houzel, "Brains matter, bodies maybe not," 191–199.
32. P. F. M. Ribeiro, L. Ventura-Antunes, M. Gabi, et al., "The human cerebral cortex is neither one nor many: Neuronal distribution reveals two quantitatively different zones in the gray matter, three in the white matter, and explains local variations in cortical folding," *Frontiers in Neuroanatomy* (2013): https:doi.org/10.3389/fnane.2013.0028.
33. A. L. Bauernfeind, A. A. de Sousa, T. Avasthi, et al., "A volumetric comparison of the insular cortex and its subregions in primates," *Journal of Human Evolution* 64 (2013): 263–279.
34. M. Pietrasanta, L. Restani, and M. Caleo, "The corpus callosum and the

visual cortex: plasticity is a game for two," *Neural Plasticity* (2012): https:doi.org/10.1155/2012/838672.

35. J. Hanggi, L. Fovenyi, F. Liem, M. Meyer, and L. Jancke, "The hypothesis of neuronal interconnectivity as a function of brain size—a general organization principle of the human connectome," *Frontiers in Human Neuroscience* (2014): https:doi.org/10.3389/fnhum.2014.00915.
36. B. K. Branstetter, J. J. Finnergan, E. A. Fletcher, B. C. Weisman, and S. H. Ridgway, "Dolphins can maintain vigilant behavior through echolocation for 15 days without interruption or cognitive impairment," *PLoS ONE* (2012): https:-doi.org/10.1371/journal.pone.004748.
37. L. Shlain, *Leonardo's Brain* (Guilford, Connecticut: Lyon' s Press, 2014).
38. J. M. Allman, N. A. Tetreault, A. Y. Hakeem, et al., "The von Economo neurons in fronto-insular and anterior cingulate cortex," *Annals of the New York Academy of Sciences* 1225 (2011): 59–71.
39. M. Santos, N. Uppal, C. Butti, et al., "Von Economo neurons in autism: a stereologic study of the frontoinsular cortex in children," *Brain Research* 1380 (2011): 206–217; C. Butti, M. Santos, N. Uppal, and P.R. Hof, "Von Economo neurons: clinical and evolutionary perspectives," *Cortex* 49 (2013): 312–326.
40. G. Roth and U. Dicke, "Evolution of the brain and intelligence," *Trends in Cognitive Science* 9 (2005): 250–257.

第4章

1. S. Johnson, *Who Moved My Cheese?* (New York: Putman, 1998).
2. P. W. Glimcher, "Decisions, decisions, decisions: choosing a biological theory of choice," *Neuron* 36 (2002): 323–332; I. Levy, S. C. Lazzaro, R. B. Rutledge, and P. W. Glimcher, "Choice from non-choice: predicting consumer preferences from blood oxygenation level-dependent signals obtained during passive viewing," *Journal of Neuroscience* 31 (2011): 118–125.
3. P. W. Glimcher, *Decisions, Uncertainty, and the Brain* (Cambridge, MA: MIT

Press, 2004).

4. A. G. Sanfey, G. Loewenstein, S. M. McClure, and J. D. Cohen, "Neuroeconomics: cross-currents in research on decision-making," *TRENDS in Cognitive Sciences* 10 (2006): 108–116; P. W. Glimcher, M. C. Dorris, and H. M. Bayer, "Physiological utility theory and the neuroeconomics of choice," *Games and Economic Behavior* 52 (2005): 213–256.
5. Levy, Lazzaro, Rutledge, and Glimcher, "Choice from non-choice," 118–125.
6. L. A. Gutnik, A. F. Hakimzada, N. A. Yoskowitz, and V. L. Patel, "The role of emotion in decision-making: a cognitive neuroeconomic approach towards understanding sexual risk behavior," *Journal of Biomedical Informatics* 39 (2006): 720–736.
7. M. A. Hege, H. Preissl, and T. S. Krunoslav, "Magnetoencephalographic signatures of right prefrontal cortex involvement in response inhibition," *Human Brain Mapping* 35 (2014): 5236–5248; H. Kadota, H. Sekiguchi, S. Takeuchi, M. Miyazaki, Y. Kohno, and Y. Nakajima, "The role of thedorsolateral prefrontal cortex in the inhibition of stereotyped responses," *Experimental Brain Research* 203 (2010): 595–600.
8. A. Tversky and D. Kahneman, "Judgment under uncertainty: heuristics and biases," *Science* 185 (1974): 1124–1131.
9. R. H. Thayer, *Misbehaving* (New York: W.W. Norton and Company, Inc., 2015).
10. P. W. Glimcher, M. C. Dorris, and H. M. Bayer, "Physiological utility theory and the neuroeconomics of choice," *Games and Economic Behavior* 52 (2005): 213–256.
11. D. Hothersall, *History of Psychology* (Boston: McGraw Hill, 1995).
12. D. Engber, "The end of the maze," *Slate*, 2011, http://www.slate.com/articles/health_and_science/the_mouse_trap/2011/11/rat_mazes_and_mouse_mazes_a_history_.html.
13. I. Lee, M. R. Hunsaker, and R. P. Kesner, "The role of hippocampal subregions in detecting spatial novelty," *Behavioral Neuroscience* 119 (2005): 145–153.

14. K. G. Lambert, "Rising rates of depression in today' s society: consideration for the roles of effort-based rewards and enhanced resilience in day to day functioning," *Neuroscience and Biobehavioral Reviews* 30 (2006): 497–510.

15. K. G. Lambert, M. M. Hyer, A. Rzucidlo, T. Bergeron, T. Landis, and B. Bardi, "Contingency-based emotional resilience: effort-based reward training and flexible coping lead to adaptive responses to uncertainty in male rats," *Frontiers in Behavioral Neuroscience* (2014). https:doi.org/10.3389/fnbeh.2014.00124.

16. K. Sterelny, *The Evolved Apprentice: How Evolution Made Humans Unique* (Cambridge, MA: MIT Press), 2012.

17. M. Rivalan, E. Coutureau, A. Fitoussi, and F. Dellu-Hagedorn, "Interindividual decision-making differences in the effects of cingulate, orbitofrontal, and prelimbic cortex lesions in a rat gambling task," *Frontiers in Behavioral Neuroscience* 5 (2011): https:doi.org/10.3389/fnbeh.2011.00022; M. Rivalan, V. Valton, P. Series, A. R. Marchand, and F. Dellu-Hagedorn, "Elucidating poor decision-making in a rat gambling task," *PLoS ONE* 8 (2013): e82052.

18. O. H. Turnbull, C. H. Bowman, S. Shanker, and J. L. Davies, "Emotionbased learning: insights from the Iowa gambling task," *Frontiers in Psychology* (2014): https:doi.org/10.3389/fpsyg.2014.00162.

19. C. R. Riener, J. K. Stefanucci, D. R. Proffitt, and G. Clore, "An effect of mood on the perception of geographical slant," *Cognitive Emotion* 25 (2011): 174–182.

20. K. Lambert, *The Lab Rat Chronicles: A Neuroscientist Reveals Life Lessons from the Planet's Most Successful Mammals* (New York: Perigee, 2011).

21. Rivalan, Coutureau, Fitoussi, and Dellu-Hagedorn, "Inter-individual decision-making differences in the effects of cingulate, orbitofrontal, and prelimbic cortex lesions in a rat gambling task."

22. G. Schoenbaum, M. R. Roesch, T. A. Stalnaker, and Y. K. Takahashi, "A new perspective on the role of the orbitofrontal cortex in adaptive behaviour," *Nature Reviews Neuroscience* 10 (2009): 885–892.

23. D. Tischer and O. D. Weiner, "Illuminating cell signaling with optogenetic

tools," *Nature Reviews Molecular Cell Biology* 15 (2014): 551–558; K. Deisseroth, "Optogenetics: controlling the brain with light," *Scientific American* (2010): http://www.scientific American.com/article/optogenetics-controlling.

24. A. Adamantidis, M. C. Carter, and L. de Lecea, "Optogenetic deconstruction of sleep-wake circuitry in the brain," *Frontiers in Molecular Neuroscience* 20 (2010): https://doi.org/10.3389/neuro.02.031.2009.
25. G. D. Stuber, D. R. Sparta, A. M. Stamatakis, W. van Leeuwen, J. E. Harjoprajitno, S. Cho, K. M. Tye, K. A. Kempadoo, F. Zhang, K. Deisseroth, and A. Bonci, "Amygdala to nucleus accumbens excitatory transmission facilitates reward seeking," *Nature* 475 (2011): 377–380; J. H. Jennings, D. R. Sparta, A. M. Stamatakis, R. L. Ung, K. E. Pleil, T. L. Kash, and G. D. Stuber, "Distinct extended amygdala circuits for divergent motivational states," *Nature* 496 (2013): 224–228.
26. S. G. Hofmann, A. Asnaani, I. J. J. Vonk, A. T. Sawyer, and M. A. Fang, "The efficacy of cognitive behavioral therapy: a review of meta-analyses," *Cognitive Therapy Research* 36 (2012): 427–440.
27. P. Baker, "Rewinding history, Bush museum lets you decide," *New York Times,* http://www.nytimes.com/2013/04/21/us/politics/hitting-rewind-bush-museum-says-you-decide.html?_r=0, accessed March 16, 2016.

第5章

1. K. Lambert, "Santa on the brain," *New York Times,* December 12, 2013, http://www.nytimes.com/2013/12/22/opinion/sunday/santa-on-the-brain.html.
2. "Triumph & tragedy: The life of Michael Jackson," *Rolling Stone India,* August 25, 2009, http://rollingstoneindia.com/triumph-tragedy-the-life-of-michael-jackson/, accessed March 6, 2016.
3. "The drugs found in Michael Jackson' s body after he died," *BBC Newsbeat,*November8,2011, http://www.bbc.co.uk/newsbeat/article/15634083/the-drugs-found-in-michael-jacksons-body-after-he-died.

4. K. G. Noble, S. M. Houston, N. H. Brito, et al., "Family income, parental education and brain structure in children and adolescents," *Nature Neuroscience* 18 (2015): 773–778.
5. H. G. Schnack, N. E. van Haren, R. M. Brouwer, et al., "Changes in thickness and surface area of the human cortex and their relationship with intelligence," *Cerebral Cortex* 25 (2015): 1608–1617.
6. Noble, Houston, Brito, et al., "Family income, parental education and brain structure in children and adolescents," 773–778.
7. N. L. Hair, J. L. Hanson, B. L. Wolfe, and S. D. Pollack, "Association of child poverty, brain development, and academic achievement," *JAMA Pediatrics* 169 (2015): 822–829.
8. Noble, Houston, Brito, et al., "Family income, parental education and brain structure in children and adolescents," 773–778.
9. M. A. Fox, B. A. Connolly, and T. D. Snyder, "Youth indicators 2005: trends in the well-being of American youth," Washington, DC: U.S. Department of Education, National Center for Education Statistics (2005), Table 21, http://nces.ed.gov/pubs2005/2005050.pdf, accessed Jan. 4, 2016.
10. K. Oldfield, "Humble and hopeful: welcoming first-gender poor and working-class students to college," *About Campus* 11 (2007): 2–12.
11. J. H. O' Neill, *The Golden Ghetto: The Psychology of Affluence* (Milwaukee, WI: The Affluenza Project, 1997).
12. R. S. Rosenberg, "There' s no defense for affluenza," *Slate* (2013), http://www.slate.com/articles/health_and_science/medical_examiner/2013/12/ethan_couch_affluenza_defense_critique_of_the_psychology_of_no_consequences.html.
13. B. S. Frey, "Giving and receiving awards," *Perspectives on Psychological Science* 1 (2006): 377–388.
14. "The Nobel Prize Amounts," The Nobel Foundation, accessed March 3, 2018, http://www.nobelprize.org/nobel_prizes/about/amounts/.

15. G. J. Borjas and K. B. Doran, "Prizes and productivity: how winning the Fields medal affects scientific output," *Journal of Human Resources* 50 (2013): 728–758.
16. H. F. Chan, L. Gleeson, and B. Torgler, "Awards before and after the Nobel prize: a Matthew effect and/or a ticket to one' s own funeral?," *Research Evaluation* (2014): 1–11, https:doi.org/10.1093/reseval/rvu011.
17. D. Kapogiannis, A. K. Barbey, M. Su, G. Zamboni, F. Krueger, and J. Grafman, "Cognitive and neural foundations of religious belief," *Pro ceedings of the National Academy of Sciences* 106 (2009): 4876–4881; D. Kapogiannis, G. Deshpande, F. Krueger, M. P. Thornburg, and J. H. Grafman, "Brain networks shaping religious belief," *Brain Connectivity* 4 (2014): 70–79.
18. S. Harris, J. T. Kaplan, A. Curiel, S. Y. Bookheimer, M. Iacoboni, and M. S. Cohen, "The neural correlates of religious and nonreligious belief," *PLoS ONE* 4 (2009): https:doi.org/10.1371/journal.pone.0007272.t001.
19. L. R. Caporael, "Ergotism: The Satan loosed in Salem?," *Science* 192 (1976): 21–26.
20. John Hale, *A modest enquiry into the nature of witchcraft, and how persons guilty of that crime may be convicted: and the means used for their discovery discussed, both negatively and affirmatively, according to Scripture and experience* (Ann Arbor, MI: Text Creation Partnership, 2008–2009), http://name.umdl.umich.edu/N00872.0001.001.
21. R. C. O' Connor and M. K. Nock, "The psychology of suicidal behavior," *Lancet* 1 (2014): 73–88; S. Dracheva, N. Patel, D. A. Woo, S. M. Marcus, L. J. Siever, and V. Haroutunian, "Increased serotonin 2C receptor mRNA editing: a possible risk factor for suicide," *Molecular Psychiatry* 13 (2008): 1001–1010.
22. J. M. Bertolote and A. Fleischmann, "Suicide and psychiatric diagnosis: a worldwide perspective," *World Psychiatry* 1 (2002): 181–185.
23. "Mortality among teenagers aged 12–19 years: United States, 1999–2006," National Center for Health and Human Services (NCHS), NCHS Data Brief, no. 37, May 2010, http://chronicle.com/article/After-6-Suicides-U-

of/228095/; J. C. Turner and A. Keller, "American Public Health Association (APHA), leading causes of mortality among American college students at 4-year institutions," Paper 241696, 2011: https://apha.confex.com/apha/139am/webpogram/Paper241696.html.

24. M. K. Nock, M. B. Stein, S. G. Heeringa, et al., "Prevalence and correlates of suicidal behavior among new soldiers in the US army: results from the army study to assess risk and research in service members (army STARRs)," *JAMA Psychiatry* 71 (2014): 514–522.
25. R. Jacobsen, "Robin Williams: depression alone rarely causes suicide," *Scientific American* (2014): http://www.scientificamerican.com/article/robin-williams-depression-alone-rarely-causes-suicide/; D. Itzkoff and B. Carey, "Robin Williams' s widow points to dementia as a suicide cause," *New York Times*, November 3, 2015, http://www.nytimes.com/2015/11/04/health/robin-williams-lewy-body-dementia.html, accessed January 11, 2016.
26. N. W. Egan, "Perfect student, shocking suicide," *People* (February 2, 2015): 74–78.
27. C. Fabris, "After six suicides, University of Pennsylvania takes a tough look at its campus culture," *Chronicle of Higher Education* (March 3, 2015): http://chronicle.com/article/After-6-Suicides-U-of/228095/.
28. V. Aragno, M. D. Underwood, M. Boldrini, et al., "Serotonin1A receptors, serotonin transporter binding and serotonin transporter mRNA expression in the brainstem of depressed suicide victims," *Neuropsychopharmacology* 25 (2001): 892–903.
29. C. Van Heeringen and A. Marusic, "Understanding the suicidal brain," *British Journal of Psychiatry* 183 (2003): 282–284; C. Van Heeringen, K. Van Laere, et al., "Prefrontal 5-HT2a receptor binding potential, hopelessness and personality characteristics in attempted suicide patients," *Journal of Affective Disorders* 74 (2003): 149–158.
30. M. O. Poulter, L. Du, V. Zhurov, M. Paldovits, G. Faludi, Z. Merali, and H.

Anisman, "Altered organization of GABAA receptor mRNA expression in the depressed suicide brain," *Frontiers in Molecular Neuroscience* (2010): https:doi.org/10.3389/neuro.02.003.2010.

31. S. Erhardt, C. K. Lim, K. R. Linderholm, et al., "Connecting inflammation with glutamate agonism in suicidality," *Neuropsychopharmacology* 38 (2013): 743–752; C. Bay-Richter, K. R. Linderholm, C. K. Lim, et al., "A role for inflammatory metabolites as modulators of the glutamate N-methyl-D-asparate receptor in depression and suicidality," *Brain, Behavior and Immunity* 43 (2015): 110–117.
32. M. Nock, J. M. Park, C. T. Finn, T. L. Deliberto, H. J. Pour, and M. R. Bangji, "Measuring the suicidal mind and implicit cognition predicts suicidal behavior," *Psychological Science* 21 (2010): 511–517.
33. O' Connor and Nock, "The psychology of suicidal behavior," 73–88.
34. L. B. Alloy, L. Y. Abramson, W. G. Whitehouse, M. E. Hogan, N. A. Tashman, D. L. Steinberg, D. T. Rose, and P. Donovan, "Depressogenic cognitive styles: predictive validity information processing and personality characteristics, and developmental origins," *Behaviour Research and Therapy* 37 (1999): 503–531.
35. Egan, "Perfect student, shocking suicide," 74–78.
36. R. Rygula, J. Golebiowska, J. Kregiel, J. Kubik, and P. Popik, "Effects of optimism on motivation in rats," *Frontiers in Behavioral Neuroscience* 9 (2015): https:doi.org/10.3389/fnbeh.2015.00032.
37. H. Shefrin, "How psychological pitfalls generated the global financial crisis," in *Voices of Wisdom: Understanding the Global Financial Crisis*, ed. L. B. Siegel, SCU Leavey School of Business Research Paper, No. 10-04, 2010: http://www.istfin.eco.usi.ch/h_oid_Shefrin09.pdf.
38. M. Lewis, *The Big Short: Inside the Doomsday Machine* (New York: W.W.Norton and Company, 2010).
39. T. Sharot, C. W. Korn, and R. Dolan, "How unrealistic optimism is maintained in the face of reality," *Nature Neuroscience* 14 (2011): 1475; K. Izuma and R. Adolphs, "The brain' s rose-colored glasses," *Nature Neuroscience* 14

(2011): 1355–1356.

40. Sharot, Korn, and Dolan, "How unrealistic optimism is maintained in the face of reality," 1475.
41. R. Rygula, H. Pluta, and P. Popik, "Laughing rats are optimistic," *PLoS ONE* 7 (2012): https:doi.org/10.1371/journal.pone.0051959.

第6章

1. J. S. Beer and B. L. Hughes, "Neural systems of social comparison and the "above-average" effect," *Neuroimage* 267 (2010): 2671–2679; J. Beer, "Exaggerated positivity in self-evaluation: a social neuroscience approach to reconciling the role of self-esteem protection and cognitive bias," *Social and Personality Psychology Compass* 8 (2014): 583–594.
2. Beer and Hughes, "Neural systems of social comparison and the "aboveaverage" effect," 2671–2679.
3. Mike Lacey, personal communication, January 2016.
4. J. Leno, *Leading with My Chin* (New York: Harper Collins, 1996).
5. J. Aleccia, "Surgery error leads doc to public mea culpa," NBCNEWS.com, 2010, http://www.nbcnews.com/id/40096673/ns/health-health_care/t/surgery-error-leads-doc-public-mea-culpa/#.VtxFh00UWUk.
6. D. C. Ring, J. H. Herndon, and G. S. Meyer, "Case 34-2010: a 65-yearold woman with an incorrect operation on the left hand," *New England Journal of Medicine* 363 (2010): 1950–1955.
7. J. Downar, M. Bhatt, and P. R. Montague, "Neural correlates of effective learning in experienced medical decision-makers," *PLoS ONE* 6 (2011): 222768.
8. B. Chappell, "Groundhog Day: Punxsutawney Phil did not see his shadow," National Public Radio, February 2, 2016, http://www.npr.org/sections/the two-way/2016/02/02/465253970/groundhog-day-punxsutawney-phil-did-not-see-his-shadow; D. Yoder, *Groundhog Day* (Mechanicsburg, PA: Stackpole Books, 2003).

9. J. D. Salamone and M. Correa, "The mysterious motivational functions of mesolimbic dopamine," *Neuron* 76 (2012): 470–485.
10. J. D. Watson and F. H. C. Crick, "A structure for deoxyribose nucleic acid," *Nature* 171 (1953): 737–738.
11. C. B. Merrill, L. N. Friend, S. T. Newton, Z. H. Hopkins, and J. G. Edwards, "Ventral tegmental area dopamine and GABA neurons: physiological properties and expression of mRNA for endocannabinoid biosynthetic elements," *Scientific Reports* 5 (2015): 16176, https:doi.org/10.1038/srep16176.
12. T. E. Robinson and K. C. Berridge, "Beyond Wise et al.—Neuroleptic-induced 'anhedonia' in rats: pimozide blocks reward quality of food," in *Brain and Behaviour: Revisiting the Classic Studies*, ed. B. Kolb and I. Whishaw (Washington, DC: Sage, 2017).
13. Salamone and Correa, "The mysterious motivational functions of mesolimbic dopamine," 470–485.
14. C. De Young, "The neuromodulator of exploration: a unifying theory of dopamine in Personality," *Frontiers in Human Neuroscience* (2013): https:doi.org/10.3389/fnhum.2013.00762.peters.
15. E. Peters, "Baby steps: helping babies with neuromuscular disorders crawl and explore the world," *VCU News* (2015): https://news.vcu.edu/article/Baby_steps_Helping_babies_with_neuromuscular_disorders_crawl.
16. K. Russel, "Helping hand: robots, video games, and a radical new approach to treating stroke patients," *New York Times*, November 23, 2015.
17. K. C. Tweedy and L. Ladin, *Secretariat's Meadow* (Manakin-Sabot, VA: Dementi Milestone Publishing, Inc., 2010).
18. Penny Chenery, personal communication, February 6, 2016; Tweedy and Ladin, *Secretariat's Meadow.*
19. Marilyn vos Savant, "Ask Marilyn," *Parade Magazine*, September 9, 1990, 16.
20. G. Klein, *Streetlights and Shadows* (Cambridge, MA: MIT Press, 2009).
21. A. Sternbergh, "The spreadsheet psychic," *New York Magazine*, 2008: http://

nymag.com/news/features/51170/.

22. M. Lewis, *Moneyball: The Art of Winning an Unfair Game* (New York: W.W. Norton and Co., 2004).

23. R. L. Gibb, C. L. R. Gonzalez, and B. Kolb, "Prenatal enrichment and recovery from perinatal cortical damage: effects of maternal complex housing," *Frontiers in Behavioral Neuroscience* (2014): https:doi.org/10.3389/fnbeh.2014.00223.

24. M. H. Rosenzweig, E. I. Bennett, and M. C. Diamond, "Brain changes in response to experience," *Scientific American* 226 (1972): 22–29.

25. K. Lambert, R. J. Nelson, T. Jovanovic, and M. Cerda, "Brains in the city: neurobiological effects of urbanization," *Neuroscience and Biobehavioral Reviews* 58 (2015): 107–122; K. Lambert, M. Hyer, M. Bardi, A. Rzucidlo, S. Scott, B. Terhune-Cotter, A. Hazelgrove, I. Silva, and C. Kinsley, "Natural-enriched environments lead to enhanced environmental engagement and altered neurobiological resilience," *Neuroscience* 330 (2016): 386–394.

26. M. Bardi, C. Kaufman, C. Franssen, M. M. Hyer, A. Rzucidlo, M. Brown, M. Tschirhart, and K. G. Lambert, "Paper or plastic? exploring the effects of natural enrichment on behavioral and neuroendocrine responses in Long-Evans rats," *Journal of Neuroendocrinology* (2016): https:doi.org/10.1111/jne.12383.

27. R. A. Atchley, D. L. Strayer, and P. Atchley, "Creativity in the wild: improving creative reasoning through immersion in natural settings," *PLoS ONE* 7 (2012): e51474.

28. N. A. Geverink, M. J. W. Heetkamp, W. G. P. Schouten, V. W. Wiegant, and J. W. Schrams, "Backtest type and housing condition of pigs influence energy metabolism," *Journal of Animal Science* 82 (2004): 1227–1233.

29. K. G. Lambert, M. M. Hyer, A. Rzucidlo, T. Bergeron, T. Landis, and B. Bardi, "Contingency-based emotional resilience: effort-based reward training and flexible coping lead to adaptive responses to uncertainty in male rats," *Frontiers in Behavioral Neuroscience* (2014): https:doi.org/10.3389/fnbeh.2014.00124

第7章

1. Q. J. Meng, Y. G. Ji, D. Zhang, D. Liu, D. M. Grossnickley, and Z. X. Lou, "An aroboreal docodont from the Jurassic and mammaliaform ecological diversification," *Science* 347 (2015): 764; Z. X. Luo, Q. J. Meng, Q. Ji, D. Liu, Y. G. Zhang, and A. I. Neander, "Evolutionary development in basal mammaliaforms as revealed by a docodontan," *Science* 347 (2015): 760.
2. M. Numan, "Medial preoptic area and maternal behavior in the female rat," *Journal of Comparative and Physiological Psychology* 87 (1974): 746–759.
3. M. Numan and T. R. Insel, *The neurobiology of parental behavior* (New York: Springer, 2003).
4. C. F. Ferris, P. Kulkarni, J. M. Sullivan, J. A. Harder, T. L. Messenger, and M. Febo, "Pup suckling is more rewarding than cocaine: evidence from functional magnetic resonance imaging and three-dimensional computational analysis," *Journal of Neuroscience* 25 (2005): 149–156.
5. C. H. Kinsley, L. Madonia, G. Gifford, K. Tureski, G. Griffin, C. Lowry, J. Williams, J. Collins, H. McLearie, and K. G. Lambert, "Motherhood improves learning and memory," *Nature* 402 (1999): 137–138.
6. C. H. Kinsley, J. C. Blair, N. E. Karp, et al., "The mother as hunter: significant reduction in foraging costs through enhancements of predation in maternal rats," *Hormones and Behavior* 66 (2014): 649–654.
7. Kinsley, Blair, Karp, et al., "The mother as hunter," 649–654.
8. K. Lambert, *The Lab Rat Chronicles* (New York: Perigee, 2011).
9. K. M. Seip, M. Pereira, M. P. Wansaw, J. I. Reiss, E. I. Dziopa, and J. I. Morrell, "Incentive salience of cocaine across the postpartum period of the female rat," *Psychopharmacology* 199 (2008): 119–130.
10. C. L. Franssen, M. Bardi, E. A. Shea, J. E. Hampton, R. A. Franssen, C. H. Kinsley, and K. G. Lambert, "Fatherhood alters behavioural and neural responsiveness in a spatial task," *Journal of Neuroendocrinology* 23 (2011): 1177–1187.
11. G. Love, N. Torrey, I. McNamara, M. Morgan, M. Banks, N. W. Hester, E. R.

Glasper, A. C. DeVries, and K. G. Lambert, "Maternal experience produces long-lasting behavioral modifications in the rat," *Behavioral Neuroscience* 119 (2005): 1084–1096.

12. O. J. Bosch, "Maternal aggression in rodents: brain oxytocin and vasopressin mediate pup defense," *Philosophical Transactions of the Royal Society B* (2013): 368, http://dx.doi.org/10.1098/rstb.2013.0085.
13. K. G. Lambert, "The life and career of Paul MacLean: a journey toward neurobiological and social harmony," *Physiology and Behavior* 79 (2003): 343–349; P. MacLean, *The Triune Brain in Evolution: Role in Paleocerebral Functions* (New York: Plenum, 1990).
14. J. P. Lorberbaum, J. D. Newman, A. R. Horwitz, J. R. Dubno, R. B. Lydiard, M. B. Hamner, D. E. Bohning, and M. S. George, "A potential role for thalamocingulate circuitry in human maternal behavior," *Biological Psychiatry* 51 (2002): 431–445.
15. P. Kim, L. Strathearn, and J. E. Swain, "The maternal brain and its plasticity in humans," *Hormones and Behavior* 77 (2015): 113–123.
16. P. Kim, P. Rigo, L. C. Mayes, R. Feldman, J. F. Leckman, and J. E. Swain, "Neural plasticity in fathers of human infants," *Social Neuroscience* 9 (2014): 522–535.
17. M. Bardi, M. Eckles, E. Kirk, T. Landis, S. Evans, and K. G. Lambert, "Parity modifies endocrine hormones in urine and problem-solving strategies of captive owl monkeys (Aotus spp.)," *Comparative Medicine* 64 (2014): 486–495; A. Garrett, V. J. Capri, N. Torrey, S. Evans, A. Hughes, C. H. Kinsley, and K. G. Lambert, "Parenting experience enhances spatial learning in common marmosets (*Callithrix jacchus*)," poster presented at Mother and Infant Conference, Montreal, Canada, 2003.
18. A. S. Ivy, K. L. Brunson, C. Sandman, and T. Z. Baram, "Dysfunctional nurturing behavior in rat dams with limited access to nesting material: a clinically relevant model for early-life stress," *Neuroscience* 154 (2008): 1132–1142.
19. S. Dhungel, "Effect of maternal deprivation on growth of wistar rats in pre-

weaning period," *Kathmandu University Medical Journal* 5 (2007): 210–214.
20. K. G. Noble, S. M. Houston, N. H. Brito, H. Bartsch, E. Kan, J. M. Kuperman, and E. R. Sowell, "Family income, parental education and brain structure in children and Adolescents," *Nature Neuroscience* 18 (2015): 773–778.
21. K. Jednorog, I. Altarelli, K. Monzalvo, J. Fluss, J. Dubois, C. Billard, G. Dehaene-Lambertz, and F. Ramus, "The influence of socioeconomic status on children' s brain structure," *PLoS One* 8 (2012): e42486.
22. Y. Bhattacharjec, "The first year," *National Geographic* (January 2015): http://ngm.nationalgeographic.com/2015/01/baby-brains/bhattacharjee-text.
23. L. Buchen, "In their nurture," *Nature* 467 (2010): 146–148.
24. M. Hartley and A. Commire, *Breaking the Silence* (New York: G. P. Putnam' s Sons, 1990).
25. A. Velando, H. Drummond, and R. Torres, "Senescent birds redouble reproductive effort when ill: confirmation of the terminal investment hypothesis," *Proceedings of the Royal Society B* 273 (2006): 1443–1448.
26. "Brown rat removing young," ARKive, http://www.arkive.org/brown-rat/rattus-norvegicus/video-09d.html.
27. C. A. Nelson, N. A. Fox, and C. H. Zeanah, *Romania's Abandoned Children* (Cambridge, MA: Harvard University Press, 2014).
28. E. Marshall, "An experiment in zero parenting: a controversial study of Romanian orphans reveals long-term harm to the intellect," *Science* 345 (2014): 752–754.
29. Nelson, Fox, and Zeanah, *Romania's Abandoned Children.*
30. Marshall, "An experiment in zero parenting," 752–754.
31. A. S. Hodel, R. H. Hunt, R. A. Cowell, S. van den Heuvel, M. R. Gunnar, and K. T. Thomas, "Duration of early adversity and structural brain development in post-institutionalized adolescents," *NeuroImage* 105 (2015): 112–119.
32. J. C. Simpson, "It' s all in the upbringing," *Johns Hopkins Magazine* (April 2000): http://pages.jh.edu/jhumag/0400web/35.html.

33. J. B. Watson and R. Rayner, "Conditioned emotional reactions," *Journal of Experimental Psychology* III (1920): 1–14.

34. J. B. Watson and R. R. Watson, *Psychological care of the infant and child* (New York: Norton, 1928), 81–82.

35. J. B. Watson, *Behaviorism* (rev. ed.) (Chicago: University of Chicago Press, 1930), 82.

36. C. Smirle, "Profile of Rosalie Rayner," in *Psychology's Feminist Voices Multimedia Internet Archive,* ed. A. Rutherford, 2013: http://www.feministvoices.com/rosalie-rayner/.

37. M. Hartley and A. Commire, *Breaking the Silence* (New York: G. P. Putnam's Sons, 1990).

38. N. Joyce and C. Faye, "Skinner Air Crib," *Observer* (2010): 23, http://www.psychologicalscience.org/index.php/publications/observer/2010/september-10/skinner-air-crib.html.

39. H. Rohrs, "Maria Montessori," *Prospects: the quarterly review of comparative education,* Paris, UNESCO: International Bureau of Education, 1994.

40. Ibid.

41. A. Lillard and N. Else-Quest, "Evaluating Montessori education," *Science* 313 (2006): 1893–1894.

42. C. S. Dweck, *Mindset* (New York: Random House, 2006); "The secret to raising smart kids," *Scientific American* (2015), http://www.scientificamerican.com/article/the-secret-to-raising-smart-kids1/; "Carol Dweck revisits the 'growth mindset,'" *Education Week* (2015): http://www.edweek.org/ew/articles/2015/09/23/carol-dweck-revisits-the-growth-mindset.html.

43. C. Dickson, "America's recidivism nightmare," *Daily Beast* (2014), http://www.thedailybeast.com/articles/2014/04/22/america-s-recidivism-nightmare.html.

44. Judge Francis, his staff, and the participants of the Drug Court Program, personal communication, December 16, 2014, Dallas, TX.

45. Ibid.

46. N. Khan, "Crime and punishment is looking a lot different in tough-on-crime Texas," *Al Jazeera America* (2014): http://america.aljazeera.com/articles/2014/5/30/texas-criminal-justiceprisonreform.html.

47. Judge Francis, his staff, and the participants of the Drug Court Program, personal communication, December 16, 2014, Dallas, TX; Khan, "Crime and punishment is looking a lot different in tough-on-crime Texas."

48. Khan, "Crime and punishment is looking a lot different in tough-oncrime Texas."

49. Ibid.

50. Judge Francis, his staff, and the participants of the Drug Court Program, personal communication, December 16, 2014, Dallas, TX.

第8章

1. S. Nasar, *A Beautiful Mind* (New York: Simon and Schuster, 2001).

2. K. G. Lambert and C. H. Kinsley, *Clinical Neuroscience: Psychopathology and the Brain* (New York: Oxford University Press, 2011).

3. C. Rampell, "The half-trillion dollar depression," *New York Times*, July 2, 2013, http://www.nytimes.com/2013/07/02/magazine/the-half-trillion-dollar-depression.html?_r=0, accessed July 15, 2016.

4. Lambert and Kinsley, *Clinical Neuroscience.*

5. K. G. Lambert, "The clinical neuroscience course: viewing mental health from neurobiological perspectives," *Journal of Undergraduate Neuroscience Education* 3 (2) (2005): http://www.funjournal.org/downloads/Lambert.pdf.

6. K. Lambert and S. O. Lilienfeld, "Brain stains," *Scientific American Mind* (October/November, 2007): 46–53.

7. Ibid.

8. Sheri J. Storm, personal communication, 2016.

9. T. Ban, "The role of serendipity in drug discovery," *Dialogues in Clinical Neuro-*

science 8 (2006): 335–334.

10. Lambert and Kinsley, *Clinical Neuroscience*
11. E. Castren, "Is mood chemistry?," *Nature Reviews Neuroscience* 6 (2005): 241–246.
12. R. Whitaker, *Mad in America* (New York: Perseus Publishing, 2002).
13. T. V. Padma, "The outcomes paradox," *Nature* 508 (2014): S14–15.
14. Ian Birky, personal communication, June 2016.
15. M. M. Merzenich, T. M. van Vleet, and M. Nahum, "Brain plasticitybased therapeutics," *Frontiers in Human Neuroscience* (2014): 1, https:doi.org/10.3389/fnhum.2014.00385.
16. M. Fisher, C. Holland, M. M. Merzenich, and S. Vinogradov, "Using neuroplasticity-based cognitive training to impact verbal memory in schizophrenia," *American Journal of Psychiatry* 166 (2009): 805–811; M. Merzenich, *Soft-wired* (San Francisco: Parnassus, 2013).
17. R. C. Kessler, M. Petukhova, N. A. Sampson, A. M. Zaslavsky, and H. U. Wittchen, "Twelve-month and lifetime prevalence and lifetime morbid risk of anxiety and mood disorders in the United States," *International Journal of Methods in Psychiatric Research* 21 (2012): 169–184; J. S. Kaplan and D. F. Tolin, "Exposure therapy for anxiety disorders," *Psychiatric Times* (2011): http://www.psychiatrictimes.com/anxiety/exposure-therapy-anxiety-disorders; M. Olfson and S. C. Marcus, "National patterns in antidepressant medication treatment," *Archives of General Psychiatry* 67 (2010): 1265–1273; C. B. Nemeroff and M. J. Owens, "Treatment of mood disorders," *Nature Neuroscience* (supplement 5) (2002): 1068–1070; K. Lambert, *Biological Psychology* (New York: Oxford University Press, 2018).
18. S. D. Hollon, R. J. DeRubeis, R. C. Shelton, J. D. Amsterdam, R. M. Salomon, J. P. O' Reardon, M. L. Lovett, P. R. Young, K. L. Haman, B. B. Freeman, and R. Gallop, "Prevention of relapse following cognitive therapy vs. medications in moderate to severe depression," *Archives of General Psychology* 62 (2005): 417–22.

19. Kaplan and Tolin, "Exposure therapy for anxiety disorders."

20. E. Anthes, "Depression: a change of mind," *Nature* 515 (2014): 185–187; Hollon, DeRubeis, Shelton, Amsterdam, Salomon, O' Reardon, Lovett, Young, Haman, Freeman, and Gallop, "Prevention of relapse following cognitive therapy vs. medications in moderate to severe depression."

21. D. M. Price, "For 175 years: treating mentally ill with dignity," *New York Times,* 1988), http://www.nytimes.com/1988/04/17/us/for-175-years-treating-mentally-ill-with-dignity.html?pagewanted=print.

22. D. R. Anderson, J. Bryant, A. Wilder, A. Sanbnero, M. Williams, and A. M. Crawley, "Researching blues clues: viewing behavior and impact," *Media Psychology* 2 (2000): 179–194.

23. N. S. Jacobson, C. R. Martell, and S. Dimidjian, "Behavioral activation treatment for depression: returning to contextual roots," *Clinical Psychology: Science and Practice* 8 (2001): 255–270.

24. R. N. Carleton, M. K. Mulvogue, M. A. Thibodeau, R. E. McCabe, M. M. Antony, and G. J. G. Asmundson, "Increasingly certain about uncertainty: intolerance of uncertainty across anxiety and depression," *Journal of Anxiety Disorders* 26 (2012): 468–479.

25. S. Westlund, *Field Exercises* (British Columbia: Gabrioloa Island, 2014).

26. American Psychological Association, "Brain training reduces dementia risk across 10 years," (2016): http://www.apa.org/news/press/releases/2016/08/brain-training-dementia.aspx.

27. L. L. Carpenter, P. G. Janicak, S. T. Aaronson, et al., "Transcranial magnetic stimulation (TMS) for major depression: a multisite, naturalistic, observational study of acute treatment outcomes in clinical practice," *Depression and Anxiety* 29 (2012): 587–96; C. Ciobanu, M. Girard, B. Marin, A. Labrunie, and D. Malauzat, "rTMS for pharmacoresistant major depression in the clinical setting of a psychiatric hospital: effectiveness and effects of age," *Journal of Affective Disorders* 150 (2013): 677–681.

28. M. Koenings, E. D. Huey, M. Calamia, V. Raymont, D. Trand, and J. Grafman, "Distinct regions of prefrontal cortex mediate resistance and vulnerability to depression," *Journal of Neuroscience* 28 (2008): 12341–12348.
29. L. Schulze, S. Wheeler, M. P. McAndrews, C. J. E. Solomon, P. Biacobbe, and J. Downar, "Cognitive safety of dorsomedial prefrontal repetitive transcranial magnetic stimulation in major depression," *European Neuropsychopharmacology* 26 (2016): 1213–1226; N. Bakker, S. Shahab, P. Giacobbe, D. M. Blumberger, Z. J. Daskalakis, S. H. Kennedy, and J. Downar, "rTMS of the dorsomedial prefrontal cortex for major depression: safety, tolerability, effectiveness, and outcome predictors for 10 Hz versus intermittent theta-burst stimulation," *Brain Stimulation* 8 (2015): 208–215.
30. A. Vedeniapin, L. Cheng, and M. George, "Feasibility of simultaneous cognitive behavioral therapy (CBT) and left prefrontal rTMS for treatment resistant depression," *Brain Stimulation* 3 (2010): 207–210.
31. T. Christensen, L. Jensen, and E. V. Bouzinova, "Molecular profiling of the lateral habenula in a rat model of depression," *PLoS One* (2013): https://doi.org/10.1371/journal.pone.0080666.
32. P. M. Baker, S. E. Oh, K. S. Kidder, and S. J. Mizumori, "Ongoing behavioral state information signaled in the lateral habenula guides choice flexibility in freely moving rats," *Frontiers in Behavioral Neuroscience* (2015): https:doi.org/10.3389/fnbeh.2015.00295.
33. B. Li, J. Piriz, M. Mirrione, C. D. Prulx, D. Schulz, F. Henn, et al., "Synaptic potentiation onto habenula neurons in the learned helpless model of depression," *Nature* 470 (2011): 535–539.
34. S. Lecca, F. J. Meye, and M. Mameli, "The lateral habenula in addiction and depression: anatomical synaptic and behavioral overview," *European Journal of Neuroscience* 39 (7) (2014): 1170–1178.
35. A. D. Craig, *How Do You Feel? An Interoceptive Moment with Your Neurobiological Self* (Princeton, NJ: Princeton University Press, 2015).

36. R. Sprengelmeyer, J. D. Steele, B. Mwangi, P. Kuman, D. Christmas, M. Milders, and K. Matthews, "The insular cortex and the neuroanatomy of major depression," *Journal of Affective Disorders* 133 (2011): 120–127.

37. M. Kent, M. Bardi, A. Hazelgrove, K. Sewell, E. Kirk, B. Thompson, K. Trexler, B. Terhune-Cotter, and K. Lambert, "Profiling coping strategies in male and female rats: potential neurobehavioral markers of increased resilience to depressive symptoms," *Hormones and Behavior* (forthcoming).

38. C. L. McGrath, M. E. Kelley, P. E. Holtzheimer, B. W. Dunlop, W. Craighead, A. R. Franco, D. C. Craddock, and H. S. Mayberg, "Toward a neuroimaging treatment selection biomarker for major depressive disorder," *Journal of American Medical Association* 70 (2013): 821–829.

39. R. Veit, V. Singh, R. Sitaram, A. Caria, K. Rauss, and N. Birbaumer, "Using real-time fMRI to learn voluntary regulation of the anterior insula in the presence of threat-related stimuli," *Social Cognitive and Affective Neuroscience* 7 (2011): 623–634.

40. "Toward a new understanding of mental illness," a TED talk by T. Insel, posted in 2013, http://www.ted.com/talks/thomas_insel_toward_a_new_understanding_of_mental_illness.

41. A. Regalado, "Why America' s top mental health researcher joined Alphabet," *MIT Technology Review* (2015): https://www.technologyreview.com/s/541446/why-americas-top-mental-health-researcher-joined-alphabet/,accessed July 31, 2016.

第9章

1. Judy Cochrane Gilman-Hines, personal communication, July 2016.

2. E. S. Jackson, *Mr. Cochrane's Overnite* (Richmond VA: William Byrd Press, 1989).

3. Ibid.

4. Ibid.

5. Gilman-Hines, personal communication; Jackson, *Mr. Cochrane's Overnite.*

6. Jackson, *Mr. Cochrane's Overnite.*

7. Ibid.

8. Jackson, *Mr. Cochrane's Overnite.*

9. Ibid.

10. M. Buckingham and C. Coffman, *First, Break All the Rules: What the World's Greatest Managers Do Differently* (New York: Simon and Schuster, 1999), 48.

11. Ibid., 71.

12. "Passing on the Crown," *Economist* (November 4, 2004): http://www.economist.com/node/3352686/print.

13. C. O' Conner, "Inside an $8 billion family feud: who poisoned the Orkin fortune? ," *Forbes* (2014): http://www.forbes.com/sites/clareoconnor/2014/09/29/inside-the-3-billion-feud-tearing-georgias-rollins-family-apart/#fd315b638ab7.

14. G. Stalk and H. Foley, "Avoid the traps that can destroy family businesses," *Harvard Business Review* (January–February 2012): https://hbr.org/2012/01/avoid-the-traps-that-can-destroy-family-businesses; C. FernandezAraoz, S. Iqbal, and J. Ritter, "Leadership lessons from great family Businesses," *Harvard Business Review* (April 2015): https://hbr.org/2015/04/leadership-lessons-from-great-family-businesses.

15. Stalk and Foley, "Avoid the traps that can destroy family businesses."

16. Ibid.

17. Fernandez-Araoz, Iqbal, and Ritter, "Leadership lessons from great family businesses."

18. E. R. Hendry, "7 epic fails brought to you by the genius mind of Thomas Edison," Smithsonian.com, 2013, http://www.smithsonianmag.com/innovation/7-epic-fails-brought-to-you-by-the=genius-mind.

19. D. Grossman, "Secret Google lab 'rewards staff for failure,'" BBC Newsnight, January 24, 2014, http://www.bbc.com/news/technology-25880738.

20. D. B. McKim, A. Niraula, A. J. Tarr, E. S. Wohleb, J. F. Sheridan, and J. P. God-

bout, "Neuroinflammatory dynamics underlie memory impairments after repeated social defeat," *Journal of Neuroscience* 36 (2016): 2590–2604.

21. A. F. T. Arnsten, "Stress signaling pathways that impair prefrontal cortex structure and function," *Nature Review Neuroscience* 10 (2009): 410–422; B. S. McEwen, C. Nasca, and J. D. Gray, "Stress effects on neuronal structure: hippocampus, amygdala, and the prefrontal cortex," *Neuropsychopharmacology Reviews* 41 (1) (2016): 3–23.
22. S. Caspers, S. Heim, M. G. Lucas, E. Stephan, L. Fischer, K. Amunts, and K. Zilles, "Dissociated neural processing for decisions in managers and non-managers," *PLoS ONE* 8 (2012): e43537.
23. A. Lawrence, L. Clark, J. Nicole, J. N. Labuzetta, B. Sahakian, and S. Vyakarnum, "The innovative brain," *Nature* 456 (7219) (2008): 168–169; S. Kotler, "Training the brain of an entrepreneur," *Forbes* (March 15, 2012): http://www.forbes.com/sites/stevenkotler/2012/05/14/training-the-brain-of-an-entrepreneur/#56f3f64a3b3d; M. Gladwell, "The sure thing:how entrepreneurs really succeed," *New Yorker* (2010): http://www.newyorker.com/magazine/2010/01/18/the-sure-thing).
24. M. Zollo, "The innovative brain," *MIT Management* (2013): http://mitsloanexperts.mit.edu/the-innovative-brain-maurizio-zillo/.
25. C. De Young, "The neuromodulator of exploration: a unifying theory of dopamine in personality," *Frontiers in Human Neuroscience* (2013): https: doi.org/10.3389/fnhum.2013.00762.peters.
26. T. E. Robinson and K. C. Berridge, "Beyond Wise et al.—neurolepticinduced 'anhedonia' in rats: pimozide blocks reward quality of food," in *Brain and Behaviour: Revisiting the Studies,* ed. B. Kolb and I. Whishaw (Washington, DC: Sage, 2017).
27. J. D. Salamone and M. Correa, "The mysterious motivational functions of mesolimbic dopamine," *Neuron* 76 (2012): 470–485.
28. C. M. Stopper and S. B. Floresco, "Dopaminergic circuitry and risk/reward

decision making: implications for schizophrenia," *Schizophrenia Bulletin* 41 (2015): 9–14.

29. J. Robbins, "Reversing course on beavers," *New York Times* (October 27, 2014): http://www.nytimes.com/2014/10/28/science/reversing-the-course-on-beavers.html.
30. S. F. Owen, J. L. Berl, and J. W. Edwards, "Raccoon spatial requirements and multi-scale habitat shelter within an intensively managed central Appalachian forest," *American Midland Naturalist* 174 (2015): 87–95.
31. K. Kennedy, "Forest-preserve raccoons seeking food, water in city," *Chicago Tribune* (August 8, 2005).
32. S. Humphries and G. D. Ruxton, "Bower-building: coevolution of display traits in response to the costs of female choice," *Ecology Letters* 2 (1999): 404–413.
33. D. Thompson, "A world without work," *Atlantic* (July/August 2015): 50–61.
34. K. G. Lambert, *Lifting Depression: A Neuroscientist's Hands-on Approach to Activating Your Brain's Healing Power* (New York: Basic Books, 2008).
35. M. B. Crawford, *Shop Class as Soul Craft* (New York: Penguin Books, 2009).
36. Thompson, "A world without work."
37. U.S. Office of Strategic Services (OSS), training film (circa 1944): https://www.youtube.com/watch?v=Z8TfP7W5ex8.

第10章

1. R. Ader and N. Cohen, "Behaviorally conditioned immunosuppression," *Psychosomatic Medicine* 37 (1975): 333–340.
2. K. Q. Thomas, "The mind-body connection: Granny was right, after all," *Rochester Review* (1977): https://www.rochester.edu/pr/ReviewV59N3/feature2.html.
3. J. Marchant, *Cure: A Journey into the Science of Mind over Body* (New York: Broadway Books, 2016).
4. S. Metalnikov and V. Chorine, "The role of conditioned reflexes in immunity," in *Foundations of psychoneuroimmunology,* ed. S. Locke, R. Ader, H. Besedovsky, N.

Hall, G. Solemon, and T. Strom (New York: Aldine, 1926), 263–267; Marchant, *Cure*.

5. K. Lambert, *Lifting Depression* (New York: Basic Books, 2008).
6. M. Schedlowski and G. Pacheco-Lopez, "The learned immune response: Pavlov and beyond," *Brain, Behavior, and Immunity* 24 (2010): 176–185; S. Vits, E. Cesko, P. Enck, U. Hillen, D. Schadendorf, and M. Schedlowski, "Behavioral conditioning as the mediator of placebo responses in the immune system," *Philosophical Transactions of the Royal Society B* 366 (2011): 1799–1807.
7. R. Jutte, "The early history of the placebo," *Complementary Therapies in Medicine* 21 (2013): 94–97.
8. M. J. Niemi, "Placebo effect: a cure in the mind," *Scientific American Mind* (2009): http: / / www.scientificamerican.com / article / placebo-effect-a-cure-in-the-mind / .
9. J. W. Langston and J. Palfryman, *The Case of the Frozen Addicts* (New York: Pantheon Books, 1995).
10. A. Katsnelson, "Why fake it?," *Nature* 476 (2011): 142–144.
11. I. Kirsch, "Antidepressants and the placebo effect," *Zeitschrift fur Psychologie* 22 (2014): 128–134.
12. Katsnelson, "Why fake it?" ; P. A. Clark, "Placebo surgery for Parkinson' s disease: do the benefits outweigh the risks?," *Journal of Law, Medicine and Ethics* 30 (2002): 58–68.
13. K. Lambert, *The Lab Rat Chronicles: A Neuroscientist Reveals Life Lessons from the Planet's Most Successful Mammals* (New York: Perigee, 2011).
14. J. Panksepp, "Can PLAY diminish ADHD and facilitate the construction of the social brain?," *Journal of Canadian Academy of Child Adolescent Psychiatry* 16 (2007): 57–66.
15. A. Collins and E. Koechin, "Reasoning, learning, and creativity: frontal lobe function and human decision-making," *PLoS Biology* 10 (2012): e1001293, https:doi.org/10.1371/jounal/pbio.1001293.

16. Panksepp, "Can PLAY diminish ADHD and facilitate the construction of the social brain?"
17. B. M. Cooke and D. Shukla, "Double-helix: Reciprocity between juvenile play and brain development," *Developmental Cognitive Neuroscience* 1 (2011): 459–470.
18. G. A. Vicino and E. S. Marcacci, "Intensity of play behavior as a potential measure of welfare: a novel method for quantifying the integrated intensity of behavior in African elephants," *Zoo Biology* 34 (2015): 492–496.
19. G. M. Burghardt, "The comparative reach of play and brain: perspective, evidence, and implications," *American Journal of Play* (Winter 2010): 338–356.
20. H. C. Bell, S. M. Pellis, and B. Kolb, "Juvenile peer play experience and the development of the orbitofrontal and medial prefrontal cortices," *Behavioural Brain Research* 207 (2010): 7–13; B. T. Himmler and S. M. Pellis, "Juvenile play experience primes neurons in the medial prefrontal cortexto be more responsive to later experiences," *Neuroscience Letters* 556 (2013): 42–45.
21. S. M. Pellis, V. C. Pellis, and H. C. Bell, "The function of play in the development of the social brain," *American Journal of Play* (Winter 2010): 278–296.
22. P. D. MacLean, *The Triune Brain in Evolution* (New York: Plenum Press, 1990).
23. J. Lind, M. Enquist, and S. Ghirlanda, "Animal memory: a review of delayed matching-to-sample data," *Behavioural Processes* 117 (2015): 52–58;S. T. Yang, Y. Shi, Q. Wang, J. Y. Peng, and B. M. Yi, "Neuronal representation of working memory in the medial prefrontal cortex of rats," *Molecular Brain* (2014): 7, http:www.molecularbrain.com/content/7/1/61.
24. M. Petit, "The problem of raccoon intelligence in the behaviourist America," *British Journal for the History of Science* (2010): https:doi.org/10.1017/S0007087409990677.
25. Ibid.
26. P. Sengupta, "The laboratory rat: relating its age with humans," *International Journal of Preventative Medicine* 4 (2013): 624–630.
27. J. K. Finn, T. Tregenza, and M. D. Norman, "Defensive tool use in a coco-

nut-carrying Octopus," *Current Biology* 19 (2009): R1069–R1070.

28. J. A. Endler and L. B. Day, "Ornament colour selection, visual contrast and the shape of colour preference functions in great bowerbirds, Chlamydera nuchalis," *Animal Behaviour* 72 (2006): 1405–1416.
29. S. Liu, H. M. Chow, Y. Xu, M. G. Erkkinen, K. E. Swett, M. W. Eagle, D. A. Rizik-Baer, and A. R. Braun, "Neural correlates of lyrical improvisation: an fMRI study of freestyle rap," *Scientific Reports* 2 (2012): 834, https:doi.org/10.1038/srep00834.
30. S. M. Ritter, R. B. van Baaren, and A. Dijksterhuis, "Creativity: the role of unconscious processes in idea generation and idea selection," *Thinking Skills and Creativity* 7 (2012): 21–27.
31. A. Faust-Socher, Y. N. Kenett, O. S. Cohen, S. Hassin-Baer, and R. Inzelberg, "Enhanced creative thinking under dopaminergic therapy in Parkinson disease," *Annals of Neurology* 75 (2014): 935–942.

后记

1. "Champagne bubbles: it' s all in the glass," *Guardian* (2012): https://www.theguardian.com/lifeandstyle/the-womens-blog-with-jane-martinson/2012/dec/31/champagne-bubbles-in-the-glass.
2. J. J. Gibson, "The theory of affordances," in *Perceiving, Acting, and Knowing: Toward an Ecological Psychology*, ed. R. Shaw and J. Bransford (Hillsdale, NJ: Lawrence Erlbaum, 1977).
3. F. Averill and D. M. Bernad, "Review of perceiving the affordances: a portrait of two psychologists," *Cognitive Systems Research* 4 (2002): 385–389.
4. E. J. Gibson, *Perceiving the Affordances: A Portrait of Two Psychologists* (New York: Taylor and Francis Group), 160.
5. B. F. Skinner, *Science and Human Behavior* (New York: Free Press, 1953), 41.